· *Kosmos* ·

与洪堡共度几天，自己的见识便会增长数年。

——歌德(J. W. von Goethe, 1749—1832),

德国文学家、思想家、博物学家

洪堡是有史以来最伟大的旅行科学家……没有什么能比阅读洪堡的旅行故事更让我激动的事了……我正焦急地等待《宇宙》英文版的面世。

——达尔文（C. R. Darwin，1809—1882),

英国博物学家、进化论奠基人

洪堡是“我们时代最伟大的荣光之一”。

——杰斐逊（T. Jefferson，1743—1826),

美国第三任总统、《独立宣言》主要起草人

在洪堡的著作中找寻到解决自我困扰的答案。

——梭罗（H. D. Thoreau，1817—1862),

美国作家

洪堡是19世纪最伟大的学者和博物学家，是新亚里士多德。

——法国科学院

本书列入“十四五”国家重点图书出版规划

科学元典丛书

The Series of the Great Classics in Science

主　　编　任定成
执行主编　周雁翎

策　　划　周雁翎
丛书主持　陈　静

科学元典是科学史和人类文明史上划时代的丰碑，是人类文化的优秀遗产，是历经时间考验的不朽之作。它们不仅是伟大的科学创造的结晶，而且是科学精神、科学思想和科学方法的载体，具有永恒的意义和价值。

宇 宙

（第一卷）

Kosmos

［德］亚历山大·洪堡 著

高虹 译

图书在版编目(CIP)数据

宇宙．第一卷 /（德）亚历山大·洪堡著；高虹译．— 北京：北京大学出版社，2023.10

（科学元典丛书）

ISBN 978-7-301-34263-3

Ⅰ．①宇… Ⅱ．①亚… ②高… Ⅲ．①宇宙－起源 Ⅳ．① P159.3

中国国家版本馆 CIP 数据核字（2023）第 141782 号

KOSMOS

(Erster Band)

By Alexander von Humboldt

Stuttgart und Tübingen: J. G. Cotta'scher verlag, 1845

书　　名	宇宙（第一卷） YUZHOU (DI-YI JUAN)
著作责任者	[德] 亚历山大·洪堡 著　高虹 译
丛书策划	周雁翎
丛书主持	陈　静
责任编辑	陈　静
标准书号	ISBN 978-7-301-34263-3
出版发行	北京大学出版社
地　　址	北京市海淀区成府路 205 号　100871
网　　址	http://www.pup.cn　　新浪微博：@ 北京大学出版社
微信公众号	通识书苑（微信号：sartspku）　科学元典（微信号：kexueyuandian）
电子信箱	编辑部：jyzx@pup.cn　　总编室：zpup@pup.cn
电　　话	邮购部 010-62752015　发行部 010-62750672　编辑部 010-62707542
印 刷 者	北京中科印刷有限公司
经 销 者	新华书店
	787 毫米 ×1092 毫米　16 开本　21 印张　8 插页　340 千字
	2023 年 10 月第 1 版　2023 年 10 月第 1 次印刷
定　　价	98.00 元

弁　言

· *Preface to the Series of the Great Classics in Science* ·

这套丛书中收入的著作，是自古希腊以来，主要是自文艺复兴时期现代科学诞生以来，经过足够长的历史检验的科学经典。为了区别于时下被广泛使用的“经典”一词，我们称之为“科学元典”。

我们这里所说的“经典”，不同于歌迷们所说的“经典”，也不同于表演艺术家们朗诵的“科学经典名篇”。受歌迷欢迎的流行歌曲属于“当代经典”，实际上是时尚的东西，其含义与我们所说的代表传统的经典恰恰相反。表演艺术家们朗诵的“科学经典名篇”多是表现科学家们的情感和生活态度的散文，甚至反映科学家生活的话剧台词，它们可能脍炙人口，是否属于人文领域里的经典姑且不论，但基本上没有科学内容。并非著名科学大师的一切言论或者是广为流传的作品都是科学经典。

这里所谓的科学元典，是指科学经典中最基本、最重要的著作，是在人类智识史和人类文明史上划时代的丰碑，是理性精神的载体，具有永恒的价值。

一

科学元典或者是一场深刻的科学革命的丰碑，或者是一个严密的科学体系的构架，或者是一个生机勃勃的科学领域的基石，或者是一座传播科学文明的灯塔。它们既是昔日科学成就的创造性总结，又是未来科学探索的理性依托。

哥白尼的《天体运行论》是人类历史上最具革命性的震撼心灵的著作，它向统治西方思想千余年的地心说发出了挑战，动摇了“正统宗教”学说的天文学基础。伽利略《关于托勒密和哥白尼两大世界体系的对话》以确凿的证据进一步论证了哥白尼学说，更直接地动摇了教会所庇护的托勒密学说。哈维的《心血运动论》以对人类躯体和心灵的双重关怀，满怀真挚的宗教情感，阐述了血液循环理论，推翻了同样统治西方思想千余年、被“正统宗教”所庇护的盖伦学说。笛卡儿的《几何》不仅创立了为后来诞生的微积分提供了工具的解析几何，而且折射出影响万世的思想方法论。牛顿的《自然哲学之数学原理》标志着17世纪科学革命的顶点，为后来的工业革命奠定了科学基础。分别以惠更斯的《光论》与牛顿的《光学》为代表的波动说与微粒说之间展开了长达200余年的论战。拉瓦锡在《化学基础论》中详尽论述了氧化理论，推翻了统治化学百余年之久的燃素理论，这一智识壮举被公认为历史上最自觉的科学革命。道尔顿的《化学哲学新体系》奠定了物质结构理论的基础，开创了科学中的新时代，使19世纪的化学家们有计划地向未知领域前进。傅立叶的《热的解析理论》以其对热传导问题的精湛处理，突破了牛顿的《自然哲学之数学原理》所规定的理论力学范围，开创了数学物理学的崭新领域。达尔文《物种起源》中的进化论思想不仅在生物学发展到分子水平的今天仍然是科学家们阐释的对象，而且100多年来几乎在科学、社会和人文的所有领域都在施展它有形和无形的影响。《基因论》揭示了孟德尔式遗传性状传递机理的物质基础，把生命科学推进到基因水平。爱因斯坦的《狭义与广义相对论浅说》和薛定谔的《关于波动力学的四次演讲》分别阐述了物质世界在高速和微观领域的运动规律，完全改变了自牛顿以来的世界观。魏格纳的《海陆的起源》提出了大陆漂移的猜想，为当代地球科学提供了新的发展基点。维纳的《控制论》揭示了控制系统的反馈过程，普里戈金的《从存在到演化》发现了系统可能从原来无序向新的有序态转化的机制，二者的思想在今天的影响已经远远超越了自然科学领域，影响到经济学、社会学、政治学等领域。

科学元典的永恒魅力令后人特别是后来的思想家为之倾倒。欧几里得的《几何原本》以手抄本形式流传了1800余年，又以印刷本用各种文字出了1000版以上。阿基米德写了大量的科学著作，达·芬奇把他当作偶像崇拜，热切搜求他的手稿。伽利略以他的继承人自居。莱布尼兹则说，了解他的人对后代杰出人物的成就就不会那么赞赏了。为捍卫《天体运行论》中的学说，布鲁诺被教会处以火刑。伽利略因为其《关于托勒密和哥白尼两大世界体系的对话》一书，遭教会的终身监禁，备受折磨。伽利略说吉尔伯特的《论磁》一书伟大得令人嫉妒。拉普拉斯说，牛顿的《自然哲学之数学原理》揭示了宇宙的最伟大定律，它将永远成为深邃智慧的纪念碑。拉瓦锡在他的《化学基础论》出版后5年被法国革命法庭处死，传说拉格朗日悲愤地说，砍掉这颗头颅只要一瞬间，再长出这样的头颅100年也不够。《化学哲学新体系》的作者道尔顿应邀访法，当他走进法国科学院会议厅时，院长和全体院士起立致敬，得到拿破仑未曾享有的殊荣。傅立叶在《热的解析理论》中阐述的强有力的数学工具深深影响了整个现代物理学，推动数学分析的发展达一个多世纪，麦克斯韦称赞该书是“一首美妙的诗”。当人们咒骂《物种起源》是“魔鬼的经典”“禽兽的哲学”的时候，赫胥黎甘做“达尔文的斗犬”，挺身捍卫进化论，撰写了《进化论与伦理学》和《人类在自然界的位置》，阐发达尔文的学说。经过严复的译述，赫胥黎的著作成为维新领袖、辛亥精英、“五四”斗士改造中国的思想武器。爱因斯坦说法拉第在《电学实验研究》中论证的磁场和电场的思想是自牛顿以来物理学基础所经历的最深刻变化。

在科学元典里，有讲述不完的传奇故事，有颠覆思想的心智波涛，有激动人心的理性思考，有万世不竭的精神甘泉。

二

按照科学计量学先驱普赖斯等人的研究，现代科学文献在多数时间里呈指数增长趋势。现代科学界，相当多的科学文献发表之后，并没有任何人引用。就是一时被引用过的科学文献，很多没过多久就被新的文献所淹没了。科学注重的是创造出新的实在知识。从这个意义上说，科学是向前看的。但是，我们也可以看到，这么多文献被淹没，也表明划时代的科学文献数量是很少的。大多数科学元典不被现代科学文献所引用，那是因为其中的知识早已成为科学中无须证明的常识了。即使这样，科学经典也会因为其中思想的恒久意义，而像人文领域里的经典一样，具有永恒的阅读价值。于是，科学经典就被一编再编、一印再印。

早期诺贝尔奖得主奥斯特瓦尔德编的物理学和化学经典丛书“精密自然科学经典”从1889年开始出版，后来以“奥斯特瓦尔德经典著作”为名一直在编辑出版，有资料说目前已经出版了250余卷。祖德霍夫编辑的“医学经典”丛书从1910年就开始陆续出版了。也是这一年，蒸馏器俱乐部编辑出版了20卷“蒸馏器俱乐部再版本”丛书，丛书中全是化学经典，这个版本甚至被化学家在20世纪的科学刊物上发表的论文所引用。一般把1789年拉瓦锡的化学革命当作现代化学诞生的标志，把1914年爆发的第一次世界大战称为化学家之战。奈特把反映这个时期化学的重大进展的文章编成一卷，把这个时期的其他9部总结性化学著作各编为一卷，辑为10卷“1789—1914年的化学发展”丛书，于1998年出版。像这样的某一科学领域的经典丛书还有很多很多。

科学领域里的经典，与人文领域里的经典一样，是经得起反复咀嚼的。两个领域里的经典一起，就可以勾勒出人类智识的发展轨迹。正因为如此，在发达国家出版的很多经典丛书中，就包含了这两个领域的重要著作。1924 年起，沃尔科特开始主编一套包括人文与科学两个领域的原始文献丛书。这个计划先后得到了美国哲学协会、美国科学促进会、美国科学史学会、美国人类学协会、美国数学协会、美国数学学会以及美国天文学学会的支持。1925 年，这套丛书中的《天文学原始文献》和《数学原始文献》出版，这两本书出版后的 25 年内市场情况一直很好。1950 年，沃尔科特把这套丛书中的科学经典部分发展成为“科学史原始文献”丛书出版。其中有《希腊科学原始文献》《中世纪科学原始文献》和《20 世纪（1900—1950 年）科学原始文献》，文艺复兴至 19 世纪则按科学学科（天文学、数学、物理学、地质学、动物生物学以及化学诸卷）编辑出版。约翰逊、米利肯和威瑟斯庞三人主编的“大师杰作丛书”中，包括了小尼德勒编的 3 卷“科学大师杰作”，后者于 1947 年初版，后来多次重印。

在综合性的经典丛书中，影响最为广泛的当推哈钦斯和艾德勒 1943 年开始主持编译的“西方世界伟大著作丛书”。这套书耗资 200 万美元，于 1952 年完成。丛书根据独创性、文献价值、历史地位和现存意义等标准，选择出 74 位西方历史文化巨人的 443 部作品，加上丛书导言和综合索引，辑为 54 卷，篇幅 2 500 万单词，共 32 000 页。丛书中收入不少科学著作。购买丛书的不仅有“大款”和学者，而且还有屠夫、面包师和烛台匠。迄 1965 年，丛书已重印 30 次左右，此后还多次重印，任何国家稍微像样的大学图书馆都将其列入必藏图书之列。这套丛书是 20 世纪上半叶在美国大学兴起而后扩展到全社会的经典著作研读运动的产物。这个时期，美国一些大学的寓所、校园和酒吧里都能听到学生讨论古典佳作的声音。有的大学要求学生必须深研 100 多部名著，甚至在教学中不得使用最新的实验设备，而是借助历史上的科学大师所使用的方法和仪器复制品去再现划时代的著名实验。至 20 世纪 40 年代末，美国举办古典名著学习班的城市达 300 个，学员 50 000 余众。

相比之下，国人眼中的经典，往往多指人文而少有科学。一部公元前 300 年左右古希腊人写就的《几何原本》，从 1592 年到 1605 年的 13 年间先后 3 次汉译而未果，经 17 世纪初和 19 世纪 50 年代的两次努力才分别译刊出全书来。近几百年来移译的西学典籍中，成系统者甚多，但皆系人文领域。汉译科学著作，多为应景之需，所见典籍寥若晨星。借 20 世纪 70 年代末举国欢庆“科学春天”到来之良机，有好尚者发出组译出版“自然科学世界名著丛书”的呼声，但最终结果却是好尚者抱憾而终。20 世纪 90 年代初出版的“科学名著文库”，虽使科学元典的汉译初见系统，但以 10 卷之小的容量投放于偌大的中国读书界，与具有悠久文化传统的泱泱大国实不相称。

我们不得不问：一个民族只重视人文经典而忽视科学经典，何以自立于当代世界民族之林呢?

三

科学元典是科学进一步发展的灯塔和坐标。它们标识的重大突破，往往导致的是常规科学的快速发展。在常规科学时期，人们发现的多数现象和提出的多数理论，都要用科学元典中的思想来解释。而在常规科学中发现的旧范型中看似不能得到解释的现象，其重要性往往也要通过与科学元典中的思想的比较显示出来。

在常规科学时期，不仅有专注于狭窄领域常规研究的科学家，也有一些从事着常规研究但又关注着科学基础、科学思想以及科学划时代变化的科学家。随着科学发展中发现的新现象，这些科学家的头脑里自然而然地就会浮现历史上相应的划时代成就。他们会对科学元典中的相应思想，重新加以诠释，以期从中得出对新现象的说明，并有可能产生新的理念。百余年来，达尔文在《物种起源》中提出的思想，被不同的人解读出不同的信息。古脊椎动物学、古人类学、进化生物学、遗传学、动物行为学、社会生物学等领域的几乎所有重大发现，都要拿出来与《物种起源》中的思想进行比较和说明。玻尔在揭示氢光谱的结构时，提出的原子结构就类似于哥白尼等人的太阳系模型。现代量子力学揭示的微观物质的波粒二象性，就是对光的波粒二象性的拓展，而爱因斯坦揭示的光的波粒二象性就是在光的波动说和粒子说的基础上，针对光电效应，提出的全新理论。而正是与光的波动说和粒子说二者的困难的比较，我们才可以看出光的波粒二象性学说的意义。可以说，科学元典是时读时新的。

除了具体的科学思想之外，科学元典还以其方法学上的创造性而彪炳史册。这些方法学思想，永远值得后人学习和研究。当代诸多研究人的创造性的前沿领域，如认知心理学、科学哲学、人工智能、认知科学等，都涉及对科学大师的研究方法的研究。一些科学史学家以科学元典为基点，把触角延伸到科学家的信件、实验室记录、所属机构的档案等原始材料中去，揭示出许多新的历史现象。近二十多年兴起的机器发现，首先就是对科学史学家提供的材料，编制程序，在机器中重新做出历史上的伟大发现。借助于人工智能手段，人们已经在机器上重新发现了波义耳定律、开普勒行星运动第三定律，提出了燃素理论。萨伽德甚至用机器研究科学理论的竞争与接受，系统研究了拉瓦锡氧化理论、达尔文进化学说、魏格纳大陆漂移说、哥白尼日心说、牛顿力学、爱因斯坦相对论、量子论以及心理学中的行为主义和认知主义形成的革命过程和接受过程。

除了这些对于科学元典标识的重大科学成就中的创造力的研究之外，人们还曾经大规模地把这些成就的创造过程运用于基础教育之中。美国几十年前兴起的发现法教学，就是在这方面的尝试。近二十多年来，兴起了基础教育改革的全球浪潮，其目标就是提高学生的科学素养，改变片面灌输科学知识的状况。其中的一个重要举措，就是在教学中加强科学探究过程的理解和训练。因为，单就科学本身而言，它不仅外化为工艺、流程、技术及其产物等器物形态，直接表现为概念、定律和理论等知识形态，更深蕴于其特有的思想、观念和方法等精神形态之中。没有人怀疑，我们通过阅读今天的教科书就可以方便地学到科学元典著作中的科学知识，而且由于科学的进步，我们从现代教科书上所学的知识甚至比经典著作中的更完善。但是，教科书所提供的只是结晶状态的凝固知识，而科学本是历史的、创造的、流动的，在这历史、创造和流动过程之中，一些东西蒸发了，另一些东西积淀了，只有科学思想、科学观念和科学方法保持着永恒的活力。

然而，遗憾的是，我们的基础教育课本和科普读物中讲的许多科学史故事不少都是误讹相传的东西。比如，把血液循环的发现归于哈维，指责道尔顿提出二元化合物的元素原子数最简比是当时的错误，讲伽利略在比萨斜塔上做过落体实验，宣称牛顿提出了牛顿定律的诸数学表达式，等等。好像科学史就像网络上传播的八卦那样简单和耸人听闻。为避免这样的误讹，我们不妨读一读科学元典，看看历史上的伟人当时到底是如何思考的。

现在，我们的大学正处在席卷全球的通识教育浪潮之中。就我的理解，通识教育固然要对理工农医专业的学生开设一些人文社会科学的导论性课程，要对人文社会科学专业的学生开设一些理工农医的导论性课程，但是，我们也可以考虑适当跳出专与博、文与理的关系的思考路数，对所有专业的学生开设一些真正通而识之的综合性课程，或者倡导这样的阅读活动、讨论活动、交流活动甚至跨学科的研究活动，发掘文化遗产、分享古典智慧、继承高雅传统，把经典与前沿、传统与现代、创造与继承、现实与永恒等事关全民素质、民族命运和世界使命的问题联合起来进行思索。

我们面对不朽的理性群碑，也就是面对永恒的科学灵魂。在这些灵魂面前，我们不是要顶礼膜拜，而是要认真研习解读，读出历史的价值，读出时代的精神，把握科学的灵魂。我们要不断吸取深蕴其中的科学精神、科学思想和科学方法，并使之成为推动我们前进的伟大精神力量。

任定成
2005 年 8 月 6 日
北京大学承泽园迪吉轩

亚历山大・冯・洪堡（Alexander von Humboldt，1769—1859）

▲1769年9月14日，亚历山大·冯·洪堡（以下插图中均简称洪堡）出生在柏林的雅阁路22号，这里现在是柏林－勃兰登堡科学院，该建筑的墙上还有洪堡的铜牌像。（高虹/摄）

母亲玛丽·伊丽莎白（Maria Elizabeth von Humboldt）是一位受过良好教育的女性，常给人以清高之感。她给家庭带来不少财富，包括几项投资和多处房产。

▲小洪堡和母亲。

父亲亚历山大·格奥尔格·洪堡（Alexander Georg von Humboldt）是一位军官，擅于社交，退役之后一直生活在位于泰格尔（Tegel）的别墅里。1779年，洪堡10岁时，父亲去世。

▼位于泰格尔的别墅，洪堡家族的后人现仍住在这里。

父亲的骤然辞世对洪堡和哥哥威廉都是灾难性的打击。这时，家庭教师昆特（G. J. C. Kunth，1757—1829）对洪堡兄弟的成长产生了深远的影响，他负责规划两兄弟的教育，并成为他们的导师和亲密的朋友。

位于泰格尔别墅入口处的纪念昆特的牌匾。

少年时期的洪堡兄弟。兄弟俩的性格和爱好大不相同，但他们一生相处和谐，联系紧密，长大后在各自的领域里都取得卓越的成就。

弟弟亚历山大 · 冯 · 洪堡。

哥哥威廉 ·冯 ·洪堡（William von Humboldt，1767—1835）。德国语言学家，教育改革家，柏林洪堡大学的创始人。洪堡大学是世界上第一所将科学研究和教学相融合的新式大学，被誉为现代大学之母。

母亲希望洪堡兄弟将来都在政界有所作为，于是将他们送到奥德河畔法兰克福欧洲大学［European University Viadrina Frankfurt（Oder）］，主要学习行政管理和经济学。下图为该校今日俯瞰图。

奥德河畔法兰克福欧洲大学。

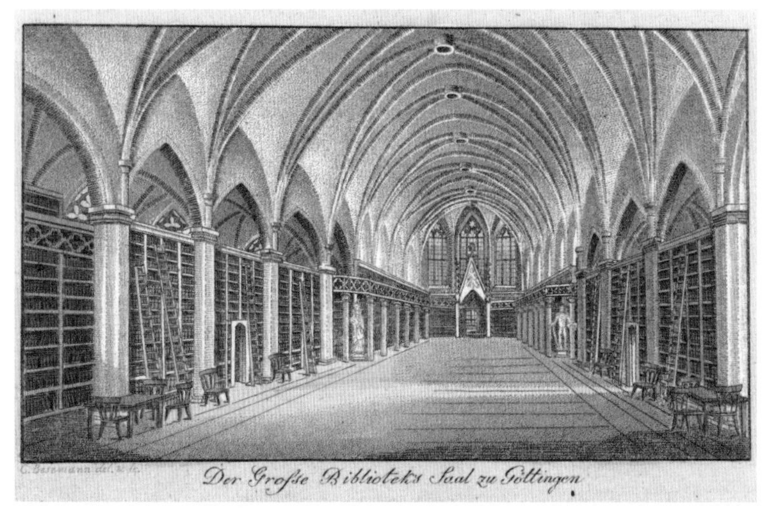

1789—1790 年洪堡求学于哥廷根大学（Göttingen University）。他在这里学习科学、数学和语言，并结识了博物学家福斯特（G. Forster，1754—1794）。

◀ 18 世纪的哥廷根大学图书馆。

1790 年，福斯特带着洪堡一起穿越德国、荷兰、英国和法国，把他介绍给科学界同行，为他打开了科学世界的大门。

1791 年，洪堡遵从母亲的心愿，来到位于萨克森州弗莱贝格的第一所矿业学院（现名弗莱贝格工业大学）。正好他对矿物学和地质学都有浓厚兴趣，又凭借惊人的记忆力和对知识的强烈渴望，他用 8 个月完成了普通人 3 年才能完成的功课。

▲ 福斯特父子在新西兰旅行途中。

▼ 今日的弗莱贝格工业大学（Technische Universität Bergakademie Freiberg）全景。

洪堡在拜罗伊特小镇时的故居。

1792 年，23 岁的洪堡一毕业就获得普鲁士政府矿业部的任命，前往巴伐利亚东北部的小镇拜罗伊特（Bayreuth）担任矿井监察员，负责菲希特尔山脉（Fichtel Mountains）的采矿工作。任职期间，洪堡不知疲倦地工作，利用所学为矿业的安全和发展作贡献。他努力重振当地的采矿业，发明了矿井照明灯，还自掏腰包建立了一所青年矿工技术学校并自编教材。然而，在为期五年高强度的工作和考察之后，洪堡越来越坚信自己人生的真正目标是科学探索。

左起：席勒，威廉·洪堡，亚历山大·洪堡，歌德。他们正在席勒家的花园里聚会。

1794 年，洪堡到耶拿拜访哥哥威廉。在这里，兄弟俩和歌德（J. W. von Goethe，1749—1832）、席勒（F. Schiller，1759—1805）都成了朋友，他们常常在一起聚会。此后几年，洪堡一有机会就到耶拿或魏玛拜访歌德。后来歌德回忆说：“与洪堡谈话一小时，远远胜读八天书。”

1797年年底，在母亲去世之后不久，洪堡辞掉了矿井监察员的工作，宣布要为谋划多年的“伟大的旅行”做准备。次年春天他在巴黎遇到了年轻的法国科学家邦普兰（Aimé Bonpland，1773—1858），两人志同道合，都向往远方的世界。邦普兰性格温和，踏实可靠，不仅精通植物学与热带风物，还曾担任过海军外科医生的职位，拥有丰富的解剖学知识，自然是洪堡梦寐以求的理想旅伴。

1799—1804年洪堡和邦普兰一起完成了为期五年的美洲之旅。他们的探险成果包括数十本笔记、数百张素描，成千上万条天文、地理以及气象学的观测数据，以及六万件植物标本。

洪堡和邦普兰在厄瓜多尔的钦博拉索山（Chimborazo volcano）附近考察。

洪堡和邦普兰在亚马逊热带雨林考察。

1804 年访问美国期间的洪堡。

1804 年 5 月底，洪堡一行在美国费城登陆，然后改乘马车到达华盛顿。6 月 2 日，时任美国总统托马斯·杰斐逊（T. Jefferson，1743—1826）在书房接见了洪堡。在接下来的二十多天里，他们多次密切交谈，话题涉及自然、生态、帝国权力和奴隶制等多个方面。

1804 年 8 月，洪堡一行抵达巴黎，满载而归的洪堡受到英雄凯旋般的欢迎。随后他在巴黎科学院举行了一系列演讲。次年 3 月他和盖 - 吕萨克（J. L. Gay-Lussac，1778—1850）一起穿过阿尔卑斯山，4 月到达罗马，11 月回到柏林。

洪堡非常喜欢巴黎的氛围。1807 年 11 月，腓特烈·威廉三世 (F. William Ⅲ，1770—1840) 邀请洪堡协同普鲁士和平使团前往巴黎。逮着机会的洪堡随身带上了所有的笔记和手稿，此后，领着普鲁士总管大臣的薪水在巴黎生活了十几年。

在巴黎时，洪堡曾居住在马拉奎斯堤岸（Malaquais embankment）3 号，现在该建筑的外墙上还有一块向他致敬的牌匾。

这幅油画展现了洪堡在巴伐利亚的艺术和科学名人圈中广受欢迎。

洪堡的晚年主要在柏林度过，但他每年仍要前往巴黎一次，与法国科学家交流，享受与朋友的日常讨论。他在德国大学和柏林音乐厅举办的多场讲座，受到社会各界的追捧。他也忙于写作，整理演讲笔记，构建自己的“自然之图”，同时，他积极推动不同学科的科学家们建立紧密联系。图为1856年的洪堡及其柏林的工作室。

1859年5月6日，洪堡在柏林安详离世。他被安葬在泰格尔家族墓地中。皇室为他举办了国葬仪式，各大报纸纷纷刊登了讣告，成千上万的柏林市民为之送行。图为洪堡家族的墓地。（高虹/摄）

目 录

第三篇(上) 自然之画卷——自然现象概述：太空 /53

第三篇(下) 自然之画卷——自然现象概述：地球 /127

译后记 /279

导读（一）

侯仁之
（中国科学院院士　北京大学教授）

· Introduction to Chinese Version ·

在洪堡之前，还没有一个旅行家像他那样把科学仪器装满了自己的行囊，也没有一个考察家像他那样，通过无数次的精确测量来充实自己的数据和资料，而这些数据和资料正是洪堡在自然科学——特别是在自然地理学的研究中，获得卓越成就的一个重要因素。

德国大诗人歌德（J. W. von Goethe，1749—1832）这样说过："16、17世纪的杰出人物自己本身就是一座学府，正像我们时代的洪堡一样。"这对洪堡是多么崇高的评价啊！

ALEXANDER

一

1769 年 9 月 14 日，亚历山大·洪堡（Alexander von Humboldt）出生于德国柏林的一个贵族家庭。洪堡少年的时候，父亲就去世了。母亲秉承父亲的遗愿，认为他有政治才能，希望把他培养成为一个政治家。

洪堡 18 岁时，母亲把他送入奥德河畔的法兰克福欧洲大学［European University Viadrina Frankfurt（Oder）］学习行政管理和经济学，不久又转入哥廷根大学。哥廷根大学是当时德国学术活动的主要中心，名家云集，思想活跃。在这里，洪堡听了著名动物学家布鲁门巴赫（J. F. Blumenbach，1752—1840）的课，这使他对科学研究产生了浓烈的兴趣。在哥廷根大学，他还结识了博物学家福斯特（G. Forster，1754—1794）。这位博物学家对他后来的人生道路，产生了深远影响。

洪堡的视野突然打开了，他发现自己的学习兴趣不在政治和社会，而在自然和科学。他觉得自己很难再按照父母的愿望去成长。经过耐心沟通，母亲终于同意了洪堡的选择。

在 22 岁那年，洪堡进入了弗莱贝格的第一所矿业学院。当时，著名地质学家维尔纳（A. G. Werner，1749—1817）正在这里任教。洪堡投奔到维尔纳门下，受到严格的地质学训练。

总的来说，动荡不定的大学教育和缺乏目标的学业，使青年时代的洪堡在科学训练上遭受了不少损失，也浪费了不少光阴。但是他没有放过一切机会去攫取对自己未来的科学活动有营养有价值的东西，正如一块干燥的海绵在接触到每一滴水分的时候，都要把它吸收过来，其道理是一样的。布鲁门巴赫的教导，维尔纳的传授，在这个渴求知识的青年身上，都结出了丰美的果实。更值得注意的是，洪堡还为自己开辟了一条更为重要的寻求知识的道路，那就是通过旅行考察直接向大自然学习。

实际上，从童年时代起，洪堡就培养了对自然的爱好。他曾收集过很多昆虫、植物和岩石标本，这引起了周围成年人的惊讶。他 20 岁时，曾沿莱因

◀ 37 岁时的亚历山大·洪堡画像。（F. G. Weitsch 绘于 1806 年）

河作了第一次有科学意义的旅行，并根据自己的观察写成了第一篇论文《莱因玄武岩的矿物学观察》。

1790 年，洪堡和福斯特一起穿越德国、荷兰、法国和英国，做了一次长途旅行。他开始认识到，只有扎扎实实的专业知识和一丝不苟的认真观察，才能带来真正的科学成果。

1792 年，洪堡被派往矿区担任公职，历时五年。在这期间，他往返旅行于德国南部各地，做了多方面考察，还在瑞士和意大利进行植物学和地质学考察。通过这些考察和研究，他写成了一些科学论著，其中最重要的就是 1793 年出版的《弗莱贝格矿区的地下植物区系》。

1797 年，洪堡的母亲去世。这是他青年时代生活中的一个转折点，再也没有人干涉他的事业方向了。从此，他决心献身于自然研究，并且计划用母亲留给他的遗产去做学术研究和进行长途旅行。

他先到法国巴黎住了一些时间，那时巴黎是欧洲学术的中心，在那里他主要致力于气象学的研究。随后他和法国植物学家邦普兰（Aimé Bonpland，1773—1858）结伴同行，前往美洲。正是这次旅行，为他一生的科学事业奠定了基础。后来，他在所写的《美洲赤道地区旅行记》一书的开头，曾回忆说：

> 我离开欧洲前往新大陆的内部进行考察，已经是多年以前的事了。我从幼年时代起就热爱自然，对于为高山所卫护和为古代森林所隐蔽的这一带地方，衷心向往。在旅行中我所感受到的无限愉快，大大补偿了在艰苦的和常常是动荡不安的生活中所不可避免的困乏。

他从青年时代就开始的野外工作和长期不懈的阅读研究，终于踏进了研究自然地理基本规律的宏伟殿堂。

二

18 世纪末，西班牙在美洲的殖民地地域辽阔，自今美国加利福尼亚的旧金山向南一直伸展到智利。那时西班牙殖民者对其统治区域进行严密监控，任何外国人要想踏上这些殖民地，都极其困难。但是，一个偶然的机会，为洪堡打开了前往中南美洲西班牙殖民地考察的道路。

那是在 1799 年春天，洪堡和邦普兰从巴黎出发，绕道地中海沿岸，前往西班牙的马德里。当时科学仪器的制作水平越来越高，观察和测量的数据也日趋精确。他们这次旅行就随身携带了水银气压计。一路上，洪堡和邦普兰克服了许多困难，坚持进行测量。当他们到达马德里时，终于绘制出一幅精密的西班牙内部高地地形图。由于这一成果，他们得到西班牙国王的恩准，顺利前往西属美洲自费旅行。

同年 6 月 5 日，洪堡和邦普兰乘“毕查罗”号帆船离开西班牙，经由卡内里群岛直驶南美洲。这年洪堡刚好 30 岁。

经过一个多月的航行，他们终于到达现在委内瑞拉的库马纳。从这里开始，二人在中南美洲进行了长达五年的旅行考察，行程约 25000 公里，经历了崇山峻岭、平原、丘陵以及草原、荒漠，还有热带雨林。

1800 年 11 月，洪堡和邦普兰又从库马纳启航前往古巴。在哈瓦那登陆后，考察了古巴岛上的自然和政治经济情况。1801 年 3 月，又从古巴乘船回到南美大陆。在今哥伦比亚境内，乘船溯马格达雷那河而上，直达翁达。从这里下船后，他们沿安第斯山高地南行，于 1802 年年中，到达现在厄瓜多尔的基多。

在基多经过短暂休息后，洪堡克服种种困难，登上了钦博拉索山一个高达 5881 米的高峰，这是当时还从来没有人达到过的高度。后来，洪堡回忆说：“在我一生中，我一直感到自豪的是，我乃属于世界上攀登得最高的那些人当中的一个——我指的是我曾攀登上钦博拉索山。”实际上，这也象征了他在自然地理学领域里，攀上了当时科学的高峰。

1802 年 10 月，洪堡和邦普兰经过秘鲁境内荒瘠不毛的海岸到达利马，这是他们此行的最南端。在这里进行了短期考察之后，便取道太平洋向北驶入墨西哥。从1803年到1804年初，他们在墨西哥进行了极为广泛的调查研究。1804 年 2 月启程返航，横渡墨西哥湾，取道哈瓦那和美国费城，转回欧洲。

以上是关于洪堡在中南美洲考察路线的大致情况。那么，洪堡这次中南美洲之行的目的究竟是什么呢？关于这一点，洪堡本人有很好的说明：

> 我这次旅行有双重目的，我希望这一地区能为世人所了解，其次还要搜集足以阐明一门学科的事实材料。这门学科至今尚未定型，其名称或者叫作博物学，或者叫作地球的理论，或者叫作自然地理学——也还没有最后确定。我认为这后一目的尤其重要。

原来，洪堡的目的是要建立一门新学科——自然地理学。

洪堡在野外考察，特别重视精确数据的搜集，为此力求使用最新仪器。他说："我有选择地搜集了一些天文仪器和物理器械，以便能够进行地理定位工作，能够确定磁力、磁偏角和磁倾角，确定空气的化学成分和它的弹性、温度与湿度、它的电荷和透明度，确定天空的蓝度，确定海洋深处的温度。"

洪堡所携带的仪器工具，总计约有40种之多。例如有成套的气象学仪器、地磁学仪器和十分精密的测量仪器。在洪堡之前，还没有一个旅行家像他那样把科学仪器装满了自己的行囊，也没有一个考察家像他那样，通过无数次的精确测量来充实自己的数据和资料，而这些数据和资料正是洪堡在自然科学——特别是在自然地理学的研究中，获得卓越成就的一个重要因素。

三

经过几个月的航行，船终于进入法国境内，离波尔多港越来越近。1804年8月1日，洪堡激动万分，他在船上给少年时代的一个朋友写信说：

> 我跨越两半球的远征是非常幸运的，我从未患病，而且现在是更加健康、更加强壮、更加能够吃苦耐劳，比起过去任何时候也更加精力充沛。我带回30大箱生物的、天文的和地质的宝物，这将花费我若干年的时间才能够把研究的结果公之于世。

洪堡搜集的标本资料极为丰富，除去自己亲自带回的30大箱，还有另外寄运的若干箱。他在巴黎住下来，开始进行整理研究。这项工作一直持续了20年。

这20年，是洪堡对美洲考察进行深入总结的20年，也是他在学术上逐渐成熟的20年。在这20年当中，除去邦普兰之外，他还与其他一些著名科学家的合作。洪堡的研究范围，涉及从天文气象一直到地球物理的各个方面，知识领域呈现出波澜壮阔的气象。

德国大诗人歌德（J. W. von Goethe，1749—1832）这样说过："16、17世纪的杰出人物自己本身就是一座学府，正像我们时代的洪堡一样。"这对洪堡是多么崇高的评价啊！

在这里，我们不可能全面介绍洪堡所进行的科学研究的各个方面，只能举几个例子，说明他治学的一般方法，以及他在科学上所获得的一些结论。

洪堡研究自然现象，不但十分重视科学数据的精确性，而且还养成了几乎是随时随地都注意搜集第一手资料的习惯。例如，1799年夏天，他来到西班牙的拉科鲁尼阿（La Coruña），这是一座位于西班牙西北部毗邻大西洋的港口城市。他准备从这里搭乘"毕查罗"号远洋船出航美洲，但由于英国军舰的封锁，航船不得不延期出发。他就利用这一停留时间，测量了大西洋海水表面和海水深处的温度，找出了海水温度与水深之间的关系。

此后，无论是在前往美洲的大西洋航程中，还是在从秘鲁到墨西哥的太平洋航程中，他都坚持测量海水温度，他是第一个在赤道区域暖流海水表面的下层探触到冷水的人。洪堡掌握了大量的资料，足以说明海水温度水平分布和垂直分布的现象；1814年，他把这种现象解释为海流的循环作用，这一理论对现代海洋学的发展做出了重要贡献。由于洪堡最先发现了沿南美洲西岸北流的秘鲁寒流的性质，所以这股寒流被称为"洪堡洋流"。

洪堡在气候学的研究上应用了更多的方法和仪器，进行了更为广泛的测量和记录。他根据前人和自己测量的大量数据，于1817年在一篇关于气候学的论文里发表了一幅地图，标题为"地球上的等温带和温度的分布"。这幅图构成了第一幅等温线图的基础，为近代气候学的研究开辟了一条崭新的道路。

比较研究和从已知数据作出科学判断，是洪堡经常运用的方法之一。例如，他在南美洲攀登了厄瓜多尔中部的钦博拉索山高峰，测定了空气层中温度向高处锐减的速度。他还测量了安第斯山在赤道带上的雪线高度。后来他又把这一高度，和亚洲旅行家在喜马拉雅山南北坡所记录的雪线高度相比较，发现了中国西藏南部在北纬30°上的雪线比南美洲赤道上基多地方的雪线，还要高出200多米；并指出，在西藏高原上高达4000米的地方还可种植五谷，而在喜马拉雅山南坡的种植高度则只能达到3200多米。他认为，喜马拉雅山北坡雪线和森林草原地带之所以特别高，是由于大面积凸起的西藏高原吸收了大量的太阳辐射，因而形成了一个热源。这一解释后来得到证实。

更重要的是，洪堡根据在中南美进行考察的结果，进一步认识到各种自然地理现象的相互制约和相互影响。例如，他对中南美洲热带地区植物生长的垂直分布和温度变化的关系，做了重要阐述，从而为植物地理学奠定了基础。他还采用地理剖面方法，来表明各种不同地理现象的组合，并把各种地理现象作为一个统一的整体来进行观察，有力地推动了近代自然地理学的发展。

洪堡20年持续不断的辛勤研究，使其获得了巨大的成就。这些成就体现在卷帙浩繁的著作里，其中最重要的是30卷之巨的《去往新大陆赤道地区的旅行》。为了出版这些著作，他耗尽了他所继承的最后一部分遗产。由于经济拮据，1827年，他不得不返回柏林，住在其兄威廉·洪堡（William von Humboldt，1767—1835）家中。与此同时，他接受了普鲁士宫廷给他提供的薪俸，这使他可以继续从事研究和写作。

洪堡著作等身，文笔畅达而富有感染力，不仅得到科学界的喜爱，而且还受到普通读者的欢迎。

四

1829年4月中旬，洪堡接受了俄国政府的邀请，前往俄国的亚洲地区进行考察。

亚洲大陆也是洪堡久已向往的地方，很多科学上的问题他想从这里得到解决。他尤其希望能有机会前来中国。他曾通过欧洲汉学家的译述，阅读了很多中国历史和地理著作。关于中国古代在地理学以及在测量学和地图学上的成就，他都有很高的评价。他说中国人智慧聪敏，对周围的一切都注意观察、测量和描述。他想，这次俄国政府邀请他到俄属亚洲部分考察，说不定也有机会前来中国，他不能放过这个机会。

1829年5月初，洪堡到达圣彼得堡。俄国政府熟知他在美洲考察中的卓越成就，希望他前往乌拉尔和其他地区旅行，调查自然资源情况。而洪堡此行也怀有自己的目的，他希望借此机会熟悉亚洲内地的地质与自然状况，并进行相关测量和地理考察。和他同行的还有一位动物学家和一位矿物及化学家，分别负责有关专业的考察。

他们首先到达中乌拉尔，然后穿越西伯利亚西部草原，向东南沿额尔齐斯河上溯，转而经西伯利亚西南部草原，绕道黑海北岸的阿斯特拉罕，最后沿顿河北上回到莫斯科。同年12月底，洪堡收获满满回到柏林。这次考察，全程15000公里，历时7个月。

洪堡经过精密测量，确定西伯利亚西部乃是一个低平原，从而纠正了当时人们把它看作是高原的错误。他对亚洲内陆的气象和气候，也进行了观测。特别是在地磁学的研究上，他取得了重要成果。实际上，他从圣彼得堡出发开始，一直到西伯利亚南部，沿途都进行了磁偏角和磁倾角的测量。他建议在俄国境内组织地磁与气象网，这一建议不久以后被俄国政府采纳。

洪堡回到德国后，根据考察资料，写成了《亚洲地质学和气候学的部分见解》（1832）以及《中亚细亚——关于山脉和比较气候的研究》（1843—1844）等著作。

五

从16世纪以来，资本主义生产因素的发展以及殖民地的扩张，大大推动了西欧各国海外探险。到了18世纪初期以后，又出现了越来越多的以科学考察为主的旅行。因为随着欧洲的工业化和相应而来的大规模寻找原料和市场的要求，世界很多地方包括西欧国家的广大殖民地在内，都被迅速地纳入了正在发展着的资本主义世界经济体系。对自然资源的大量需求，就要求对这些地区进行更深入、更详尽的考察和研究。18世纪中叶以后日益发达的科学考察，就是在这一背景下应运而生的。洪堡对东、西两半球的旅行考察，也是在这一背景下进行的。

正是在洪堡的影响下，1831年，英国政府派遣了“贝格尔”号军舰前往南美洲沿海，进行详细的科学考察。参加这次考察的有一位年轻的科学家，他随身携带着洪堡的著作，如饥似渴地阅读着。这个青年人就是达尔文（C. R. Darwin，1809—1882），他以这次考察为开端，创立了日后影响深远的科学的进化论。

洪堡在旅行考察中，不但关注科学问题，而且还以极大热情关注当时的社会问题。无论是在美洲还是在俄国，奴隶和农奴的悲惨生活，都深深刺痛了他。特别是对拉丁美洲反抗殖民统治的独立运动，洪堡怀有无限同情。他与拉丁美洲独立运动领袖玻利瓦尔（Simon Bolivar，1783—1830）建立了深厚的友谊。

六

1859年5月6日，洪堡在柏林去世，终年90岁。临终前，他最后一部著作虽然已经完稿，但还没有全部出版，这就是科学史上的巨著——《宇宙》。

洪堡着手写这部书的时候，已经64岁。全书共五卷，分期出版。在1847年出版的第一卷的《前言》里，他这样写道：

> 回首一生，波澜动荡，在此生的晚景我欲向德国读者奉上一部著作，近50年来这部作品以模糊的轮廓始终在我心中上下翩跹。当某些心绪涌起之时，我不得不认为这是一部无法完成的作品，我也曾放弃过对它的写作，但每每又都重新拾起了笔头，大概也是太鲁莽了吧。现在我把这部作品献给当代读者，心中仍有戚戚焉，因为对一己之力的怀疑时常流动于胸，这亦是情理之中。期待已久的作品问世以后获得的宽容通常会更少一些，这一点我先姑且忘记。

在1858年出版的《宇宙》第三卷的绪论中，他对这一观点又有了进一步的说明：

我所写的这部关于宇宙著作的基本原则……就是企图把宇宙现象作为一个自然整体来认识，并揭示在这些现象的个体组合中，怎样认识它们所受到的共同制约——或者说大自然规律的支配，以及通过怎样的途径将这些规律提高到因果关系的探讨……

洪堡认为，应从历史发展的观点认识自然，他说：

如果我们要正确地理解自然，我们就绝不可把事物的现状及其过去的连续不断的发展截然分开。不回顾事物的形成过程，就不可能获得对事物性质的正确理解。不仅仅是有机体经常处于不断变化以及不断分解并产生新质的过程中，地球本身在其存在的每一形态中，也都有前一阶段的秘密显示出来……在对于地球的自然面貌进行描述时，现在和过去这两者之间很明显是相互渗透的。

洪堡的自然地理学思想，不但远远超越了19世纪前期地理学家，而且也超越了他同时代的地理学家。

在洪堡之前，曾经在柏林大学讲授自然地理学达40年（1756—1796）之久的康德（I. Kant，1724—1804），认为地理学只与空间因素有关而不涉及时间因素；研究在时间上连续发生的事件的是历史学，而地理学只研究在空间上同时发生的现象。显然，这是一种截然分割时间与空间的观念。

李特尔（C. Ritter，1779—1859）是与洪堡同时代的著名地理学家，也是当时学术界的权威。他认为，地球乃是为了人类的生活而创造，正如身体是为了灵魂而存在。显然，这是一种“目的论”思想，实质上是一种神创论思想。

在地理学发展史上，洪堡在把古典地理学从经验科学提升为理论科学的过程中，起到了巨大作用。

（本文根据侯仁之《洪堡评传》改写而成）

歌德（J. W. von Goethe，1749—1832），德国思想家、作家、科学家

柯勒律治（S. T. Coleridge，1772—1834），英国诗人

梭罗（H. D. Thoreau，1817—1862），美国作家

惠特曼（W. Whitman，1819—1892），美国诗人

海克尔（E. H. P. A. Haeckel，1834—1919），德国生物学家

席勒（E. Schiele，1890—1918），奥地利画家

除了科学贡献，洪堡给我们最大的馈赠可能是他身上经久不衰的鼓舞力量。历史上许多著名人物都曾佐证了洪堡的精神力量，歌德、柯勒律治、梭罗、惠特曼、海克尔、席勒等曾受到洪堡思想的影响。

导读（二）

张九辰
（中国科学院自然科学史研究所 研究员）

· *Introduction to Chinese Version* ·

洪堡对自然的感悟超越了时空，即便在信息爆炸的今天仍然能够引起我们的共鸣，这或许就是经典的魅力所在。

洪堡构建的把地球想象为一个巨大的生命体的自然观，至今仍然影响着人类对于自然界的认识。尤其是在地球进入“人类世”的时代，细读洪堡在两百多年前的观点，不得不感叹他理解自然界的超前意识和思想。这，就是《宇宙》的精髓所在。

Kosmos.
Alexander von Humboldt · 1769–1859

170 多年前用德文写成并出版，随后被翻译成英文、荷兰文、意大利文、法文、西班牙文等十几种文字的《宇宙》中文版，经过漫长的等待，今天终于跟读者见面了。

《宇宙》是德国学者亚历山大·洪堡在晚年花费了三十余年的时间撰写而成的集大成之作。此书在 1845—1862 年间陆续出版了五卷，总览了当时关于物质世界的整体知识。本书是《宇宙》第一卷的中文译本。第一卷通过对宇宙全景的概述，展示了世界万物之间的联系和自然动态。后四卷的内容简介请读者参考本书末的《译后记》。

洪堡是一位划时代的人物。他的研究涉猎广泛，《宇宙》中涉及的知识包括数学、物理学、化学、天文学、大地测量学、制图学、自然地理学、地质学、古生物学、气候学、地磁学、水文学、海洋学、解剖学、人类学、语言学等众多学科。其中有些领域被后人认为就是由洪堡创立的，比如气候学、植物地理学等。可以说，他为多门学科的建立奠定了坚实的基础。

洪堡被后人称为地理学家、博物学家、探险家、作家，其探险足迹遍及南北美洲、欧洲和北亚。后世对于洪堡的研究热度，从他去世开始一直持续到现在。从大西洋到太平洋，自然界中不乏以他的名字命名的洋流、山岭、河流、湖泊、冰川、城市、学校、矿物、植物，甚至月球上的环形山脉。1859 年洪堡去世，这一年成为古代地理学和现代地理学的分界点。

《宇宙》为读者设计了一幅大型的自然画卷。他将物质的外在世界和精神上的内在世界统一在《宇宙》之中。书中讲述了人类如何提出一个大胆的科学猜测，又如何通过艰苦的努力，把科学猜测升华为经验上的确凿事实。书中以讨论自然原理为主，强调写作的目的就是解释一切自然现象的联系性，进而阐明自然现象的统一性。洪堡对自然的感悟超越了时空，即便在信息爆炸的今天仍然能够引起我们的共鸣，这或许就是经典的魅力所在。

洪堡也十分重视文字的“旋律性”，[①] 这令他的著作在讲述人类认识自然

◀ 柏林自然博物馆举办纪念洪堡诞辰 250 周年特展。

① [德] 安德烈娅·武尔夫. 创造自然：亚历山大·冯·洪堡的科学发现之旅 [M]. 边和，译. 杭州：浙江人民出版社，2018：129.

的历史时，没有我们平常阅读西方译著时的那些“不适感”，比如：晦涩的文字、一连串的著作名、陌生的人名、抽象的概念术语……洪堡总是用优美、平实的语言，把各种思想和理论的闪光点编织在一起。即便是涉及人物，也是重点介绍他们的观点，仿佛是在向读者介绍一位老朋友。

洪堡出版过大量的地理著作，在这些著作中，他经常打破简单的文字叙事方式，使用图表等方式增加阅读的视觉效果。洪堡借用自然景观画的技法，通过着色和绘制地形图的晕线法获得了三维的视觉效果，用艺术的画法表达了抽象的科学概念，将知识与美学结合起来，把大量的科学数据压缩到一个很小的空间里。当然这种做法也曾引起一些学者的质疑，担心他为了达到完美的视觉体验和良好的阅读体验而降低系统化和标准化的科学要求。但是洪堡的著作总是引起社会的广泛关注，尤其是《宇宙》的出版，在欧洲引起了强烈反响和经久不衰的关注。

关注西方科学史的读者，经常会在许多文献中读到关于洪堡和《宇宙》的评述。由于迟迟没有中译本出版，笔者几次拿起《宇宙》英文版，又几次放下。因语言能力的欠缺，阅读英文版《宇宙》犹如雾里看花，缺少阅读中文经典的那种酣畅淋漓的快感。尤其是洪堡对早期英文译本的不满，进一步增加了笔者对《宇宙》英文版的抵触情绪。而读者眼前的中译本基于《宇宙》德文原版，译文优美流畅，为中国读者提供了很好的阅读体验。

《宇宙》：洪堡一生的积累

洪堡的青少年时代正处于18世纪末期欧洲的启蒙时代，这是一个由知识来扫荡愚昧、用理性来认识世界的时代。进入19世纪，洪堡迎来了事业的巅峰期。在这个被誉为“科学的世纪”里，自然科学的各门学科相继建立或者成熟起来，并迎来了工业技术的快速发展和科学的迅速进步：恒星视差的发现，科学地证明了地球的运动以及恒星与地球之间的距离；天王星和海王星的相继发现，展示了科学理论的生命力；高空磁学、温度和气压的观测，为人类认识大千世界提供了数据支撑；从物种渐变论到进化理论，颠覆了人类对地球万物的起源认知；对地球物质化学成分的认识、关于地球形成原因的争论，改变了人类对于地球历史的观念……随着对自然界认识的不断深入，科学专业的分工越来越精细，专精一艺成为时尚，科学“通才”渐趋没落。

《宇宙》写于1843—1844年间，此时“科学家”一词出现了。而在此之前已经有了“数学家”“天文学家”“化学家”“生物学家”等词汇。这些词汇的出现，标志着科学专业化时代的来临。这个时代也是科学地理学的创建时代，洪堡成为其中的一名开拓者。此时，人类对于地球表面的探索基本完成，欧洲人着迷于对未知区域和自然万物之间关联性的科学研究。身处新旧转换的时代，洪堡既像传统博物学家那样通过细致观察和精确测量，尽可能充分、准确地搜罗与归纳信息；又像科学家那样，排比、归纳与分析事实。洪堡之后，通论地理学开始停滞发展，而专论地理学进入了兴盛时代。正是以洪堡为代表的一代人的不懈努力，为通论地理学奠定了坚实的基础，进而也促进了地球科学各分支学科的繁荣。在时代转换的特殊点上，洪堡当之无愧地成为承前启后式的集大成者。

洪堡时代的欧洲，科学家们还在努力地了解大自然，只是不同的学者研究的路径各不相同。有些人强调要坚持理性思考，有些人则更加相信感性的经验。当多数科学家通过分类、归纳把大自然切分进行研究时，洪堡则为读者们展示了一幅自然界的整体画卷。在洪堡的思想中，自然界是一个整体，无论是气候带、植被带，还是地球磁场或岩石圈，它们总能在洪堡的笔下构成一幅全球网络图，每种自然要素都有其自己的位置，同时又相互关联、相互影响。

洪堡在《宇宙》前言中谈到，“近50年来这部作品以模糊的轮廓始终在我心中上下翩跹”。其实，洪堡关于《宇宙》轮廓的萌芽，可以追溯到他的青少年时代。洪堡从小在柏林市郊环境优美的别墅里长大，自然界成为他的第一课堂。肯普（J. H. Campe，1746—1818，《鲁宾逊漂流记》的德文版译者）的作品让少年洪堡对陌生的远方充满了向往。洪堡在青年时代曾经师从熟悉热带和极地植物的植物学家韦尔登诺（C. L. Willdenow，1765—1812）。而林奈（C. von Linné，1707—1778）的植物分类法和维尔纳的矿物分类法让他认识到，植被是受地理和气候条件制约的。他还学习过电学和磁学……这些科学训练为洪堡日后研究自然界奠定了坚实的基础。

1787年，洪堡进入奥德河畔法兰克福欧洲大学学习行政管理和经济学，1789年转入哥廷根大学，在这里比较解剖学家、体质人类学家布鲁门巴赫的人种研究给洪堡留下了深刻的印象。1790年春天，洪堡跟随探险家、博物学家福斯特在荷兰、英国、法国等地旅行。福斯特曾经跟随库克（J. Cook，1728—1779）船长进行环球航行，出版了《南极和环球旅行记》（英文版）、《约翰·莱茵霍特·福斯特和格奥尔格·福斯特的环球旅行记》（德文版）。在这次旅行中洪堡第一次见到了大海和英国植物学家创建的植物园。福斯特优美的文笔，以及强调通过观察自然界不同现象之间的联系以揭示自然界基本规律的方法，对洪堡产生了深远的影响。

欧洲考察结束以后，1791年，洪堡进入欧洲地质学的中心之一弗莱贝格矿业学院学习地质学。始建于1765年的弗莱贝格矿业学院位于德国的采矿中心，是世界上最古老的矿业学校。中国地质学家王烈（1887—1957）曾经于1911—1913年间在那里学习。弗莱贝格矿业学院因为德国著名地质学家维尔纳长期在那里宣讲“水成论”而盛极一时，各国学子纷纷前往该学院聆听维尔纳的报告。1790年洪堡发表了处女作《莱茵玄武岩的矿物学观察》。1792年在完成学业之后，他到巴伐利亚东北部的一个小镇担任矿井监察员，并在那里研究了地下植物和矿层结构。洪堡通过对矿区所见植物的研究，撰写了生平第一篇有影响的科学论文《弗莱贝格矿区的地下植物区系》。

1797年洪堡母亲去世，留下了一大笔遗产。洪堡继承的遗产足以支撑他的生活，这促使他辞去公职去实现发现新世界的梦想。几经周折与努力，在去东方、南极等地探险的计划失败后，去美洲探险的计划终于得以实现。1799—1804年间的美洲探险后，洪堡带回了四十余箱动植物和矿物化石标本、数百张素描图、成千上万条观测数据，此外还有大量涉及自然科学、人种、民族、文化等的笔记资料。回到欧洲后他居住在巴黎，用二十余年撰写了大量的地理著作。后来人们把他在拉丁美洲的旅行记录汇集在一起，成为34卷本的《去往新大陆赤道地区的旅行》。其中在墨西哥考察基础上撰写的《墨西哥》，成为区域地理学的经典著作。1815年他的《去往新大陆赤道地区的旅行》头两卷发表以后，在欧洲掀起了新的探险热潮。达尔文在随“贝格尔号”旅行时随身携带着此书。

旅居巴黎二十余年后，洪堡于1827年5月回到德国，开始致力于推动德国科学的进步。他参与组建了柏林–哥廷根科学中心。1828年他在柏林主持召开了全德自然科学家和医生代表大会。他还举办了大量讲座，仅在1828年的11月，就在大学中举办了61次讲座。[①] 此后的半年中，洪堡每星期都会举办几次讲座。1827年冬季至1828年春季，洪堡在柏林皇家科学院做了一系列公开演讲，漫谈地磁、火山、陨石和日月星辰。这些演讲把看似不相关的学科和知识联系在一起，也使洪堡头脑中的自然画卷逐渐清晰起来，这些讲座的内容后来写进了《宇宙》第一卷中。

1829年，60岁的洪堡应俄国沙皇的邀请去西伯利亚探查矿产资源，后又到帕米尔一带考察。他在这次考察中开创了地磁探矿法。短暂的亚洲之行则催生了2卷《亚洲地质学和气候学的部分见解》和3卷《中亚细亚——关于山脉和比较气候的研究》。俄国之行后，洪堡建议欧美科学家联手搜集更多的全球地磁数据。此后几年间，地磁观测站就在全球各地普遍建立并开始交换观测资料，可以说洪堡促进了国际科技合作的开展。

长期的努力和积累造就了《宇宙》。这是一部涵盖了人类生存环境方方面面的鸿篇巨制，正如洪堡所说："一部自然宇宙学著作，一幅宇宙画卷，不应起始于地球，而是要从弥漫于太空的物质讲起。随着视线范围聚焦缩小，不同物种独特的丰盛性就会更加清晰地显露出来，自然现象也显得越发繁盛，人类关于物质属性异质性的认知也丰富了起来。"

洪堡绘制的自然画卷：本书各篇导读

在经验性观察和理性分析的共同引领下，《宇宙》第一卷作为一部"知识的集合体"分为三篇向读者徐徐展开了洪堡构思的自然画卷，既有对宇宙知识的一般性概括，也有思考性的认知以及对宇宙的理性理解。

---

① ［德］安德烈娅·武尔夫.创造自然：亚历山大·冯·洪堡的科学发现之旅［M］.边和，译.杭州：浙江人民出版社，2018:191.

洪堡在《宇宙》中创造了“自然宇宙学”的概念，并在书中多次对这个概念做了说明。“自然宇宙学”这一概念既预示着撰写《宇宙》的思路和方法，也决定了《宇宙》的内容框架。这个框架是如此宏大，以致第一卷的第一篇专门介绍了欣赏自然的方式和宇宙法则的研究路径。

在第一篇中，洪堡把人类对自然的认识过程分为两个阶段，即传统自然哲学的综合认识阶段和科学理解宇宙秩序的阶段，并用实例介绍了如何在宏观的叙述中把自然科学的追求抬升至一个更高的立足点：以当时的科学成果为素材，用独特的处理方式生动地讲述宇宙万物的整体关系。洪堡的科学研究基于他在野外考察过程中深入的观察与思考，以及对庞大的自然界信息资料的分类、归纳和解释之上。野外的观察使他意识到，一切有机形态之间都存在一种神秘的联系，于是洪堡决定在《宇宙》中“把一幕一幕的自然图景按照主导思想排列起来”。

洪堡在长期的学术积累中曾经首创了等温线、等压线和地形剖面图等图解方法，用这些图来反映自然现象的空间分布和相互关系；他研究了气候带分布、温度垂直递减率、大陆性和海洋性气候差异，提出了气候不仅受纬度影响，还受海拔、风向、植被、地形等多种因素的制约；他根据植被景观的不同进行区域划分，引领了植被区划的方法；他还根据地磁测量数据发现了地磁强度从极地向赤道的递减……这是这些积累给了洪堡理解世界的宏大视角和深刻的思想，这些都充分体现在了《宇宙》的叙述之中。

第二篇介绍了“自然宇宙学”的概念、内容及其描述方式。“自然宇宙学”由“自然地理学”演变而来，洪堡认为“自然地理学”的概念并不确切，但可以通过扩展视角，把地球上和太空中所有存在的事物综合在一起，把自然地理学转化为“自然宇宙学”。

“自然地理学”一词最早出现于17世纪的欧洲，研究除了人类以外的自然环境。到了洪堡的时代，“自然地理学”在欧洲已经被普遍使用，但学者之间对这个概念的理解和使用并不相同。有些学者把自然地理学当成对自然界进行记录描述或进行探险发现的工作；有些学者则把它看作是对区别于人类内心思想的外界自然之物的探索。显然，洪堡对于“自然地理学”的概念解释并不满意，他想用“自然宇宙学”取而代之，用比较的方法解释自然现象之间的因果关系。

“宇宙”一词源于古希腊学者毕达哥拉斯（Pythagoras），指世界的秩序，地球和万物的总和。洪堡的宇宙也同样包含了整个物质世界，他说：“‘宇宙’是一个宏大的词汇，意为‘世界秩序’‘秩序的饰物’，它自有一份尊严，除了这样的写作手法，我们别无其他选择。”

洪堡曾经试图把“自然宇宙学”变成像数学、物理学那样精细的科学。但是它研究的对象太过复杂，无法用数学、物理学的方法简单地解决，洪堡只好另辟蹊径，他计划对整个物质世界进行一次大综合，而比较与归纳就成为他理解自然界的重要工具。洪堡在第一篇末尾指出：“我所理解的宇宙学并不是那种引用自然历史、物理学、天文学著作一般性重要成果的百科全书。在本部宇宙学著作中，这些科学成果仅仅只是素材，只有当它们能够解释宇宙力量的合力运作以及自然产物彼此间的催生与制约时，才会被部分采用到。”

“自然宇宙学”思考的是宇宙中所有被创造的和既已存在的事物（即自然现象和自然力量），以便在多样性中识别统一性，探索地球现象之间的共性和内部关联。当然，洪堡也意识到了“自然宇宙学”的研究对象过于宏大，很难像当时一系列新兴自然科学那样建立起成熟的学科体系：“也许有朝一日，我们所有的感性认知都会转化为人类对自然的统一认识，但我们距离这一时刻还很遥远。这一天究竟会不会到来，也十分值得怀疑。不过自然现象错综复杂，宇宙浩瀚无边，这足以让希望化为乌有。尽管我们无法洞察宇宙的全部，但对其中部分问题做出解答并追求对宇宙现象的理解，却永远是自然研究的最高目标。”

第三篇的内容占据了《宇宙》第一卷近 80% 的篇幅，从“太空篇”到“地球篇”向读者徐徐展开了洪堡描绘的自然画卷。这个画卷的内容丰富多彩，其中《太空篇》从星云、银河、太阳系，到彗星、流星、黄道光；《地球篇》从地球的形状、密度、热能和发光现象，到陆地、海洋大气，最终到地球上的生物……书中“把人类同时获悉的各种知识，以当今的规范、明晰而又提纲挈领地呈现出来”。

第三篇通过对宇宙中各种现象的叙述，向读者介绍了天文学、地质学、地理学、物理学、化学、生物学、人类学等相关学科的最新成果，及其与自然宇宙学之间的相互关系。

这里不妨以“地质学”为例做个说明。洪堡时代正是地质学的“英雄时代”，此时欧洲人摆脱了宗教神学的束缚，开始从科学的角度研究岩石的成因、地壳运动变化的方式，并形成了多种学说。各种学说在学术论战的过程中都在寻找更多的证据，努力完善各自的理论体系，进而推动了地质学的理论进步，促使这门学科在研究范式和方法上逐渐形成共识并最终成为一门科学。

《宇宙》向读者展示的自然画卷，“虽然叙述了很多学科分支，但它们都汇聚在整个自然科学中，如同万道光芒汇聚于同一个焦点”。这是一场酣畅的宇宙旅行，读者在旅程中了解了那个时代自然科学的最新进展、遇到了众多的大师级人物、领略了他们的学术风采和科学思想。不知不觉之中，洪堡让读者认识到了自然界是相互关联的统一整体，为读者打开了看待自然的宽阔视野。

《宇宙》涉及的重要学者

洪堡生活于欧洲学者英雄辈出的时代。他一直活跃于自然科学家、历史学家、政治家、文学家、艺术家、探险家构成的社交网络中，这为他带来了大量的新知识和新思想。在各种关于洪堡的传记中，都讲述了他与歌德、达尔文等人的交往故事。这里重点谈谈《宇宙》中涉及的几位人物，以及他们的思想和理论对洪堡的影响。

德国学者瓦伦纽斯（B. Varenius，1622—1650）被洪堡称为伟大的地理学家。1650 年他的代表作《通论地理学》（也有译作《普通地理学》）出版，对这门学科的发展产生了久远的影响。书中指出，通论地理学是研究地球的总体情况，并对自然界的各种现象做出解释。瓦伦纽斯强调通论是用数学和天文学的方法来解决问题，通论地理学可以借助理论上的建树，为学科的进步奠定坚实的基础，瓦伦纽斯提出的概念影响了欧洲一百余年，直到康德才进一步阐述了寻找区域之间的联系、寻找地理现象共同特点的重要性。

由于英年早逝，瓦伦纽斯指出的新方向却未能加以实践。在一定程度上，《宇宙》就是瓦伦纽斯观点的具体实践。洪堡指出："由于瓦伦纽斯当时赖以汲取素材的辅助性学科还存在缺陷，所以他的论述与创作一部宇宙学巨著的恢宏事业还尚不匹配。而撰写一部最广义的比较地理学杰作则是专属于我们当今时代的任务，这部著作应该映照出人类的历史，映照出地表样貌与民族迁徙方向及文明进步之间的关系。"

与洪堡同年去世的李特尔是科学地理学的奠基人之一。他比洪堡小 10 岁，据说是在 27 岁时与洪堡见面以后才开始转向地理学研究。虽然属于洪堡的晚辈，但李特尔的研究成果引起了洪堡的重视，并在《宇宙》中提到李特尔的著作是"内涵丰富的伟大著作"。他们两人都把"区域"作为认识自然界的核心概念。但是在二位的理论中，人类的地位是不同的。李特尔认为地球是为了满足人类的需求创造出来的；洪堡则认为人类只是自然界的一部分，人类是自然界平衡中的要素之一。他们在寻找普遍性原则的过程中，又各自形成了偏重自然特征（洪堡）或人文特征（李特尔）的不同倾向，建立起了地理学的自然和人文两种传统。

德国地质学家布赫（C. L. von Buch，1774—1853）是《宇宙》中提及次数较多的学者。他是欧洲著名的地质学家，也是洪堡的校友、朋友。两人都出身于富裕的家庭并因此都能够广泛地旅行。两人又分别于 1790 年和 1791 年先后进入德国弗莱堡矿业学院，跟随著名地质学家维尔纳学习地质矿物学，这里是欧洲著名的"水成论"大本营。"水成论"是在 18 世纪被欧洲学者普遍接受的、解释地球演化过程的假说。洪堡和布赫最初都接受了这个观点。两人都在欧洲具有崇高的声望并且个性十足，两人最终也都放弃了"水成论"，接受了解释地球演化的另一种学说——"火成论"。但是布赫一直专心于水-火理论的论证，而洪堡则关注于自然界的关联性。布赫深入扎实的工作为洪堡提供了实证支撑，《宇宙》中不乏对布赫的溢美之词。

天文学知识在《宇宙》第一卷第三篇的自然画卷中只占约四分之一的篇幅，这可能与《宇宙》第三卷将专门介绍天体空间法则有关。洪堡在第一卷

第三篇的自然画卷中侧重于描述地球，他虽然有着丰富的野外工作经验，但其天文学知识主要来自同时代的天文学家。好在洪堡生活在天体物理学创建的伟大时代，光学仪器的出现为天文观测带来了革命，这是人类对宇宙天体的认识出现了质的飞跃的时代。

德裔英国天文学家威廉·赫歇尔（W. Herschel，1738—1822）是《宇宙》中经常提及的人物之一。赫歇尔是恒星天文学的创始人、天王星的发现者。他编制成了第一个双星和聚星表，出版了星团和星云表，他还研究了银河系的结构，提出了恒星分类法则和演化学说。赫歇尔的观点在《宇宙》中被多次引用，洪堡形容赫歇尔“像哥伦布一样率先驶进了一片未知的宇宙之海”。

当然，洪堡的心目中最重要的人还是他的哥哥、德国教育改革家、外交家和人文学者威廉·洪堡。洪堡兄弟是18—19世纪欧洲学术界的双星：德国柏林著名的洪堡大学是哥哥的杰作；德国的洪堡基金则是以弟弟的名字命名的。[①]仅两岁之差的兄弟二人专业不同、生活方式不同、性格迥异，但是对未知的探索精神却又十分相似。两人年轻时在不同的地域和不同的领域开拓各自的事业，却又在一起共度晚年，一起从事研究工作。《宇宙》中多次引用了威廉·洪堡的观点，更是以他的文字作为本书第三篇的结语。洪堡最后写道：“威廉·洪堡的这些文字美丽而高贵，它们发源于情感深处，请允许作为弟弟的我使用上述引言来结束这部描述宇宙万物的自然画卷。”

洪堡与中国

洪堡阅读过中国古代名著《禹贡》，认为中国古代的地理学水平超过了古希腊，而且“中国人长于观测自然，详细记载了观测到的天象”。虽然没有到中国进行考察过，但是洪堡十分关注中国的情况并努力搜集相关的文献

① 关于兄弟二人的故事可参阅：[德] 曼弗雷德·盖耶尔．洪堡兄弟：时代的双星 [M]．赵蕾莲，译．哈尔滨：黑龙江教育出版社，2016.

资料。

洪堡在《中亚》一书中表达了壮年时代曾经渴望到中国考察，在《宇宙》中更是称赞了中国先进的科学技术，遗憾的是他一直没有机会到中国旅行。1829年，洪堡在中亚之行中翻越阿尔泰山脉抵达中国边境，拜访了中国边防哨所的指挥官并获赠了几本中文书籍。

中国人对洪堡的成就也给予了高度评价。1933年，南京钟山书局出版了中国地理学家联合编译的《新地学》。书中开篇介绍的“新地学开山十二名家”中第一位就是洪堡，说他是“近世地理学创立者中之第一人”。1959年洪堡逝世一百周年，世界各地都举办了大型的纪念活动。中国学界不但派人参加了德意志民主共和国举办的纪念会，而且在1959年5月6日，中国人民对外文化协会、德意志民主共和国友好协会、中国地理学会和北京市科学技术协会在北京联合举办了纪念会。中国很多著名的地理学家先后撰文纪念洪堡：《中国地理学报》发表了竺可桢（1890—1974）、黄秉维（1913—2000）等人的纪念文章，《北京大学学报》发表了侯仁之（1911—2013）的纪念文章。[①②③] 现代中国学者关于洪堡的研究成果更是深入且丰富，不胜枚举。

洪堡的中文版传记也出版了多本，如《洪堡与地理学》《洪堡》《洪堡兄弟：时代的双星》《创造自然：亚历山大·冯·洪堡的科学发现之旅》等。

洪堡在身后没有留下财产，但是在他去世的第二年（1860）通过捐赠创立的联邦德国亚历山大·冯·洪堡基金会，让全世界数以万计的学者受益。早期该基金用于资助在国外从事研究的德国学者。第一次世界大战导致货币贬值，1925年德国政府支持重新设立洪堡基金，开始资助赴德留学的国外学者。至1945年洪堡基金再次被迫停止之前，该基金对中国学者的资助一直占据首位。1953年由一些学者再次推动创立洪堡基金，1978年中国重新向洪堡基金会提出了申请，此后中国与波兰、美国、日本和印度成为洪堡基金资助

① 竺可桢．纪念德国地理学家和博物学家亚历山大·洪堡逝世100周年［J］．中国地理学报，1959，25（3）：169-172.

② 黄秉维．亚历山大·洪堡的生平及其贡献［J］．中国地理学报，1959，25（3）：176-179.

③ 侯仁之．洪堡评传［J］．北京大学学报（哲学社会科学版），1979（6）：6-93.

最多的五个国家。

时代的局限

伟人也难以超越他所处的时代，洪堡亦如此，书中对科学的认知停留在19世纪中叶的理论水平。这里以洪堡在描述宇宙时多次提到的“以太”为例：“云雾状物质飘浮在浩渺的太空中，呈现为以太的形式，有时候它们弥散开来，无形无状无边无际；有时候它们又汇聚成为星云”。

“以太”是一种假想的物质观念，起源于古希腊哲学家亚里士多德的设想，其内涵也随着科学的发展而演变。“以太”最初带有神秘色彩，后来逐渐增加科学的内涵，几乎在整个19世纪的科学研究中，一直离不开“以太”这种假想物质。19世纪“以太”说风靡一时，物理学家认为它是一种电磁波的传播媒质。但是随后的实验和理论表明，如果没有“以太”，很多物理现象更容易解释。到了19世纪末期，越来越多的物理实验证明了“以太”并不存在。这些实验结果被称为“19、20世纪之交物理学天空上的第一朵乌云”。直到进入20世纪，爱因斯坦（A. Einstein，1879—1955）大胆抛弃了“以太”，创立狭义相对论，“以太”才最终退出了科学的舞台。

大千世界丰富多彩、变化不断，个人能力毕竟有限，洪堡的自然画卷向读者更多展示的是欧洲和美洲的画卷，对于其他大洲的情况则较少涉及。但是瑕不掩瑜，洪堡构建的把地球想象为一个巨大的生命体的自然观，至今仍然影响着人类对于自然界的认识。尤其是在地球进入“人类世”的时代，细读洪堡在两百多年前的观点，不得不感叹他理解自然界的超前意识和思想。这，就是《宇宙》的精髓所在。

前　言

· *Vorrede* ·

现有知识中的许多重要部分，无论是关于太空的还是关于地球的，都已经获得了坚实而不可动摇的基础。在另一些领域，普遍性的法则将会代替局部性的规律；新的自然之力将得到进一步探究；我们认为的单纯物质有可能数量增多也有可能被分解得更加细微。但无论如何，生动地描述自然，彰显自然的崇高，在自然变迁波浪般的往复交替中寻找其如如不动的内核，这样的尝试即使在未来的时日也不会被完全忽视。

Kosmos.

Entwurf

einer physischen Weltbeschreibung

von

Alexander von Humboldt.

Erster Band.

Naturae vero rerum vis atque majestas in omnibus momentis fide caret, si quis modo partes ejus ac non totam complectatur animo. **Plin.** H. N. lib. 7 c. 1.

Stuttgart und Augsburg.

J. G. Cotta'scher Verlag.

1845.

回首一生，波澜动荡，在此生的晚景我欲向德国读者奉上一部著作，近50年来这部作品以模糊的轮廓始终在我心中上下翩跹。当某些心绪涌起之时，我不得不认为这是一部无法完成的作品，我也曾放弃过对它的写作，但每每又都重新拾起了笔头，大概也是太鲁莽了吧。现在我把这部作品献给当代读者，心中仍有戚戚焉，因为对一己之力的怀疑时常流动于胸，这亦是情理之中。期待已久的作品问世以后获得的宽容通常会更少一些，这一点我先姑且忘记。

被外在的生活经历驱动着，被无法抗拒的对多个领域的求知欲引导着，多年来我看似是在和各个单独的学科打交道，我研究了描述性植物学、地质学、化学、经纬度确定、地磁学，这是为了给重大的科学考察做准备，但所有这些学习原本都有一个更崇高的目的。有一种追求始终在鞭策我，那就是在事物的普遍关联和相互作用中理解所有的自然现象，把自然作为由内在动力驱动且被赋予生机的整体看待。我早年接触到一些极富智慧的人，因而很早就认识到，如果没有对单个事物产生真正的兴趣，那么所有宏大普遍的宇宙观都只能是空中楼阁。自然知识的各个细节有能力相互渗透，让彼此变得更加丰盈，这是它们的本性所致。描述性植物学不再局限于用来确定植物的种属，它引导远涉异国、攀上高山的观察者领悟到地表植物的地理分布学说，也就是距离赤道的远近和海拔的高低决定了植物在地表的分布。为了理解其中的复杂原因，就必须看到不同气候带存在温度差异的自然法则和大气层中的气象规律。就这样，求知欲旺盛的观察者从某一学科的自然现象被引到了另一学科，后者或者能够解释前者，或者受制于前者。

我不仅看到了海岸国家，那是以往的探险者航海环游时也曾到达的地方，还目睹了两个大洲苍茫辽阔的内陆，在那里见识到了南美洲热带高山和北亚荒原之间反映出的极端反差。这是我的幸运，有几位科学考察者与我一起同样欣喜地分享了这份幸运。心怀之前表述的那份理想，这些经历过的考察行动势必会激励我追求具有普遍意义的洞见，也赋予我勇气，让我愿意把人们当前对宇宙天体和地球上各种现象的了解在经验性的相互关联的背景下，结

◀1845年德文版《宇宙》第一卷扉页。

集为一部著作予以论述。“自然地理学”这一概念目前并不确切，但是通过扩展视角，通过综述地球上和太空中所有存在的事物，这个概念可以转化为“自然宇宙学”。我承认这可能是一个过于大胆的计划。

作品的内容非常浩瀚，这些是一个追求理性秩序的人应该掌握的内容。对于这样一部著作，如果说它希望拥有某种文学色彩的话，那么如何塑造作品的形式就是一个很大的难题。对自然的描述不能丧失生命的气息，如果文中只是罗列一般性的研究结果或是一味堆积观察到的繁多细节，就会令人疲倦。我不能在这里自夸，说我做到了满足谋篇布局的不同需求并且成功避免了书写中的障碍，实际上我可以逐个指出这些难题的所在。当年我从墨西哥返回欧洲以后随即写下了《自然的风景》一书，德国读者对这本小书长久以来表现出的宽容又让我心中升起了淡淡的希望。此书从天下万物普遍关联的视角描述了地球生命的多个方面（植物分布、草甸、沙漠）。与它本身能够给予读者的阅读内容相比，这本书产生的影响更多是因为它启迪了那些敏感、充满想象力的年轻灵魂。我在目前撰写的这部《宇宙》和之前完成的《自然的风景》中始终力证，精确地描写事实并不一定就意味着黯淡无色的陈述。

通过向公众做报告可以鉴别出一种学说的各个部分是否联结得紧密妥当，这是一种既便捷又重要的方式，所以在长达数月的时间里我首先在巴黎用法语、然后在柏林用我们的母语德语，按照我个人对科学的理解方式，先后在声乐学院大礼堂和大学报告厅做了“自然宇宙学”的报告。我没有书面记录在法国和德国所做的报告，有心的听众辛勤整理出的记录稿我没有见过，在本书也未有出现。除了第一卷的前 40 页以外，本书的全部内容都是我在 1843—1844 年之间首次写成。因为本书旨在描述观察到的自然现象当下的状态以及人们对其的理解（前者内容不断增加导致后者不可避免地随之变化），所以如果把这些内容跟某个特定的时代联系起来，那么书中的描述就会更具统一性、会呈现出更多的鲜活性和内在的生机。除了描述事物的顺序一样以外，我所做的关于宇宙的演讲和《宇宙》一书没有相同之处。只是对《导论》保留了演讲的形式，收入了部分演讲的内容。

对于那些跟随我到大学礼堂听讲座的满怀善意的听众来说，如果在此处插入当时全部演讲（1827.11.3—1828.4.26，共 61 场）的单个章节及其分布，他们大概会觉得更为适应。我也以此来缅怀那段流逝已久的时光，同时亦为我的感恩之心竖立起一座小小的纪念碑：《自然宇宙学的本质和界定，自然画卷》(5场)，《宇宙观历史》(3场)，《关于研究自然的倡导》(2场)，《太空》(16场)，《地球的形状、密度、内部热量、地磁和极光》(5场)，《地壳的特性、热泉、地震、火山》(4场)，《岩石的种类、岩层构造的类型》(2场)，《地表的地形，陆地的结构，裂隙上的隆起》(2场)，《液状流动表层：海洋》(3场)，《弹性流动表层：大气，热量分布》(10场)，《有机物的地理分布概况》(1场)，《植物地理学》(3场)，《动物地理学》(3场)，《人类的种族》(2场)。

本部作品的第一卷包括：《关于欣赏自然的多种方式和探索宇宙法则的研究导论》《自然宇宙学的界定和相关科学论述》《自然之画卷——自然现象概述》共三篇。这幅自然画卷从太空中最遥远的星云、环绕的联星开始，一直延伸到地球上生物地理学的种种现象（植物、动物、人种），此画卷本身包含了被我视为毕生事业核心的重要本质，即一般性与特殊性事物之间的内在联系以及我在选择事实依据和谋篇布局时遵循的精神。接下来的两卷包括：通过对自然、风景画以及温室里的异域植物的描绘倡导人们研究自然；讲述宇宙观历史，也就是人类对宇宙一体中的自然力量“合力运作”这个概念的逐步理解；强调每个学科的特别之处，又点出它们之间彼此相连的关系，我在《宇宙》第一卷中就提到过有关内容。

书中我认为有必要唤起记忆的地方都注有文献出处，它们见证了本书内容的真实性和观察结果的价值。标注的文字与正文分离，标有页数，位于注释中每个段落的结尾处。[①] 至于引用到的我自己的文章——我列举的事实很分散，这是文章属性使然——我全都优先标注了原版，因为数字顺序的精确性在此尤为重要。这方面我很怀疑译者是否足够认真。个别情况下我引用了朋友文章中的一些短句，引用部分均可通过字体方式看出。与那种随意代替原文的表达或是改写相比，我更愿意按照旧时方式逐字引用原文。这是一部和平的著作，关于首次科学发现以及颇具争议的优先权这一危险重重的话题，

① 大部分脚注是洪堡补充的资料，是用拉丁语、希腊语、法语等多种语言写成的。译者在翻译时做了适当处理，保留了那些说明出处的文字，并将其作为正文的一部分，如某人在某处讲到了什么；舍掉那些与洪堡无关的补充资料。——译者注

注释当中很少提及。如果说我有时提到了古典时代和因为地理大发现而变得重要的15、16世纪——那是一个幸运的过渡期——也只是因为在认知自然方面，一个人会想要时常摆脱现代观点严格教条的束缚，而潜身于人类古老想象中那个自由而又奇幻的境界。

有一种让人心生不悦的观点认为：纯粹文学性的精神产物根植于情感和创造性想象力的深处；而所有与经验、与探究自然现象和自然法则相关联的思想产物，随着几十年后观测工具精密度的不断提升和观察范围的逐渐扩大，都会变得满面尘灰。这种观点认为陈旧的自然科学文献没有可读性，终究会被人遗忘，这也是人们惯常的言辞。但是当一个人心怀对自然研究真正的热爱，感受到自然研究中崇高的尊贵，那么他即使知道未来人类的知识会日趋完善，也没有什么能让他自惭形秽而失去写下研究成果的勇气。现有知识中的许多重要部分，无论是关于太空的还是关于地球的，都已经获得了坚实而不可动摇的基础。在另一些领域，普遍性的法则将会代替局部性的规律；新的自然之力将得到进一步探究；我们认为的单纯物质有可能数量增多也有可能被分解得更加细微。但无论如何，生动地描述自然，彰显自然的崇高，在自然变迁波浪般的往复交替中寻找其如如不动的内核，这样的尝试即使在未来的时日也不会被完全忽视。

亚历山大·洪堡

1844年11月于波茨坦

第一篇

关于欣赏自然的多种方式和宇宙法则的研究导论

· Einleitende Betrachtungen über die Verschiedenartigkeit des Naturgenusses und eine wissenschaftliche Ergründung der Weltgesetze ·

越深入自然力量的本质，就越能认识到自然现象之间的关联。

越深入自然力量的本质，也就越能在叙述科学成果时变得简单扼要。

越是清晰地认识到自然现象之间的关联，就越能摆脱错误的观念。

位于德国洪堡大学的亚历山大·洪堡雕像。

第1章

欣赏自然的多种方式

· Über die Verschiedenartigkeit des Naturgenusses ·

人类的宇宙观经历过两个阶段，即各民族的意识觉醒时期以及人类文明各分支最终同时勃发的时期，它们折射出人类在欣赏自然时的两种态度。大自然默默运作更迭不休，无时不透出一种和谐，当一个人怀着孩童般开放的觉知，步入空旷的大自然，内心隐隐感到和谐之音，会滋生一种对自然的欣赏。另一种对自然的欣赏来自人类更为高等的教育以及这种教育在个体身上的呈现，它源自明晓宇宙的秩序，洞察到各种自然力量之间的交互运作。

我离开祖国年月已久，当我此刻以话说自然的方式阐述地球上的普遍自然现象与宇宙间各种力量的交互作用时，心里感到两种顾虑。一是我要阐述的对象如此浩瀚无边，而报告的规定时间却又如此有限，所以我担心我的讲述会落得像百科全书那样肤浅，或者是为了追求普遍性运用格言式的精简语言而最终使得听众疲倦。二是我一生动荡，不习惯做公开演讲，而我要描述的对象却又是宏大复杂，要求用清晰确定的方式表达；我生性腼腆，也许并不是每次都能做到。自然是一个自由的王国，人类对自然的觉知力能够在心中唤起万般观感、千种情怀，为了生动鲜活地描述所有这些感受，关于自然的演讲也始终应该在尊严和自由之中流淌，当然这是只有大师才能驾驭的。

如果把自然研究的成果与受教育程度或社交生活中的个人需求脱离开，在自然与整个人类宏大关系的基础上看待这些科学成果，我们就会感受到这些研究中最令人欣喜也最令人受益的一面，那就是因为意识到了自然现象彼此关联相互影响，所以我们可以更加深入更加愉悦地欣赏与享受自然。这份美好成就于观察、智慧和时间。古往今来各种精神力量都在上下求索洞察自然。几千年来人类是如何在宇宙形态永无休止的变迁更替中努力寻找自然法则如如不动的一面，又是如何通过智慧的力量逐渐征服辽阔的地球，历史已经清楚地展现给了世人，那些懂得沿着人类知识的古老主干、经由远古时代各个阶段追溯人类知识起源的人士可以领悟其中的玄机。探问这个远古时代，意味着去探究一个神秘的思想历程。在这条漫长的道路上我们看到，同样的一幅宇宙图景，从前是人类内在感知到的有着和谐秩序的宇宙整体，后来却变得好像是人类经过长期艰辛积累经验才获得的认知结果。

人类的宇宙观经历过两个阶段，即各民族的意识觉醒时期以及人类文明各分支最终同时勃发的时期，它们折射出人类在欣赏自然时的两种态度。大自然默默运作更迭不休，无时不透出一种和谐，当一个人怀着孩童般开放的觉知，步入空旷的大自然，内心隐隐感到和谐之音，会滋生一种对自然的欣赏。另一种对自然的欣赏来自人类更为高等的教育以及这种教育在个体身上的呈现，它源自明晓宇宙的秩序，洞察到各种自然力量之间的交互运作。正

◀ 洪堡等人在厄瓜多尔考察。

如人类知道创造工具用以研究自然并且超越短暂人生的狭小空间；正如人们不只限于观察，而是懂得在特定条件下催生某些现象；也正如自然哲学褪去了旧有的诗化外衣，终于开始对被观察对象进行严肃的思考和探究，清晰的认知与界定同样也代替了模糊的猜想和不全面的归纳。几百年来的教条观念还存在于民间的偏见以及某些深知自身缺陷却仍然乐于藏身在黑暗中的学科。此类观念也作为一种令人生厌的遗产保留在某些特定的语言当中，这些语言由于充斥着具有象征性的被编撰出的词汇和毫无思想的形式而显得面目可憎。只有少数富有意义的诞生于想象力的画面拥有确定的轮廓和新生的形象，仿佛被远古时代的馨香环绕，向我们迎面走来。

如果我们带着思考观察自然，就会看到自然是一个生动的整体，它是聚合了各种多样性的统一体，是具有多种形式及构成的结合体，是自然物质和自然力量的化身。所以富有意义的自然研究最重要的成果就是：在多样性中看到整体性；在个体性的事物中概括出近代所有科学发现的全貌；审视区分细节，但不为其数量所困；心怀人类崇高的使命，捕捉隐藏在各种现象下面的自然之精髓。通过这条道路，我们能够跨越感官世界的局限，理解自然，用思想来统领那些我们惯常透过经验来观照的原始物质。

自然景象赐予人类的愉悦之情分为不同的阶段，思考之下我们就会发现，这种愉悦的第一阶段与一个人是否了解自然力量如何运作无关，也几乎不受我们所处地域特点的影响。辽远的原野上，单一的植被苍苍茫茫一望无际；碧蓝的海面上，波涛轻柔地拍击岸滩，石莼和绿色海草随之荡漾，勾画出波浪的轨迹；无论置身何处，但凡眼睛所及之处，大自然的自由恣意之感都会穿透我们的身心，我们会隐隐感到“自然按照自己永恒的内在规律长存于宇宙”。内心生起的这些激荡不仅饱含一种神秘的力量，而且明朗又治愈，可以让疲惫的精神变得强大抖擞。当心绪受到创伤处于低谷而隐隐作痛之时，或是受狂热激情驱使之时，它们都会轻柔地带来抚慰。心中的激荡之感自有一份肃穆庄严，那是一种近乎无意识的情感，因为我们感受到自然遵循一种更高的秩序和内在法则，感受到即使是有机物最特别的地方也反映出宇宙间无处不在的普遍性，感受到宇宙的无限性与人类试图逃脱的自我局限性之间存在着巨大反差。无论在任何一个动植物丛生的地域，无论处在智识教育的任何一个阶段，人们都会体验到自然赐予的这种愉悦。

自然还会带来另一种愉悦，同样也触动人的情感，它的产生不只是因为我们迈步走入了自然，而更是因为一个地域的独特之处，也就是说，这个星球的地表样貌会在我们心中唤起特定的感受。由此产生的印象更生动更确切，契合我们的某些特定心绪。让我们把目光投向远方仔细看来：那是自然元素在彼此斗争狂野作战后形成的浩瀚广博的自然物质；那是恒常辽远的地球岩石圈；那是无边无际荒凉寥落的草原，就像美洲单调无型的平原和北亚平原。当我们看到这些苍茫景象，会为之所撼。再让我们把目光转向较为怡人的风景画面，去看种满庄稼的农田，去看浪花翻飞的潺潺溪流边被粗粝岩石环绕的人类初始定居点，这时我们也会为之心动。之所以这样，是因为心中被自然激荡起万种情绪，它们的强弱代表了一个人的自然感知力水平。情绪让人产生特定的思想感受，也让其变得绵长。

如果允许我在此处潜入脑海中有关宏伟自然景观的回忆，那么我会想起恣意的海洋，那是热带温和的夜晚，夜的天穹向波涛律动的海面洒下行星柔润却并不闪烁的光华；会想起科迪勒拉山系中森林密布的山谷，高大的长着旺盛枝芽的棕榈树干穿透了森林荫翳的叶冠，它们高耸于其他树木之上，宛若柱廊，形成“林上之林”；会想起特内里费岛的泰德峰，横在山前的水平云层把火山的锥形山和下方地面分离开来，突然间上升气流穿透云层冲出一个豁口，于是观者的目光就从火山口边缘向下望去，或者停留在拉奥罗塔瓦镇葡萄藤环绕的山丘，或者徘徊在海岸边的埃斯佩里兹花园。在这些景象当中，打动我们的不再是大自然默默造化的生命力，不再是大自然平静的运作；而是风景的独特性，是植物形态和植物群落的别样之美，是云层、大海、海岸勾勒出的相互交融的轮廓，浸没在岛屿清晨的馨香中。在一个浪漫的地方，自然当中所有不可测的景象，即使是可怕的景象或者是所有超越我们理解力的景象，都会成为精神愉悦的源泉。在人类感官不能企及的境地，想象力开始施展自由创造的游戏，它会跟随观者情绪的变化而变化。我们有一种错觉，以为把什么样的感受投射到外界，就会从外界收获到什么样的感受。

我们离开家乡，登上海轮历经数十天的旅途，第一次踏上了热带国家的土地。站在粗粝的岩石峭壁旁，我们举目四望，发现了与欧洲故土上一样的岩石（板岩或玄武岩），内心顿生喜悦。这些岩石在世界上的分布似乎在证明，古老的地壳并不受到现有气候的影响。尽管这里的地壳岩石很熟悉，但上面却生长着形态各异的陌生的植物群落。我们被奇异的植物包围着，置身在飘洒着异国风情的自然景观中，热带植物高大茂密令人目眩，作为北方人的我们这时候深深感到人类的心境具备一种奇妙的适应力。虽然一开始觉得故乡的风景就像家乡话一样，对我们而言应该是更加熟悉，自然而然也应该比异域的茂密植被更让我们动情，但是我们对所有的有机生物都感到非常亲近，以至于很快就习惯了遍布棕榈树的热带环境。

我们感知到一切有机形态之间都存在一种神秘的联系（也下意识感到这种联系的必然性），在想象中，那些异国植物与陪伴我们度过童年的家乡植物有着共同的渊源，但是热带植物受到了升华，更加庄严而优美。人类自古以来就有一种冥冥中的感觉和相互关联的感性觉知，后来又有了触类旁通的理性，这些都让人们认识到：有一个共同的规则的因而也是永恒的纽带缠绕着整个大自然，连接起其中的一切生机，这种共识贯穿了所有的人类文化发展阶段。

把感性世界散发的魅力分解成单个元素来分析，是一个大胆之举。一个地域是否具有宏伟的特征，主要取决于它的典型自然景象是否会同时侵入心灵，是否会同时激荡起丰富的思想和情感。自然具有一种震慑人心的力量，这种力量与人们感受到的作为一体的、未经割裂的全部情感密切相关。如果想要从自然景致客观差异的角度来解释为什么自然会带给人们强弱不同的感受，那就需要去不同的地域，去考察那里特定的自然景物和自然力量。南亚和美洲大陆的自然景观为这种理解方式提供了丰富多样的素材。在那里，高大雄伟的山脉耸入云端，构成云海的海底；在那里，地下的火山力量曾经把绵延的安第斯山脉从纵深的地壳裂隙中推举出地面，形成地表的巍峨高山，而且火山的威力绵绵不绝，现在仍然时有爆发，让当地的居民胆战心惊。

把一幕一幕的自然图景按照主导思想排列起来，这样做并不只是为了愉悦我们的精神。图景的排列顺序也可以呈现自然景象渐变的感染力，从寸草不生的空芜荒原到繁花似锦的热带地域，自然景象逐渐变得热烈。如果我们展开一场想象的游戏，把皮拉图斯峰放置在施雷克峰之上，或者把斯涅日卡山搬到勃朗峰之上，即便如此，它们加起来的高度也还不及安第斯山脉最高峰之一的钦博拉索山，该山的高度是埃特纳火山的两倍。如果再把里吉山或阿索斯山搬到钦博拉索山的山顶，那么我们就得到了喜马拉雅山最高峰——道拉吉里峰[①]——的高度。通过多次测量，人们确定了这座印度山脉庞大山体的高度，它远远超过了安第斯山脉，但是它的自然景观却不如南美洲科迪勒拉山系的典型风貌那样具有丰富性。单纯的高度并不能决定自然景观的感染力。喜马拉雅山脉处在热带以外，尼泊尔和库马盎区山麓的美丽山谷中几乎没有一棵棕榈树。古老的兴都库什山位于北纬 28° ~ 34° 之间，山麓上的植被已经不再含有茂密的树状蕨类植物、草类、花朵硕大的兰花和香蕉类树木。然而在回归线以内，这些植物都可以蓬勃生长，一直到高原出现时才消失。在喜马拉雅山上，欧洲和北亚的植物覆盖着花岗岩山体，类似雪松的喜马拉雅云杉和大叶橡树投洒下重重浓密的阴影。欧洲和北亚的植被并不是同一种属，但形态大体相似，有杜松、阿尔卑斯山桦树、龙胆属草本、梅花草和茶藨子科灌木。喜马拉雅山上不存在活火山喷发的无常景象，而印度岛屿的活火山却是时常发作，让人们不得不想起深藏于地球内部的躁动威力。兴都库什山的南麓空气较为潮湿，水汽在此沉积，常年积雪带开始于 11000 ~ 12000 英尺[②]的高度，跟南美洲赤道地区相比，兴都库什山的雪线提前结束了有机生命的存活地，南美洲赤道地区的雪线较之高出 2600 英尺，有机物的生存空间也相应更加广阔。

接近赤道的山区还有一个未被足够关注的优势，那就是从一定的单位空间来看，这里的自然景观的丰富程度达到了极限。沟壑纵横的安第斯山脉绵延万里，在新格拉纳达和基多这两处，人们有幸可以同时看到地球上所有的植物类型，可以观察到苍穹之上所有目所能及的星辰。一眼望去，多种赫蕉，羽叶高悬的棕榈，还有无尽的竹林在面前铺陈开来；在这些热带作物的上方，生长着橡树林、多种欧楂、伞状花序植物，就像在我们德国一样；仰望天穹，看到的是南十字座、麦哲伦云和环绕北极旋转的大熊星座的主要成员。在那里，地球的腹地和南北天穹纷纷打开宝藏，尽情展示它们全部的自然现象和

① 现代公认的喜马拉雅山最高峰是珠穆朗玛峰。——编辑注

② 1 英尺 =0.3048 米。——编辑注

不同景观；在那里，人们能够感受到不同的气候带和取决于气候带的植物带，它们一层层上下叠加在一起，有心的观察者可以体悟到气温随着高度下降的规律，所有这些特点都被永不磨灭地镌刻在了安第斯山脉的山麓之上。

为了不让在座的听众因为我奔腾的思绪感到疲倦，这些我都在《植物地理》的专著中形象描绘过，此处我只强调《热带风物志》中保存的几段回忆。面对自然，人的情感中融合着一些难以名状的东西，轮廓模糊、朦胧缥缈，宛若山间稀薄的空气，而追寻现象之间因果关系的理性则只能把这些隐晦的感觉分解为单个元素，并视之为自然独特性的一种表达。如果我们对单个元素的理解和定义越透彻，那么我们对整体事物的描述就会越清晰越有客观活力。在科学界如此，在明朗宜人的自然文学界和风景绘画界亦是如此。

如果说热带地区因为自然物种繁茂旺盛，对人类心境的影响更加深刻，那么它同时也更适于（这是我遵循的思路中最重要的着眼点）用来向人们展示宇宙的法则和秩序。这些秩序充斥在宇宙太空，也呈现在地球之上。这是因为热带地区与大气环流相关的气象现象以及有机生物的阶段性发展都有尤为明显的规律性，而且植物类型随着山脉垂直隆起的高度会发生显著变化，这些自然规律性甚至可以用数字关系来展现。让我们在下面这幅宇宙法则展开的图景中稍事停留！

在略高于南太平洋海面的热带平原上，茂密的香蕉树、苏铁树、棕榈树正蓬勃生长；这些树的上面，是树状的蕨类和金鸡纳树，它们被山谷峭壁投下的重重阴影笼罩着，金鸡纳树生机盎然，树冠浸润在清凉的云雾中，浓绿欲滴，它的树皮可做药用，长期以来不为人所知。在高大的乔木行将消失的地方，又有灌木丛生，五加科植物、杜鹃花科植物和仙女越橘花朵盛开，团团簇拥在一起，绚丽似锦。富含树脂的科迪勒拉山映山红铺天盖地，构成山间一道紫红色的腰带。再往上，是风暴凶猛的高山草甸，较为高大的灌木和大花草本植物也渐渐消失了踪影。单一的圆锥花序状单子叶植物覆盖着此处的土地，远处无边无际的草甸泛着黄光，羊驼和从欧洲引入的牛在这里咀嚼青草，孤独漫步。裸露的粗面岩时不时从草地上突兀而起，由于表面缺少泥土，只能生长较低等的植物。这里大气稀薄，其中碳元素含量稀少，苔藓只能勉强过活，另外还有梅花衣属地衣、网衣属地衣和壳状地衣色彩斑斓的粉芽显露着活力，一片一片铺陈在这荒凉的土地上。再往上就有新降的雪，一处一处积成小岛，积雪就这样掩盖起植物的最后一丝生机，直到常年积雪带出现，清晰地给植物生命画上句号。地球内部的火山力量一刻都不曾停息，它试图从大概是中空的白色钟形山峰喷薄而出，但大多情况下都是枉然，不过有时候它却也能成功突破圆锅状的火山口或是狭长的裂隙，从而和大气循环进行持续交流，但喷发出来的几乎从来都不是岩浆，而是二氧化碳、二氧化硫和灼热的水汽。

面对这样一幅恢宏的自然景象，热带地区居民的内心起初会涌起一种原始粗粝的自然情感，但接下来他们只会心生赞叹，对此感到隐隐的惊诧。周期性出现的宏大自然现象之间存在内在关联，而这些现象又是按照某些简单的法则分布在不同地区。此种关联与法则尤为清晰地呈现在热带，与地球上其他地域相比，热带地区居民观察自然的条件得天独厚。有很多原因可以解释为什么这片幸运的土地上并没有产生高度的文明，在热带地区虽然更容易领悟到自然法则，但那里的人们却没有利用过这一优势。印度文化是人类所有文明中最璀璨的花朵之一，对于印度文化最初发源于北回归线以南的观点，最新的有关翔实研究表示非常质疑，威廉·洪堡在他的杰作《关于爪哇语》中描述了印度文化向东南方向传播的经过。Airyana Vaedjô 这个古址就位于印度河上游的西北部。伊朗人与印度人起初使用共同的语言，但是当伊朗人与印度人发生宗教冲突、背离婆罗门教，继而与印度人决裂之后，印度语言发展出了自己独特的形态，印度社会也在位于温迪亚山脉与喜马拉雅山脉之间的以摩揭陀为中心的摩陀耶提舍（中天竺）逐渐得以形成。

居住在北半球温带的民族对自然力量的运作规律发展出了更为深刻的理解，尽管发现的时间有些晚（在纬度较高的地区，大气环流现象和有机物按照气候带分布的情况都受到局部干扰，这些因素妨碍了人们发现普遍的自然规律）。从这个角度来看，是民族迁徙和外来移民把自然科学知识带到了热带地区及周边国家，这就是自然科学的传播，它对当地的智识水平和工业兴盛同样都起到了积极的影响。这里我们碰触到了至关重要的一点：人类的心境会受到自然的影响和感召，但是自然也能引发另外一种产生于思想的愉悦，它完全不同于人类的感性世界。在自然元素永不停息的彼此交战中，人们不仅可以感觉到自然中存在的秩序和法则，而且还能理性地识别它们，正像不朽的诗人席勒所说："让我们在现象的奔跑中，去追逐那静定的核心"。

我们只需对自然哲学发展史或是古老的宇宙学说投上匆匆一瞥，就能溯源而上，找到这种精神愉悦最初的萌芽，这是产生于思想的愉悦，是自然赋予人类的愉悦。

即使是一个野蛮的民族，也可以隐约感觉到自然威力的整体性从而心生战栗，也可以感受到有一条无形的神秘纽带联结着感性与超感性，我的旅行见闻足以证明这一点。一个人通过感官感知到的世界与他在内心听从心声建造起来的世界，几乎无意识地融合为一体，内心的世界是一个奇迹的世界，它并不单纯是外部世界的映象。外在世界难以摆脱内在世界，但人类的创造性想象力和感受力也同样不可阻挡，人们能够感知到重要的自然现象并赋予象征意义，即使最野蛮的民族也是如此。在那些较具禀赋的个人看来，很多现象都呈现出自然哲学的意味，他们对此会做出一种理性审视，但是在整个族群看来，这些现象却只是本能感受的产物。这是一种模糊的难以名状的本能情感，它厚重又活跃，人类崇拜自然的最初动力就产生于这种情感深处，人类崇拜那些能够维持世界的自然力量，也崇拜那些能够毁灭世界的自然力量。如果一个人完成了个人教育的各个阶段，不再那么束缚于大地，而是转而逐渐追逐精神自由，那么他就不再满足于一种模糊的感觉，不再满足于对自然威力整体性的感知。这时候分析与思考整合的能力就开始粉墨登场；当一个人看到流淌在所有存在当中的无限生机，他的内心会升起一种越来越强烈的渴望，渴望深入探究自然现象之间的因果关联，其迫切之心势不可挡，而这种渴望又与人类文明同步发展。

但想要迅速并且切实地满足这样的渴望却是件难事。由于对自然现象的观察不全面，对其进行的归纳整合更为欠缺，人们对自然力量的本质形成了错误观念。而这些观念又被赋予了一种隆重的语言形式，在得以表达的同时也因此变得僵化，它们就像是诞生于人类想象力中的公共财物，在一个民族的所有阶层中流传。除了科学性的自然科学，还流行着另一种"自然科学"，那是一套未经检验的、部分内容被完全误解的经验知识系统。这种知识体系很少覆盖到细节，对于那些能够颠覆它们的事实视而不见，因此尤为狂妄。

它们自为一个系统，顽固坚守自己的科学假设，跟所有带有局限性的事物一样自以为是。而科学性的自然科学重在探索和研究，持有怀疑态度，清楚地知道哪些观点已被证实，哪些观点只是推测，它不断地扩展并纠正自己的观点，日趋完善。

那些关于自然的信条生硬地堆砌起来，代代相传，强加于人。其害处不仅仅在于它们滋养了错误的观点并且自身顽固不化，这一点说明人们对自然现象欠缺准确的观察；不，它们同样也妨碍人们对宇宙万物做出正确宏大的思考。大自然看似无拘无束，但实际上所有的自然现象都在一个狭窄的范围内围绕着一种平均状态左右摆动，那些流传已久的“科学信条”并没有去研究这个平均状态，反而只是认识到自然法则中的例外现象。它们在自然现象和自然形态当中寻找奇迹，而并不是意在识别其中规律性的发展进程。它们误以为自然现象间互相关联的纽带是断裂的，无法辨别出现在与过往历史的相似性。它们假想宇宙秩序受到了干扰，于是就游戏一般地时而在遥远的天体、时而又在地球深处寻找这些“干扰”的起因。它们也背离了比较地理学的观点。只有当不同地域搜集到的大量事实被纵观全局的目光所统领，被纵横联合的理性所整合的时候，比较地理学才能获得全面性和缜密性，李特尔撰写的内涵丰富的伟大著作充分证明了这一点。

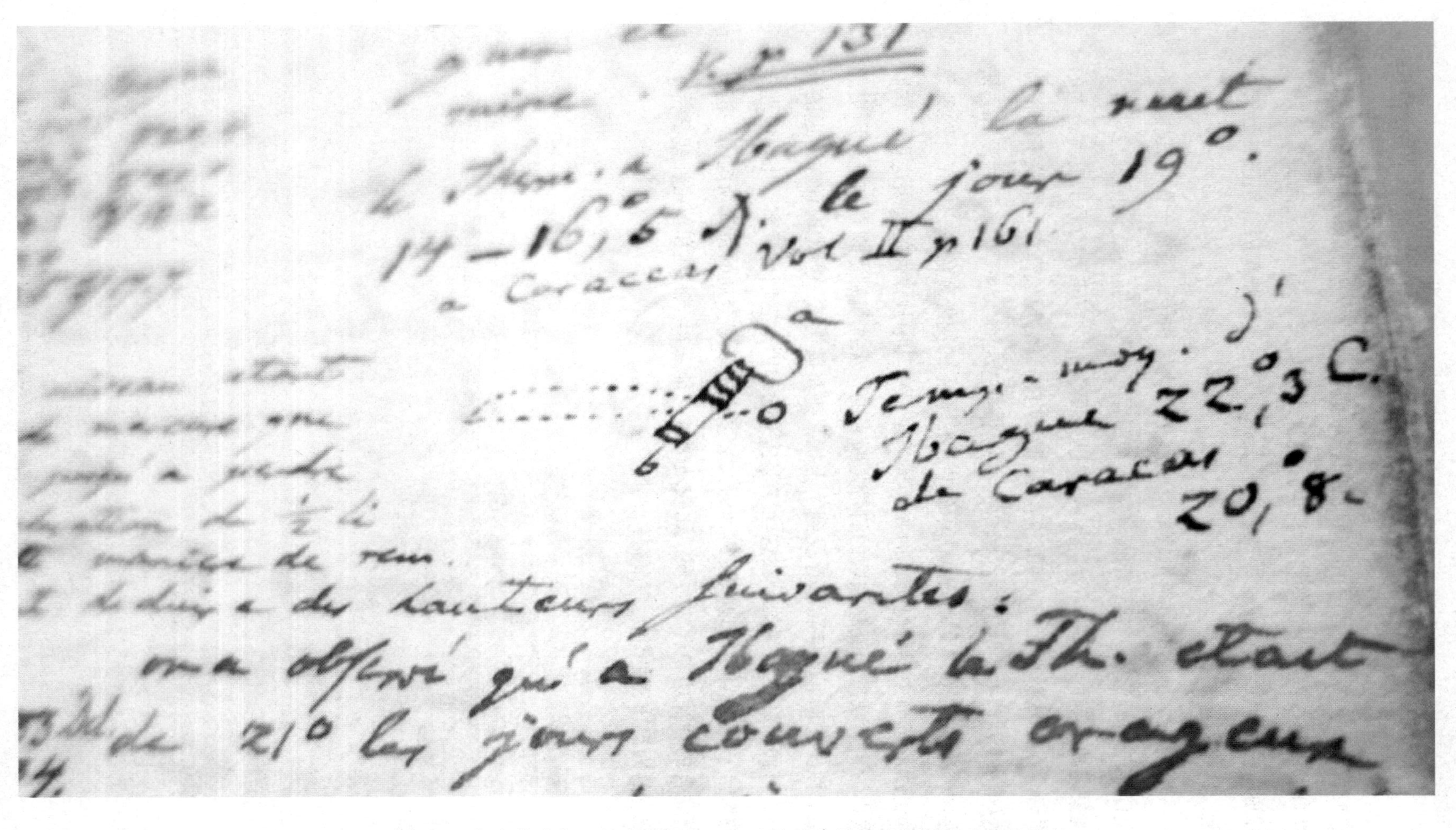

洪堡 1801 年南美旅行日记中的细节，以及他随身携带的水银气压计的图纸。

第2章

关于宇宙法则的研究

· Eine wissenschaftliche Ergründung der Weltgesetze ·

带有普遍性的宏观观念能够使自然的“尊严与宏伟”得到升华，让人类的精神变得澄明、安定。因为宏观观念力求通过发现特定的自然法则来调停自然现象之间的冲突，这些自然法则统领宇宙的各个角落，无论是地球上柔嫩的有机组织，还是密集的星云群岛，或是恐怖虚空的无人沙漠，自然法则都无处不在。

我如此讲述自然科学，有一个特别的目的，就是纠正一部分因为片面经验而引起的、主要在社会较高阶层中流传的错误观念，让人们通过对自然内在本质更深刻的认识而感受到更多的自然带来的愉悦。我们都能感觉到对这种崇高愉悦的需求，所有受到良好教育的阶层都渴望通过更丰盛的思想让生活变得更美好，这是我们当前时代的一大特点。我在柏林两个讲堂举办的讲座很荣幸地成为其中一部分，见证了人们对知识的热切追求。

人们在认知上的局限性或是情绪上的某些伤感可能会滋生一种忧虑，让人们担心：在研究自然力量内在本质的过程中，自然有可能会丧失它的魔力，丧失自身神秘性和高贵性带来的魅力，但我并不想给这种忧虑提供任何发展空间。如果自然力量是在一个未被普遍认识的领域大显身手，那么这种情况下它才显得更具魔力，充满神秘。如果一个观察者使用测日仪或棱柱形方解石计算行星直径，长年测量同一颗星球的子午线高度，在密集的星云中竭力发现只有通过望远镜才能看到的彗星，那么他可能会感到自己的想象力不再是那么活跃（对于取得工作成果来说这是件好事）。同样，当一位描述植物学的研究者细数花萼和花的雄蕊，在研究藓类植物的结构时关注那些单独的、双生的、零散的或环形丛生的蒴齿，那么他也会觉得想象力逐渐陷入低迷。但是进行测量、发现数据以及精微观察细节，都是为了获得对自然整体和宇宙法则更高层次的认识。有些物理学家［如托马斯·杨（T. Young）、阿拉戈（F. Arago）、菲涅耳（A.-J. Fresnel）］对那些因为受到干涉影响或者消失或者加强的不同长度的光波进行测量；有些天文学家借助能够超越空间的望远镜，研究位于太阳系最边缘的天王星的卫星，或者在穹庐之上闪着微光的光斑中辨认出有颜色的双星［如威廉·赫歇尔、詹姆斯·绍斯（J. South）、斯特鲁维（F. G. W. Struve）］；有些植物学家洞察秋毫，发现几乎所有植物细胞中的液泡都在做环绕运动，他们认识到造物的统一性，领悟到这是物种和自然种属之间形式上的联结。在这样的科学家眼中，整个太空，连同地球上繁华的植被，都呈现为一种更加宏大华美的景象，而那些还没有洞察到万物相关的观察者则没有如此幸运。埃德蒙·伯克（E. Burke）是一位才思丰富的作家，

◀ 1803 年，亚历山大·洪堡和邦普兰在墨西哥雷格拉瀑布考察。

他曾经说过："当一个人对自然事物一无所知的时候，内心只会生出一种惊叹和崇高之情"，但是我们对此说法委实不能赞同。

面对苍穹群星闪烁，普通的感性认知会觉得那是水晶的天空上钉满了闪亮的星星，而天文学家却能扩展太空，让它变得更为遥远和广大。天文学家界定出我们所在的太空世界，为的是要展示在这以外的其他无数太空世界，它们就是天幕上闪烁的一个个群星之岛。当一个人面对无边无际向远处延伸的自然景观之时，内心会生出一种崇高的情感；当一个人在主观的思想境界及精神领域中表达无限性和自由性之时，心中也会生出一种隆重的心绪，这两种情感是相似的。无限性的魅力就建立在这种相似性和感性经验的关联之上。这里是浩瀚的汪洋；那里是茫茫的云海，正有一座孤峰探出云端；更远处是了无尽头的太空，人类的想象力被大型望远镜穿透云雾的力量引向深远的星空。无论身在何处，都会升起无数浮想。

对自然科学片面的论述和对原始素材无限的堆积当然也促成了那些陈旧偏见的产生，就好像科学见解一定会冷却情感，扼杀想象力的创造性，从而损坏自然带来的愉悦感受。生活在我们这个充满契机的时代，如果有人还是深信这些偏见的话，那么他就不会认识到：在人类文明发展的普遍进程中还存在一种更高智慧带来的快乐，一种思想方式带来的快乐，这种思想方式能够把多样性化解为统一性，它主要存在于普遍性的和更高等的事物当中。为了享受这些更高等的事物，我们就必须在那些充满了特殊自然形态和自然现象的科学领域中遏制那些细节内容的泛滥，而那个懂得细节的重要性并且因此获得了宏大见识的人，还需要亲手再给这些细微的内容蒙上一层盖头，以便把目光引向更高的层次。

有人担心如果对自然进行理性的思考并发展出科学的见解，那么人们就会因此丧失自然带给人的兴致。此外人们还有来自其他因素的顾虑，担心这些知识不能被所有的人接触到，担心这些知识过于浩瀚无法掌握。自然中的有机体汇聚成各种奇妙的存在，自然的力量永恒运作，所以在这个过程中，每一种深入研究当然都会把人们引领到新的迷宫门前。但这样一条未被走过的崎岖山路却风景无限，正是它的丰富性让人们欣喜地发出惊叹，这与他们的受教育水平并无关系。

每一条暴露在观察者面前的自然法则都会引导出另一条更高层次的未知法则；正如卡尔·卡鲁斯（C. G. Carus）所说："自然意味着永不停息地生长、形成和发展"，古罗马人和古希腊人也是如此理解"自然"一词的本义。人们在陆地和海洋上探索的地域越广阔，对现存的和消亡的有机物之间进行的比较越频繁，显微镜制作得越完美使用面越广泛，那么有机生物圈就会越扩展。所有生命形态的原始秘密就呈现在这种多样性以及生命产物的周期性交替之中，并且会持续更新。应该说这也是歌德成功解决的变形问题，人们渴望把不同的形态按照理想模式还原成某些基本形态，歌德的着眼点就是这样一种处理方式，符合人们的心理需求。随着认知的增长，人类由衷感到自然生机浩瀚无边多不可测；人们意识到，无论是在陆地上，在包裹陆地的大气层中，还是在海洋的深处，在天的尽头，即使是数千年之后，一个大胆的科学征服者也不会缺少可供他研究的宇宙空间。

有一些特殊的科学研究，它们处理的是自然科学中独立的领域，和这样的研究相比，那些关乎全部宇宙存有（不管是汇聚成遥远天体的物质，还是地球上我们身边的各种现象）的普遍观点不只是更有吸引力，更加让人振奋昂扬；它还尤其适合那些没有多少闲情逸致可以花在探索科学细节问题上的人。描述自然的学科通常只是适用于某些特定的环境，也并不是每个人都能体会到它们所带来的乐趣。季节不同，居住地不同，人们的感受也会不同。这些学科要求人们对自然景物进行直接的观察，可是我们北半球却常常没有这些景物；当我们的兴趣只局限于某一种特定事物时，假如它们没有触及我们悉心关注的那种事物的话，那么即使是自然研究者最好的旅行报告也不能满足我们。

一部成功的"世界史"可以表现历史事件之间真正的因果关联，可以解开不同民族的命运谜题，也可以解释这些民族的文明发展为什么时而受到抑制时而又得以推进；同样，一部思想浩瀚的、对已发现事物具有缜密认知的"自然宇宙史"也可以消除自然呈现出来的部分矛盾之处，因为在初步观察自然的时候，人们会看到混战中的各种自然之力在合力作用下展示出的种种矛盾。带有普遍性的宏观观念能够使自然的"尊严与宏伟"得到升华，让人类的精神变得澄明、安定。因为宏观观念力求通过发现特定的自然法则来调停自然现象之间的冲突，这些自然法则统领宇宙的各个角落，无论是地球上柔嫩的有机组织，还是密集的星云群岛，或是恐怖虚空的无人沙漠，自然法则都无处不在。宏观观念让我们习惯把每个有机体看作是自然整体的一部分，让我们不仅看到了动植物中的个体或独立物种，更是认出了其中与所有存在相联结的自然形态；宏观观念扩展了我们的精神领域，让我们即使身处僻壤也能跟整个世界息息相通。极地航海带来了新知识，人们最近在几乎所有的纬度都设立了观察站，研究同时出现的极光磁暴现象。这些具体知识在宏观观念的加持下会获得一种不可抗拒的魅力；我们由此得到了一个法宝，能够迅速猜出自然现象之间的关联，新的观察结果与之前已被破解的现象之间存在着千丝万缕的联系。

这里我要提到一个近年来广泛吸引人们关注的宇宙现象，也就是天文学家恩克（J. F. Encke）的发现，如果不知道彗星运行的一般性知识，又有谁会懂得这一发现的深远影响。彗星在椭圆形轨道上运行，从不离开太阳系，恩克揭开了这一现象的谜底，这是因为有一种阻碍彗星飞离轨道的作用力存在。时下盛行一种把科学成果作为谈资引入社交领域的“半瓶子文化”，但是科学成果在这里被演绎得面目全非。人们素来担心天体碰撞会给人类带来灾难，认为是天文原因造成了臆想中的气候恶化，这些旧有的忧虑在“半瓶子文化”的推动下扭曲变形，更有了欺骗的性质。然而对于宇宙和自然的清晰认知，即使是历史流传下来的知识，也能让人们免受教条臆断的危害。真实的科学告诉我们，恩克彗星环绕太阳运行一周的时间是1200天，其形状和轨道位置决定了它不会对地球造成影响；哈雷彗星的轨道运行时间是76年，最近曾于1759年和1835年出现，它同样也不会影响到地球。但是轨道运行时间为6年的比拉彗星会与地球轨道相交，不过只有当比拉彗星的近日点出现在冬至时，它才会靠近地球。

行星吸收热量，热量又决定了大气环流中的大部分气象现象，而行星吸收热量的多寡也受到太阳散发热量的能力以及太阳和行星之间相对位置的影响。因为重力法则的作用，地球轨道的形状和黄道倾角会发生周期性变化，但是它们的变化非常缓慢，局限在一个极小的区域内，我们当今测量热量的工具就是在数千年以后也几乎无法辨识出这些变化引发的效应。气温下降，水量减少，近代与中世纪都有传染病流行，这些现象是否有什么天文方面的原因？这个问题属于人类真实经验不可企及的范畴。

假如对已经观察到的事物缺乏一般性认识，那么很多现象就不可能引起人们的兴趣和关注。如果要用天文学领域说明这一点的话，我会举下列现象为例：人们观察到数千个不同颜色的双星，它们彼此环绕，确切地说是环绕着它们共同的重心做椭圆运动；也发现了太阳黑子的存在，它们周期性地低频率出现；人们很早以前就察觉到了夜空中的流星雨，它们很可能像行星一样运行，每年定期出现，在 11 月 12 日或 13 日，后来人们知道，它们也在 8 月 10 日或 11 日与地球轨道相交。

同样的道理，只有对宇宙有了普遍性的认识，我们才能感知到以下提及的事物之间存在关联。贝塞尔（F. W. Bessel）是一位目光犀利的天文学家，他完善了摆动波在空气中传播的理论，这一理论与地球的内部密度有密切关联，地球的内部密度也就是我所说的地球的凝固程度。在至今仍然活跃的火山上，岩浆如玉带般流过，粗颗粒岩石就这样在岩浆流中产生；另外还有一类地球内部生成的岩石——花岗岩、斑岩、类蛇纹岩，它们从地球内部升起，穿透成层岩石圈，并对其造成多种影响（硬化、硅化、白云石化、结晶化），这两类岩石虽然看似不同，但是它们实则息息相关。岛屿和锥形山在地壳弹性力量的挤压下从地下升起，它们与整个山脉以及大陆的隆起存在关联，当代最伟大的地质学家布赫认识到两者之间的关系，并通过一系列才思卓越的观察证实了这一点。我和邦普兰（A. J. A. Bonpland）曾经在 14000 英尺高的安第斯山山脊上搜集到了海洋贝化石，但这里当初未必是被海水覆盖，它们有可能是被火山的爆发力携带至此。粗颗粒岩石和成层岩石圈的隆起让人们认识到确实存在这样的可能性，在智利海岸最近的一次地震中，就有大片粗颗粒岩石隆起。

星体内部向表面施加的作用力，无论是在地球上还是在月亮上，我都把它广义地称为“火山作用”。谁要是不了解那些可以证实温度随深度增加的实验，[①] 那么他就无法理解很多新近观察到的现象。例如，相隔遥远的火山为

① 著名的物理学家根据这些实验推测距地表 37100 多米以下存在着一个能使花岗岩熔化的高温层。

什么会同时爆发，地震区的范围到底有多大，热矿泉的温度为什么是恒定的，深度不同的自动出水井为什么有不同的水温。这些关于地球内部热量的知识为我们破解地球最初的历史带来了一道朦胧的光亮。它表明，地球上所有的地区可能都曾盛行热带气候，这是因为那时的地壳刚刚凝固并发生氧化，地壳上有很多炸开的裂隙，热量由此向外发散。这些知识让人们意识到一种状况的存在，那就是大气环流中的热量更多地来源于地球内部释放的热量，即来源于地球内部向外部施加的作用，大气通过这种方式获得的热量远远大于来自太阳的热量，太阳辐射的热量取决于地球距离太阳的位置。

寒带地区的土地下面埋藏了多种热带物种，地质学家在考察中陆续发现了它们：古老的煤矿中藏有松树、直立的棕榈树干、树状蕨类、棱菊石和长着长菱形硬质鳞片的鱼类；侏罗纪石灰岩里埋藏着鳄鱼的巨型骨架、长脖子的蛇颈龙、头足纲动物的外壳和苏铁树干；白垩岩中还发现了有孔虫和外肛动物，其中一些与现在尚存的海洋动物相同；庞大的页岩层、蛋白石层和硅藻土层中掩藏着纤毛虫的化石聚集物，生物学家埃伦伯格（Ehrenberg）借助于能够洞察细微生命的显微镜发现了纤毛虫；鬣狗、狮子以及大象类厚皮动物的骨头散落在山洞里或是被最晚期的岩屑堆所覆盖。如果一个人全面了解各种自然现象，那么上述这些发现就不会只引发他的好奇和惊讶，而是会成为他多方思考的源泉，这样做也更加配得上人类的智力水平。

我在这里有意列举了多种截然不同的事物，这样一来我们自然就会提出一个问题：如果读者没有认真深入学习过这些学科的话——不管是描述性自然科学、物理学还是数学天文学，那么面对这样的读者，我们是否还能做到清晰描述关于宇宙自然的普遍性认知呢？这里我们要认真区分教授者和学习者，教授者可以主动选择科研成果作为授课内容来讲述，但是学习者不能自主选择，他们被动接受教授者讲述的内容。对于教授者来说，精确掌握专门领域的知识非常有必要，他应该在各个独立学科领域漫步过，测量过，观察过，实验过，这样的话才能满怀信心地涉足于自然的全息图景。自然宇宙学研究的问题受人瞩目，不过自然宇宙学涉猎的范畴非常广泛，因为缺乏某些专门的基础知识，也许我们不能完全清晰地呈现它的规模；但即使没有这些知识，大部分问题还是可以令人满意地解释清楚。倘若这幅宏大的自然画卷尚不能清晰地勾勒出所有的细微之处，但它本身的真实性以及散发出的魅力就足以丰盈人们的精神世界，激发人们的想象力，从而孕育出更多的硕果。

有人指责我们的科学著作有一个不足之处：就是在叙述的时候没有把普遍性事物和特殊性事物区分开来。没有把已被证实的研究成果和取得这些成果所使用的研究方法区分开来，这种谴责或许有几分道理，它甚至让当代最伟大的诗人歌德发出一声幽默的感叹："德国人很擅长把科学变得令人无法接近。"如果一座建筑物还搭着脚手架，那么我们就无法看到这座建筑的全貌。地球上的陆地向南延伸时，形状变得尖锐、呈现棱锥形；向北延伸时，形状拓宽增大。而这一规律又决定性地影响到气候带的分布、气流的主导方向以及热带植物向温带地区南部蔓延的现象。科学家运用大地测量学知识进行测量，通过天文学知识确定海岸线的地理坐标，计算出了大陆棱锥形海岸线延伸的范围，但是即使我们不解释这些具体的测量方法，人们也可以认识到陆地面积分布的自然规律，这一点是毫无疑问的。同样，自然宇宙学也告诉我们，地球的赤道轴比极轴长，南半球的扁率并不比北半球的大。但是至于科学家是如何通过角度测量和钟摆实验发现，地球实际上是一个不规则的演化中的椭球体，至于地球的形状又是如何反映在地球卫星——月亮——的运动中，诸如此类的内容，我们在此就不必画蛇添足了。

法国有一部不朽的著作——拉普拉斯（P. -S. Laplace）的《宇宙体系论》，这部书描述了几百年来在数学和天文学领域意义深远的研究成果，其中论证部分与正文内容是分开的。对于如何诠释宇宙当中的机械问题，该书提供了一个简单明确的答案，这就是宇宙自身的结构。从来没有人因为形式问题指责《宇宙体系论》不缜密。把不同类的观点区分开，把人们对普遍事物与特殊事物的看法区分开，这样做不仅有利于知识的清晰表述，还能给自然科学的叙述赋予一种崇高与严肃的特质。就像站在更高的地点，顿时可以看到更辽阔的景象。人类感官不能捕捉的妙处，我们可以用思想来理解，对此我们乐在其中。18 世纪最后几十年自然科学的各个分支有幸得以成形并壮大，这种趋势尤其有利于专门研究领域的进一步发展（化学、物理学以及描述自然的学科）。正因为各个专科如今都更加深入，所以对普遍性科学成果的文字叙述也会变得简短和容易一些。

越深入自然力量的本质，就越能认识到自然现象之间的关联。如果从表面上孤立地去看，这些现象长久以来仿佛都与所有的排列和归类相矛盾。越深入自然力量的本质，也就越能在叙述科学成果时变得简单扼要。当某些现象尚未被联系在一起，还几乎只是毫无关联地孤立出现时，当其中的很多现象即使是经过仔细观察但仍旧看似相互冲突时，这时候人们就期待新的科学发现。能否在自然现象之间建立关联，这是衡量科学发现的数量和价值的一个铁定标准。气象学、近代的光学，尤其是梅伦尼（Melloni）和法拉第（Faraday）以来的热传导学和电磁学——这些学科的现状都令人期待能有突破性的发现。尽管伏特电堆显示了电、磁和化学之间存在着令人称奇的关系，但是重大科学发现的圆环并没有就此合上。就连宇宙当中到底有多少种力量在运作的这个问题，又有谁能保证我们已经研究清楚了呢？

在我的宇宙学科学论述中，有一种统一性我没有涉及，就是那种产生于少数理性基本原则的统一性。因此我所说的自然宇宙学（比较地球学和天文学）不要求与理性自然科学平起平坐，自然宇宙学是对经验感知到的、作为自然整体的现象所做的思考。正是由于这样的专注性，加上我天生的性情，这部著作才可以深入科学的各个领域，它们也是我长期以来钻研的对象。我不敢涉猎一个陌生的或是别人比我耕耘得更好的领域。我定义下的自然宇宙学所能达到的统一性，是一种历史性叙述具有的统一性。无论是自然物质的形态还是序列，无论是人类与自然力量的斗争还是人类民族之间的互斗，所有这些真相的具体细节以及一切受制于变化和偶然性的事物，都不可能从概念当中抽象地产生。因此宇宙学和世界史都处于经验认知的同一个阶段，但是我所做的对两者的理性思考，对自然现象和历史事件做出的有意义的排列，都贯穿着一种信仰，即相信存在一种内在必然性（此乃自然的本质，即自然本身，存在于物质和精神这两种境界中），而这种必然性在又一个持续自我更新的、周期性或者扩张或者缩小的范围内统治着精神力量和物质力量的所有运作。理性思考和对事物进行有效排列能够让人类的认知变得清晰简单，帮助人们发现经验科学中的法则，而发现自然法则乃是人类研究事业的终极目标。

研究任何一种新科学，尤其是那些覆盖整个世界和浩瀚宇宙的科学，都像是一次去往远方的旅行。在集体出行以前，人们总是会问，这次旅程真的可以成行吗？人们会估计一下自己的力量，再心怀狐疑地打量打量同行者的气力，可能会有失公允地担心他们耽误行程。但在我们如今生活的时代，这样一场旅行的难度已经大幅降低了。我对此充满信心，是因为当前的自然科学成就非凡，它的成就已不再单纯局限于观察对象的丰富，而是在于在观察对象之间建立起相互关联的纽带。

从 18 世纪以来，科研成果的数量大幅增加，这些成果足以让任何一个受过良好教育的人产生兴趣。人们观察到的客观事实不再是那么孤立存在，各种现象之间的鸿沟渐渐被填充了起来。比如眼前有一些事物，研究者很长时间以来都不能理解，但是当他们踏上旅途来到最边远的地区，一边走一边看的时候，那些疑问却突然间豁然开朗。很久以来一些动植物在人们看来都是孤立存在的，后来因为发现了它们之间的中间环节或者过渡形式，那些看似孤立的动植物就得以被归入相应的一类。生物在发展过程中，某些器官进化某些器官退化，各个组成部分势力不均，会进行多方角逐，最后强者胜出。在这样一种变化中，具有觉知力的研究者发现了一条存在于生物间的纽带，它不是一条简单延伸的线，而是一张交错的网。正长斑岩、绿岩以及蛇纹岩有一种成层现象，这种现象在金银蕴含丰富的匈牙利、在乌拉尔山富含铂金的地区、在亚洲深处阿尔泰山的西南部都有出现，形成原因不明，但是通过在墨西哥高原、安蒂奥基亚（Antioquia）高原以及乔科（Chocó）河谷的地质考察，我们意外地破解了这些岩石成层现象的起因。地理学使用的素材并不是任意堆积而成的。科学的发展趋势给当今时代赋予了鲜明的特色，人们已经认识到，只有当科学考察者充分了解他希望扩展的科学领域的现状及其需求时，只有在对自然精神充分领悟的情况下并且在其指导之下，按照理性原则对自然现象进行观察和搜集时，观察到的事实才会带来研究上的硕果。

通过这样的研究，通过人们追求普遍性结果的偏好（这种偏好是幸运的，但有时又太过容易满足），相当一部分自然科学都可以成为受过教育的人士共享的知识财富，这些知识能够生成一套全面缜密的体系，而且从内容、形式到叙述的严肃性和庄严性来看，它都与直到 18 世纪末人们常说的“科普知识”大相径庭。如果一个人的境况允许他从市民生活的狭窄空间中跳脱出来，如果他为自己“长期漠视自然，麻木行走其中”感到脸红的话，那么他就会在观照宏大自由的自然生机时发现一种非常高尚的愉悦享受，更高等的理性行为可以带给人这样的乐趣。对自然科学的研究同样能够唤醒长期沉睡在我们心中的觉知，就这样，我们和外界发生了一种更加密切的交流，面对人类正在经历的工业进步和智慧提升，我们也不会只是无动于衷地旁观。

我们越是清晰地认识到自然现象之间的关联，就越能摆脱错误的观念。人们曾经误认为，对于一个民族的文化发展和社会富庶程度而言，自然科学的各个学科并不是同等重要的。但事实上，无论是自然科学中描述和测量的部分、检验化学成分的部分，还是研究物质自然力量的部分，它们都同等重要。很多伟大的发现就起源于观察一个起初孤立出现的现象。当伽伐尼（Galvani）用不同的金属刺激青蛙腿敏感的神经纤维时，他周边的同时代人不会想到，银光闪闪的易燃金属物质在电解质中会产生电流，也无人能料到伏打电堆日后会成为分析化学的重要工具，成为测温计、电磁的重要组成部分。物理学家惠更斯（Huyghenes）17 世纪开始研究光进入方解石后产生的双折射现象，人们当时还没有什么想法。但后来目光敏锐的物理学家阿拉戈观察到了彩色的光的偏振现象，这就引出了一个重大发现：借助最小的矿物残片，人们可以判断太阳光是从固体物质发出还是从气体表面发出，也可以判断彗星是自己发光，还是反射其他光线。

当今这个时代尤其要求我们必须同等重视自然科学的所有分支，因为各民族的物质财富和不断增长的繁荣富庶是建立在对自然资源和自然力量更加细致的应用之上。只要将目光轻轻扫过当前的欧洲，就会知道，如果争斗不对等、发展持续停滞，那么民族的财富必然会局部减少或是全盘毁灭；国家的命运亦如自然界万物之命运，正像歌德在诗中一语中的地说道：“万物生起，万事流转，永无停留，若要懈滞，万劫不复。”只有发展对化学、数学和自然历史的研究，才能抵御来自这一方面的厄运。如果不理解自然法则，不能从数量规模和数字的角度掌握自然法则，那么人类就无法对自然发挥作用，也无法掌握自然的力量。一个民族的势力就潜藏在这个民族的智慧当中，智慧增则势力涨，智慧减则势力消。知识与认知能力可以带给人类喜悦，同时它们也是人类享有的权利，是民族财富的一部分。当大自然对某些资源分配非常吝啬的时候，知识和认知能力就可以成为这些资源的替代品。那些在工业生产、技术和工业化学应用、选择和加工自然资源方面落后的民族，那些对科学技术的重视没有贯穿所有社会阶层的民族，它们的富裕程度终将会不可避免地下降。尤其是当其邻国科学技术交流频繁、充满青春力量大步前行的时候，这些民族的境况就会更加悲惨。

有人喜欢发展工业生产，喜欢自然科学中可以直接影响工业的那部分内容，这种偏好并不会对哲学、古代文化学和历史的研究造成危害，也不会让高贵的美术作品丧失掉赋予万物以生命的想象力。如果有智慧的法律和自由的机构作为保护，一切文化分支的花朵全部竞相开放，那么在一种和平的竞争中，人类精神的所有追求都不会彼此相互伤害。每一种追求都会给国家带来各不相同的硕果：有一些养育生命，制造财富，我们赖以为生；还有一些是创造性想象力结出的果实，它们比财富本身更加持久，会把民族的知识和智慧传至千秋后世。尽管斯巴达人有着多立斯式严肃生硬的性情，但他们也会虔诚祈祷："愿神赐予我们善的同时也赐予我们美。"

和历史、哲学、修辞学这些思想与感情得到了升华的学科一样，自然科学中的精神活动也有其首要且极为高尚的目标，这个目标是一种源自内心的夙愿，人们志在发现自然法则、研究如何对万物进行有序划分、认识宇宙中所有变化之间的必然关联。一部分科学知识流向某些国家的工业界，促使它们取得了更多成就。这部分知识之所以能够产生，是因为人们有幸认识到了万事万物相互关联，由此，真实、高尚、美好与事物的实用性在不经意间进入了一种永恒的相互作用的关系中。完善农业，减少耕地面积，摆脱行业束缚，繁荣手工制造，丰富贸易关系，长足发展人类精神文明，建立公民设施，所有这些都会彼此相关并将长期相互影响。

我在这里只想稍微提及自然科学知识对民族兴盛和欧洲现状的影响。因为我们将要在此书中完成 场广袤浩荡的旅程，所以如果暂时离开我们洞悉宇宙全局的目标，去特意扩展上述领域的话，我认为会有些不妥。回顾我的一生，常常是人在旅途，我给同行者描绘的旅途也许比其他人认为的更诱人更优美，指引他人走向山巅的向导就有这样的习惯。他们赞美风景雄壮秀丽，即使所在地当时还尚被云雾笼罩。他们知道就在这层层缭绕的云雾中躲藏着一种神秘的魔力，知道远方的浩渺会让人生起感官上的无限之感。眼前的这样一幅画面会映照在人的精神和情感上，它庄严，满含预示之意。我们要达到的是一种被科学经验证实的普遍性宇宙观，但是即使从这个高远的立足点出发，本书也不可能面面俱到、满足所有的要求。我意欲在这里描述自然科学的现状，但是有些知识当前还没有被界定清楚；很多东西之所以呈现出模糊、不全面的面貌（本书的内容如此广阔，我怎么会不愿意承认呢），是因为有一种无力感存在。面对浩瀚无际的写作对象，作者常常感到自己形单影只，此时无力之感就会对作者造成双重影响。

这篇导论的目的不单是描述自然知识的重要性，这一点众所周知，早就不再需要任何赞誉之辞。我更看重的是，在不影响专门学科研究的情况下，如何在宏观的叙述中把自然科学的追求抬升至一个更高的立足点，站在这个立足点上俯瞰，所有的存在、产物和自然力量都将表现为一个由内在活动激活的自然整体。自然不是一个死寂的集合体，正如谢林（F. W. J. Schelling）在一段关于美术的精彩演讲中所言："对满怀激情的研究者来说自然就是永远处在创造中的神圣的宇宙原动力，这种动力通过自身的运作创造了万物。""自然地理学"是一个至今尚未被确切定义的概念，因为人们观察研究的范围如今得到了扩展，涵盖了地球和宇宙太空中所有的存在，所以这一概念可以演化为"自然宇宙学"。此称谓是由前一称谓衍生而来。我所理解的宇宙学并不是那种引用自然历史、物理学、天文学著作一般性重要成果的百科全书。在本部宇宙学著作中，这些科学成果仅仅只是素材，只有当它们能够解释宇宙力量的合力运作以及自然产物彼此间的催生与制约时，才会被部分采用到。描述有机物空间分布的动植物地理学与描述性动植物学大相径庭，地质学也与矿物学完全不同。因此不能把自然宇宙学与所谓的自然百科全书混淆起来。宇宙学把单个事物视为宇宙现象的一部分，只是从它们与宇宙整体关系的角度来讲述这些事物。这里所呈现的立足点越是崇高，就越是可以用独特的处理方式以及活泼的讲述来展示宇宙学的全貌。

思想和语言自古以来都在密切地相互影响，当语言让叙述变得优雅明了，当语言通过本身的可塑性和有机的谋篇布局协助"整体性宇宙观"获得清晰的轮廓，那么语言就会在不知不觉当中把活泼的气息倾洒在博大深远的思想中。因此言词不只是符号与形式，它具有神秘的影响力，当它发源于自由的民族精神、生长于本土的大地时，语言的影响力表现得最为强烈。我为自己的国家引以为豪，因为德国民族的所有精神活动都有民族的整体智慧作为坚强后盾，在此我们可以满心欢喜地把目光投向故乡的这一强项。那个在生动描绘宇宙各种现象时有幸能够从德语深处去发掘创造的人，可以说是非常幸福的。这是因为几百年以来，我们的母语深刻影响了很多重大事物，通过对精神力量的提升和对它的自由运用，这些事物无论是在创造性想象力发挥作用的领域，还是在理性研究的领域，都推动了人类命运的发展。

青年亚历山大·洪堡素描像。

第二篇

自然宇宙学的界定和相关科学论述

· Begrenzung und wissenschaftliche Behandlung einer physischen Weltbeschreibung ·

我在此使用的“自然宇宙学”这一名称，是根据早已通用的“自然地理学”一词模仿而成。

一部“自然宇宙学”著作讲述的应该是宇宙当中所有共存的事物、一切自然力量的共同作用以及自然力量生成的全部存在的共同作用。

1799 年亚历山大 · 洪堡和助手邦普兰在观测流星雨。

我用第一篇的导论（allgemeine Betrachtungen）来开启本部“自然宇宙学”的绪论（Prolegomenon）。我在导论中展开论述，并通过实例诠释了以下观点：当我们清楚认识到宇宙各种现象间的关联，认识到创造生机的和谐自然力量，自然带给人类的愉悦之情就会随之增长，这种愉悦始于不同的内在源泉，性质也各有不同。此刻我的目标是：对接下来将要描述的科学研究之精神和主导思想进行更加特别的阐释，对异类事物做出仔细的区别，对我理解的经过长年在多地考察领会到的宇宙学之概念和内容加以简明扼要的说明。我暗自希望这样的解释能够为本书鲁莽的题目做一个辩护，让它避免受到被认为是狂妄的指责。前面的导论探究宇宙法则，此处的绪论则包括以下四个部分：

1. 作为独立学科的自然宇宙学的概念和界定；
2. 客观内容；关于“宇宙整体”的真实的经验性观点，它将以“自然画卷”的科学形式出现；
3. 自然对人类想象力和情感的影响；通过对遥远地域激动人心的描述和对自然充满诗意的文学描绘（现代文学的一个分支），通过纯美的风景绘画，通过对异域植物的种植，通过充满反差的异域植物群落，来激发人们对自然研究的兴趣；
4. 宇宙观史，即宇宙作为自然整体这一概念的逐步发展和延伸。

洪堡和邦普兰在南美洲北部奥里诺科（orinoco）考察。

第1章

自然宇宙学的界定

· Begrenzung einer physischen Weltbeschreibung ·

一部“自然宇宙学”著作讲述的应该是宇宙当中所有共存的事物、一切自然力量的共同作用以及自然力量生成的全部存在的共同作用。

HIER WOHNTE
VON 1848
BIS ZU SEINEM ENDE
ALEXANDER
VON
HUMBOLDT
GEB:14·IX·1769·
GEST:6·V·1859·
SEINEM ANDENKEN
DIE STADT BERLIN
1901·

本书从一个具有相当高度的着眼点观察宇宙自然的各种现象，这个着眼点越高，我们就越要把有待描述的科学界定清楚，并且对其与相关学科作以区别。“自然宇宙学”思考的是宇宙中所有被创造的和既已存在的事物（即自然现象和自然力量），它们一起构成了同时存在的自然整体。对于居住在地球上的人类而言，自然宇宙学分为地球和太空两大部分。为了确定自然宇宙学的科学独立性，为了描述自然宇宙学与其他学科领域的关系——例如本意上的自然科学、自然史或特定的自然描述、地质学、比较地理学，我们将首先驻足于自然宇宙学的地球部分。我们知道，把各种哲学思想生硬地组合在一起并不能造就一部哲学史，同样，自然宇宙学地球部分的内容也并不是上述自然科学百科全书式的综合体。很多密切相关的学科之间的界线都非常模糊，这是因为，几百年来人们都习惯使用有时太过狭窄有时又太过宽泛的名称来表示那些不同类别的经验知识，而在古希腊古罗马的时候，这些名称在它们起源的语言里却具有完全不同于我们今天所赋予它们的含义。在人们还没有清楚认识到研究对象有何不同，尚未对它们进行严格界定，即尚不明确科目划分依据的时候，自然科学各科的名称——人类学、生理学、自然学、自然史、地质学、地理学——就已经产生并变得普及起来。在一个属于欧洲最有文化修养的民族的语言当中，自然学几乎与药学不分，这是根深蒂固的传统使然；而经验性的技术化学、地质学、天文学这些学科却被列入一所研究院的哲学领域，这可是一所享有世界盛誉的名副其实的研究院。

有人曾经多次尝试使用较新的名称来取代那些虽不确切但却易懂的旧称，不过总是成效微弱。这些学者都深谙人类知识各个分支的分类状况，例如撰写了《哲学珠玑》（*Margarita philosophica*）的加尔都西会僧侣赖施（G. Reisch），还有弗朗西斯·培根（F. Bacon）和达朗贝尔（J. -B. le R. d'Alembert）。为了纪念当代的成果，我在此还要特别提到思想敏锐的几何学家和物理学家安培（A.-M. Ampère）。但是使用希腊语表示科学专业词汇的做法出师不利，这大概比过度使用二分法和增加学科门类给科学分类工作带来的伤害还要多。

◀ 洪堡晚年住在柏林 Oranienburger 街道 67 号，如今这里是一家酒店，其外墙上还挂着纪念洪堡的牌匾。（高虹 / 摄）

“自然宇宙学”把宇宙诠释为感官可以感受到的对象，所以它固然需要普遍性物理学和自然史作为辅助科学；但是“自然一体”拥有内在的力量，这些力量推动自然运作，赋予自然生命活力，所以从这一统领性角度对自然事物所做的观察思考就是一门独立科学，拥有完全独特的风貌。物理学研究的是物质的一般属性，它是物质力量运作的一种抽象化概括；亚里士多德（Aristotle）撰写了《物理学》，以此最先创建了物理学。在这八卷书中，他把一切自然现象都描绘为一种普遍性的宇宙力量永不停息的生命活动。自然宇宙学的地球部分——我愿意保留“自然地球学”这个强有力的旧称——讲的是磁力根据强度和方向状况在地球上的分布，而不是讲磁力的吸引和排斥法则，也不是讲使用哪些方式可以制造电磁效应，电磁效应持续的时间是有长有短的。地球学用粗犷的线条描述大陆板块的结构及其在南北半球的分布，而陆地的分布状况又影响到大气环流中最重要的天气过程，从而促成了气候的差异。地球学解析山脉的主要特点，地球上的山脉从地面上隆起，形成平行的或者箅子状纵横交错的行列，它们产生于不同的地质年代，属于不同的构造体系。地球学研究大陆的平均海拔高度、大陆重心的位置、重大山脉最高峰与其山脊的关系、山脉距离海洋的远近、山脉的岩石属性。地球学告诉我们，这些岩石是如何冲击斜面角度各不相同的岩层而得以竖直隆起，它们或者是主动从地下喷发突破地面，或者是受到了挤压发生移动。地球学研究排列成行或孤立存在的火山，研究火山之间的相互作用以及数百年来火山爆发区面积大小的变化。地球学还教给我们有关河流的知识：大江大河的上下游都具有怎样的共性；河流如何能够形成流向河道两边的反向分流；奔腾的江河如何时而垂直穿过巨大的山系，如何又时而沿着附近的山坡或是在相当遥远的地方平行于山体流淌，这是因为隆起的山系对整个地域的地表以及附近平原疏松的土地都会产生影响，河流的走势就是这种影响的结果。——以上是地球上的液体部分与固体地壳之争的几个例子。只有比较山志学和水文地理学的主要研究结果才会被纳入我在此界定的地球学的范畴，而诸如有关山脉高度、活火山或流域面积等的索引，在我看来都应归类于专门的地理概况以及对本书进行解释的脚注。对同类或相似的自然事物进行列举，对地球上各种现象在空间上的分布及其与所处地带的关系进行概述，此类做法不同于我们对自然当中的单独事物（地球上的物质、有机组织、生命的自然过程）所做的研究，我们是根据事物内在的相似性对研究对象进行系统性排列，这两者有别，不能混为一谈。

专门的地理概况固然是自然地理学当中最有用的素材，但无论对这些概况做出多么细致的排列，它都不会呈现出一幅反映地球整体的全息图景。同样，即使把地球上所有的植物都罗列出来，也不能以此打造一门植物地理学。我们在研究时需要运用理解力去统率全局、融会贯通。比如，有机物因为地表的气候条件有所不同而分布在地球的不同地区，但是从这些有机形态的细节（形态学、对动植物的描绘）当中我们却可以挖掘出这种分布的共性；又如，我们探究自然科学中的数字规律，发现某些生物或自然种属的数量与较高等动植物的整体数量之间存在着一种固定的比例；我们会在本部著作中描述主要的生物形态分别在哪些地域达到了物种数量和发展的最大值，描述地表植被的样貌如何主要取决于植物地理学的自然法则，因为距赤道的距离不同，地表植被的样貌会有所不同，而植被对人心境的影响也会随之变化。——所有这些全都需要触类旁通的理解力。

人们对所有的有机物都进行过系统性分类整理，做出了目录索引，我们以前曾称之为“自然系统”，这实际上是一个过于华丽的大名。不过这个目录索引的确呈现了有机物在结构方面的内部关联，并融会贯通了人们关于树叶、花萼、彩色花朵与果实进化过程的设想，这一点令人称赞。但是“自然系统”没有从地域、海拔高度以及地球表面受气温影响的角度去寻找有机物生长发展的内在玄机。如上所述，“自然地球学”的最高目标就是：在多样性中识别统一性，探索地球现象之间的共性和内部关联。提及细节也只是为了把有机物的分类法则与地理分布法则联系起来。从这个角度来理解，生物形态的丰盛与否更是取决于所在的地域以及等温线曲率的差异，这些影响大于生物内在规律带来的影响。有机物的内部相似性以及自然固有的、生物器官进化与个性化发展的规律并不会决定性地影响物种的丰富程度。动植物形成的自然顺序在本部著作中被视为既成的、取自于描述性植物学和动物学的事实。地球表面各种不同的生物形态，尽管看似分散于不同的种属，实际上却因为某种神秘关系（相互替代或相互排斥）彼此相连。有机组织构成了地球上全部的自然生命，它们是如何通过呼吸和微弱的燃烧过程来调节大气层；有机生物的繁盛和生存依赖于光，光就像普罗米修斯的火，维系着生命，有机生物又是如何以有限的数量影响到整个地壳的活动……探索其中的种种奥秘，就是自然地理学的任务。

我在这里描绘的叙述手法是唯一适合讲述自然地球学的手法，如果把这种手法用于宇宙的天文学部分，用于对太空和天体的描述，那么它的简明性就会越发明显。如果对“自然学”（物理学）和化学加以区分的话，那么物理学就是对物质、力量和运动的一般性研究；化学研究的则是物质的不同属性、物质的化学特异性、物质的化合与组成变化，而这些化学特质都是由物质的自身因素引起，并非单纯是由质量引起的重力原因造成。旧时的语言用法如此区别两者，但是随着人们更加深入地了解自然，将来不再会允许做这样的分别。我们已经认识到，物理进程和化学进程在地球上是同时发生的。除了物质的基本力量和地心引力以外，我们身边还有其他的力量存在，比如，它们会在物质接触之时或是在分子间无限接近的地方发挥作用，这就是所谓的化学亲和力，它受到电、热量、接触物质的多方影响，在无机的自然界和有机的生物组织中永不停息地运作。而在浩瀚的太空，我们目前只能觉察到其中的物理现象，它们全都受到物质质量状况的制约，完全遵循运动学的动力法则。这些现象被认为与物质的内在属性（异质性或特殊性）无关。

只有通过光和万有引力的作用，地球上的人类才能与遥远太空中密集成团的或飘散着的物质发生交集。太阳和月亮对地球磁力的周期性变化究竟有何影响，目前还不得而知。对于那些在太空中旋转的或是弥散开来充满太空的物质，我们无法获得直接的经验，除非是借助于坠落的陨石，如果我们把这些陨石当作小型天体看待的话。它们掠过长空，误入地球引力圈，在热气中蒸腾、灼烧、悄然而逝。陨石的成分都是我们熟知的样貌，其性状也与地球上的物质完全相同，这一点非常引人注目。这些相似性让我们想到某类行星的特征，比如，它们同属一个群组，被中心天体统帅，由旋转的环形云雾状物质的沉淀物构成。贝塞尔的摆动实验显示出一种前所未有的精确性，它再一次证实了牛顿定律：即由于地球引力的作用，不同性状的物体（水、金、石英、粗颗粒石灰岩、陨石）运动时的加速度都完全相同。多种多样纯粹的天文学研究结果都说明，在任何地方，物质的吸引力都完全取决于物质质量的大小。例如，人们分别通过木星对其卫星、恩克彗星、小行星（灶神星、婚神星、谷神星、智神星）施以的引力大小来计算木星的质量，得到的结果几乎完全相同，证实了此项结论。

太空中可以觉察到的物质虽然千差万别，但其属性却并不会对宇宙太空造成任何影响，这是一种引人注目的现象，让我们认识到宇宙运作唯一遵循的简单规律——苍茫无际浩瀚无垠的宇宙仅仅屈从于动力学的统治。自然宇宙学的天文学部分来自已被充分证实的理论天文学知识，它的地球学部分则融会贯通了物理学、化学、有机形态学的研究成果。后者的这些学科涵盖了非常复杂的现象，其中有些与数学上的观念矛盾重重，所以宇宙学的地球部分还不能像天文学那样有条件运用同样简单确定的手法来论述。这种区别在某种程度上可以解释为什么古希腊文化时期的毕达哥拉斯自然哲学更倾向于研究宇宙太空，而不是地球；通过菲洛劳斯（Philolaus）以及之后的阿里斯塔克（Aristarch of Samos）、塞琉古（Seleucid）的发扬，毕达哥拉斯哲学对人们真正认识太阳系产生了重要的影响，其影响程度远远超越了它对物理学所做的贡献，个中原因也在于此。充斥在宇宙间的物质有何特殊属性，世间万物又有何不同的性状，这并不是毕达哥拉斯学派在意的问题，它以一种多利安式的严肃关注着物质规则的造型、形状和大小。与之相反，爱奥尼亚学派的哲学家主要热衷于研究物质、物质发生的变化以及生物的起源。而能够以同样的热忱既投身于抽象的王国又投身于无限丰盛的有机物世界的哲人，世间非亚里士多德莫属，他强大的精神把真正的哲学思想与实践研究完美地汇集于一身。

许多关于自然地理的优秀著作在导言中都含有一段天文学知识，这部分内容首先讲述地球作为行星受制于太阳，然后再分析地球与太阳系的关系。这种写作构架与我对本书的设计完全相反。在一部描述宇宙的著作中，天文学不应只是处在从属于地球学的地位，要知道天文学被康德称为“太空的自然史”。古老的哥白尼派科学家——萨摩斯岛的阿里斯塔克——两千年前就已经说过：“太阳（与同伴一起）是宇宙无数星辰中的一个。”一幅具有普遍性的宇宙图景必须从充盈在太空中的天体讲起，从对宇宙的图像展示开始，这即是本意上的宇宙图景，威廉·赫歇尔就曾首先大胆绘制出了一幅这样的宇宙图画。我们的地球尽管甚为微小，却在宇宙学中占据了大部分篇幅，而且得到了最为详尽的论述，但这也只是因为我们对天文学和地球学所掌握的知识在数量上不对等，能够获得的相关经验也极不均等。在伟大的地理学家瓦伦纽斯 17 世纪中期的著作中，我们就可以看到天文学位于一个从属的地位。他对一般地理学和特殊地理学做了严格区分，又把前者划分为地球地理学和行星地理学，描述了地球不同地域的地表状况、地球上观测到的太阳和月球的活动以及地球与太阳、月球之间的关系。瓦伦纽斯的一个不可磨灭的功绩在于，他的关于一般地理学和比较地理学的构思设计引起了牛顿的高度关注；但是由于瓦伦纽斯当时赖以汲取素材的辅助性学科还存在缺陷，所以他的论述与创作一部宇宙学巨著的恢宏事业还尚不匹配。而撰写一部最广义的比较地理学杰作则是专属于我们当今时代的任务，这部著作应该映照出人类的历史，映照出地表样貌与民族迁徙方向及文明进步之间的关系。

本书虽然叙述了很多学科分支，但它们都汇聚在整个自然科学中，如同万道光芒汇聚于同一个焦点。我在人生晚年斗胆发表的这部著作之所以选择了“宇宙”这样一个标题，也正是因为这本书汇总并且贯通了这些学科。书的题目听上去可能会比写作本身更为大胆，不过我为本书的创作设定了一个范围。我尽可能避免使用专门学科中表示一般性概念的新名称，术语的扩展也仅限于用来表述动植物学中的个别事物。我在此使用的“自然宇宙学”这一名称，是根据早已通用的“自然地理学”一词模仿而成。内容上的扩充以及对宇宙整体的描述，大到遥远的星云，小到给岩石着上颜色的、分布在不同气候带的有机物，都要求我必须在书中引入新的概念。受制于人类以前较为局限的视野，“地球”和“宇宙”这两个概念在德语的应用中长期以来相互交融渗透、彼此替代（如“环游世界”“世界地图”“新世界”[①]），这种交融的程度有多么深厚，人们内心对两者进行科学区分的需求就有多么强烈。另有一些美丽的、较为正确的表述如“宇宙”“太空”“天体”“创世界”，它们代表了所有物质、地球以及遥远星体的化身和起源，这些概念都证明对

① 注：此处“世界”一词即为“宇宙”。

"宇宙"和"世界"两者做出区分是多么有必要。为了更加坚定隆重地显示这种区别，我在本书的标题前加上了"宇宙"一词，这是一种旧时的表达方式。"宇宙"在荷马时代的原意为"装饰"和"秩序"，后来演变为哲学概念，演变为表示宇宙秩序以及充斥在太空的全部物质——即宇宙本身——的科学称谓。

地球上的现象变化无常，要发现其中的规律或运作法则实在是困难重重，所以人类的思想很早就优先被天体和谐有序的运动深深吸引。古代史学者奥古斯特·博克（A.Böckh）对菲洛劳斯留下的真迹片段进行了卓越的整理。根据菲洛劳斯的见证，根据整个古典时代的一致见证，是毕达哥拉斯首先使用了"宇宙"一词表示"宇宙秩序""宇宙"以及"太空"。经由毕达哥拉斯哲学学派，"宇宙"融入了自然诗人［巴门尼德（Parmenides of Elea）、恩培多克勒（Empedocles）］的语言，后来也渐渐出现在散文家的笔下。按照毕达哥拉斯的用法，"宇宙"一词的复数形式有时也指代环绕"宇宙发源地"转动的天体（行星）或者星系，菲洛劳斯甚至还曾经对"奥林波斯"（意指天空）、"宇宙""天穹"作以区别，不过这些不是我们在此要探讨的内容。在我对宇宙学的设计构想中，"宇宙"代表天空、地球和所有的星体，这是毕达哥拉斯之后最普遍的用法，也是《论宇宙》（*de Mundo*）的无名氏作者对"宇宙"所做的定义，这本书长期以来被认为是亚里士多德所著。mundes 一词在拉丁语中原本表示"装饰"，甚至连"秩序"的含义都不包括，但是罗马的哲学人士沉迷于模仿，遂把mundes标注成了"宇宙"。很可能是昆图斯·恩纽斯（Q. Ennius）对希腊语中具有双重含义的 Kosmos（宇宙）一词进行了直译，编撰出了一个新的词汇引入拉丁语，昆图斯·恩纽斯是毕达哥拉斯学派的门徒，翻译了埃庇卡摩斯（Epicharmus）或是其模仿者所著的毕达哥拉斯学派哲学原理。

假如所有相关的素材全都具备的话，那么一部关于"自然宇宙史"的著作从广义上讲应该描述宇宙在时间荏苒中所经历过的所有变迁。例如，从突然出现在天穹上熊熊放光的新星，到正在消散的或是向中心聚拢的星云，再到那些成片生长在冰冷的裸露地表或是凸起的珊瑚礁上的细微植物组织。同理，一部"自然宇宙学"著作讲述的应该是宇宙当中所有共存的事物、一切自然力量的共同作用以及自然力量生成的全部存在的共同作用。在理解自然方面，不能把“现有的存在”和“发展”绝对分开，因为不只是有机物会永不停息地生发与消亡，地球的全部活动也都是如此，无论处在何种阶段，它们都会让人联想起地球曾经历的沧海桑田之变。层层叠压的岩石圈构成了地表的大部分，岩石中深藏着一个几乎完全覆灭的世界的踪迹；这些踪迹向世间宣告，曾经有过一系列的生物，存在过，被取代过；它们把过去亿万年间繁衍生息过的动植物一同呈现在观者的眼前。从这个意义上讲，自然学和博物志不可能完全分离。不借助于历史的话，地质学家就无法对当前的地质状况做出判断。在地球的自然全貌中，两者彼此渗透相互融合。这就像在广阔的语言领域，语源学学者可以在当前的语法形式中看到其折射出的语言发展和形态演化，可以在当今时代回望到塑造了语言的历史。在物质世界中，这种能够反映历史的折射就更为明显，因为我们能够亲眼见到类似产物的形成与发展。这里引用一个地质学的例子，在不同类型的岩石当中，粗面岩锥形山、玄武岩、浮岩层和渣状玄武岩都以各自独特的方式深刻影响着自然景观。面对这些岩石，人类不禁浮想联翩，它们就好像是在向我们娓娓道来太古时代的神秘往事。岩石的形状就是岩石的历史。

认识一种存在，就要从其规模和内在本质去看待它，只有这样，存在才是完整的，才可以被视为一种“历经过变化以后的状态”。古典时期希腊人和罗马人对 Historie（历史）一词的应用，就充分证实了“存在”和“变化”这两个概念之间初始的交融。在亚里士多德的动物学著作中，Historie 意为对研究对象和感官能够捕捉到的经验的讲述，尽管这并不符合罗马语法学家维里乌斯·弗拉库斯（Verrius Flaccus）对该词给出的定义。古罗马作家老普林尼（Plinius）[①] 撰写了一部自然学著作，标题是 *Historia Naturalis*，在其养子小普林尼书写的信中，这本书被尊称为《博物志》。古典时期最早的历史学家在写作时对于国家概况和发生在这些国家的历史事件很少做出区分，地理学和历史学由此长期交融并存，后来由于政治利益增长、国家政权活跃，地理学受到驱逐，从而演变为专门学科。

① 老普林尼别称 Pling the Elder，区别于小普林尼（Pliny the Younger）。小普林尼早年丧父，被舅舅老普林尼收为养子。——译者注

第2章

相关科学论述

· *Wissenschaftliche Behandlung einer physischen Weltbeschreibung* ·

只有当对自然现象进行归纳分类的时候，人们才能在一些同类现象中领悟到统帅其中的宏大而简单的自然法则。自然科学越细致越完善，我们可以觉察到的自然法则统领的范围也就变得越大。

宇宙中的现象千千万万，想要用统一的思想、用纯粹理性的因果关系概括它们，从经验性知识的现状来看，我认为是不可能做到的。经验性知识的建构和积累永远不可能全部完成，感官的经验亦是浩瀚无涯永不枯竭，没有任何一代人可以骄傲地宣称他们洞穿了宇宙的全部精髓。只有当对自然现象进行归纳分类的时候，人们才能在一些同类现象中领悟到统帅其中的宏大而简单的自然法则。自然科学越细致越完善，我们可以觉察到的自然法则统领的范围也就变得越大。比如，对于地球固体部分和大气层中的那些受到电磁力、热传播、光传播影响的自然现象，我们如今有了新的认识；再比如，动植物组织看似是通过细胞增多以及细胞转化而生成，但是有机物的演化进程显示，所有成形的有机物在此之前就已经颇具雏形。——这些新发现都充分证明自然法则统治的范围对于人类而言是在持续扩展的。很多自然法则最初看似只适用于一些较小的领域和孤立出现的现象群，后来它们被普遍化，但实际上这些自然法则中存在着很多层次上的细微差异。当人们集中研究同类的、相似的物质时，已知自然法则的作用范围就会随之扩大，它们之间思想上的关联性也会愈加清晰。由于物质特殊属性与多相性的参与，那些单纯建立在原子论设想基础上的观点就显示出了它们的局限性。因为我们一贯在理解事物上追求统一性，所以这时候就会陷入一种深不可测的矛盾状态。世间确实存在着某些独特的自然力量，它们生发运作，执掌着物质世界。近年来化学家凭借出色的敏锐性，幸运而又成功地在一些原子论的代表性物质中发现了某些可以显示数量关系的自然法则，不过关于这方面的研究由来已久。这些法则截至目前都还是孤立存在，不遵从运动学领域的规律。

人类的觉察力可以感知到的事物全都是大千世界里各种各样的细节，这些细节可以依照逻辑划分为不同的属纲和类型，这是人们描述自然时使用的一种排序方式，可是它却被冠上了一个狂妄的名称——“自然系统”，我之前也曾对此做过谴责。物种的序列当然可以简化对有机物以及它们彼此之间线性关系的研究，但作为目录索引，序列只是一种形式上的纽带，它带来的更多是描述方面的统一性，而不是认知方面的统一性。由于自然法则覆盖的

◀ 洪堡家族位于柏林泰格尔的故居内景。

现象群组有大有小，涉及的有机形态的范围有宽有窄，所以对自然法则的抽象概括会显示出不同的层次。同理，经验性的研究也存在不同的层次。经验性研究始于对零散的观察结果进行分类和排序，这样一来“观察”就发展为“实验”，人们预想到自然事物之间以及自然力量之间存在着内部关联，然后根据这种主导性假设，创造特定的条件以促成某些现象产生。在类比和归纳的基础上，那些通过观察和实验获得的认知引导出了经验性法则。这些时刻都是长于观察的理性思维在洞察事物时必然会经历的节点，它们也标志着各民族自然科学史上的特别时刻。

人类的全部知识体系都被两种类型的抽象概念所统领：一种是“量”，也就是按照数量和体积对物质进行探索；另一种是“质”，即按照成分属性对物质进行研究。前者更易获得，属于数学范畴，后者属于化学范畴。为了从数量层面理解自然现象，人们建构了原子论，认为物质由原子组成，原子的数量、形状、位置和极性决定了各种自然现象的面貌。也有一些观点认为一切有机物都由不可计量的物质组成并且拥有各自独特的生命力，这样的传说扰乱和蒙蔽了我们对自然的看法。人们认知事物都有不同的前提，认知的形式也是多种多样，人类就在这样的条件下积累了很多经验性知识，现在它们又在迅速增长，这些经验性知识也带来了沉重的负担。人类的理性一边在苦思冥想探求真相，一边又在勇敢地尝试打破古旧的思维模式。这个过程有时顺利一些，有时艰辛一些，人类习惯于借助固定的思维模式、机械的结构和象征性的意象理解那些看似矛盾的物质。

也许有朝一日，我们所有的感性认知都会转化为人类对自然的统一认识，但我们距离这一时刻还很遥远。这一天究竟会不会到来，也十分值得怀疑。不过自然现象错综复杂，宇宙浩瀚无边，这足以让希望化为乌有。虽然我们无法洞察宇宙的全部，但对其中部分问题做出解答并追求对宇宙现象的理解，却永远是自然研究的最高目标。本书专注描述经验性的观察，这与之前的著作风格一致，也符合我的工作性质，我多年来主要投身于实验、测量和对事实真相的论证，“经验性的观察”是我唯一比较有把握的领域。这是一部关于经验性知识的论著，更是一部知识的集合体，它并不排斥对已发现的事物按照主导理论进行排序，对特殊事物进行一般性概括，以及对经验性自然法则进行探究。但是思考性的认知以及对宇宙的理性理解却是一个更为高尚的目标。我不会由于某些研究没有取得可信的成果而去指责它们，因为我自己也没有尝试过这些研究。当代的自然哲学体系多方误解了它的研究对象，也完全违背了那些具有深刻思想影响的思想家的意图和建议，而恰恰是他们推动了那些古典时代就已经特有的对于理性认知宇宙的追求。在德国，自然哲学体系有一段时间险些让我们偏离了严肃的、与国家物质丰盛息息相关的数学和物理科学。那是纯思想性自然知识庆祝的一次农神节，欢快而短暂。这样的自然知识痴狂沉迷于自己的占有之物，说着离奇的象征性语言，推行着比中世纪更为狭隘的公式主义。它年轻气盛，大肆滥用高贵的自然之力。我再次重复这一表述：滥用自然之力。那些严肃的、既能领悟哲学又能尊重观察的精神导师对此类农神节唯恐避之不及。如果自然哲学像自己所说的那样，致力于理性理解真实的宇宙现象，那么经验性的知识和各部分都已成形（假如有可能的话）的自然哲学就不可能相互矛盾。如果两者出现矛盾，那么究其缘由，不是因为哲学设想过于空洞，就是因为经验知识过于狂妄，经验知识自认为更能够被实践所证实，而不太能够被实践所解释。

人们可能会把“自然”与人类的“精神领域”对立起来，就好像精神不属于自然整体的一部分；或者把“自然”与“艺术”对立起来，把艺术在一种更高的意义上视为人类一切精神生产力的象征。不过，这样的对峙并不一定会必然导致自然与人类智识发生分离，所以“自然宇宙学”并不会沦落为实践经验种种细节的单纯汇总。当人类的精神掌握了来自自然的素材时，当粗粝的感性经验臣服于理性的认知时，科学就开始起步了；科学是面向自然的精神。只有当我们的内心接受外部世界时，只有当外部世界促使我们内心生发出一种对自然的见解时，对我们而言外部世界才真实存在。精神和语言密不可分，一个是人类的思想，一个是点化万物的言辞，这是一种神奇的经验。同样，外部世界也与人类最深的内在、思想和感受水乳交融般地合为一体，只是我们并没有意识到。“外部现象就这样被转化成内心的想象，”黑格尔（G. W. F. Hegel）在《历史哲学》中如是说道。我们设想出了一个客观世界，它同时也在折射我们的内在，这个客观世界受制于人类恒常的、必然的以及决定一切的精神形式。人类的智识活动处理的是经由感官觉受积累起来的各种素材。人类在少年时期即对自然展开了朴素的观察，对它有了最初的认识和理解，那时自然哲学的观念就已经在激荡，它们有的活跃一些，有的沉静一些，因为各民族在情绪状态、个性特点以及文化水平上的差异而各有不同。在一种内在必然性的推动下，当思想开始加工感性认知的时候，人类的“精神劳动”就开始了。

人类一次又一次做出勇敢的尝试，想要理解自然现象的斑斓世界，想要发现能够贯穿宇宙、调动宇宙、破解宇宙的全息力量，其中的心路历程历史都被我们一一记下。在遥远的古典时代，这些尝试升华为生理学和爱奥尼亚学派的元素学说，因为那时候经验性的知识并不广泛（实践经验匮乏），所以精神思想上的追求以及通过理性认知去理解自然的方式就占据了主导地位。此后自然科学的各个科目都经历了辉煌的发展，确切的经验性知识有了极大增长，于是，人类最初的那种欲望逐渐冷却了下来，不再热衷于追求通过理性认知的概念结构来推导现象的本质以及它们作为自然整体的统一性。自然哲学中的数学部分在近代全面成形、倍加完善，实在是可喜可贺，同时它的方法和工具（分析）也得到了优化。对原子论世界观有意义的应用、与自然更普遍更直接的接触、新学科新事物的萌生形成——这些多种多样的途径让人类获得了共有的经验性知识的财富。在古典时代，这样的知识就被哲学作为素材拿来应用；而在今天，我们同样不应阻拦样貌各异的哲学思潮自由运用这些经验性知识。不过在被哲学运用的过程中，经验性知识有时也面临遭受损坏的危险。哲学思潮永远变化多端，出现这种情况也不足为奇，谢林就曾在《布鲁诺》一文中一言以蔽之：“很多人认为哲学本身只是昙花一现的现象，所以即使那些较重大的哲学理论体系在民众看来也只是如流星般短命，认为这些思想体系不属于世间永恒持久的作品，只是刹那间在长空一划即逝的火球而已。”

不过，滥用精神劳动或在思想上误入歧途，并不一定都会让人们产生一种反智的想法，以为思想世界本质上就是幻象的宗教，以为人类千百年来汇集而来的经验性认知的丰沛宝藏会受到哲学这个敌对势力的威胁。有人抵制一切对概念进行普遍化的做法；有人把建立在归纳与类比基础上深入研究自然现象之间关联的所有尝试都当作没有根基的假设而予以拒绝；自然赋予了人类多种不同的高贵品质，但有人不是诅咒这个思考因果关系的理性，就是痛斥那个活跃的、具有启发性的、为发现和创造所必需的想象力。对我们当今的时代精神而言，这些全都实属不该。

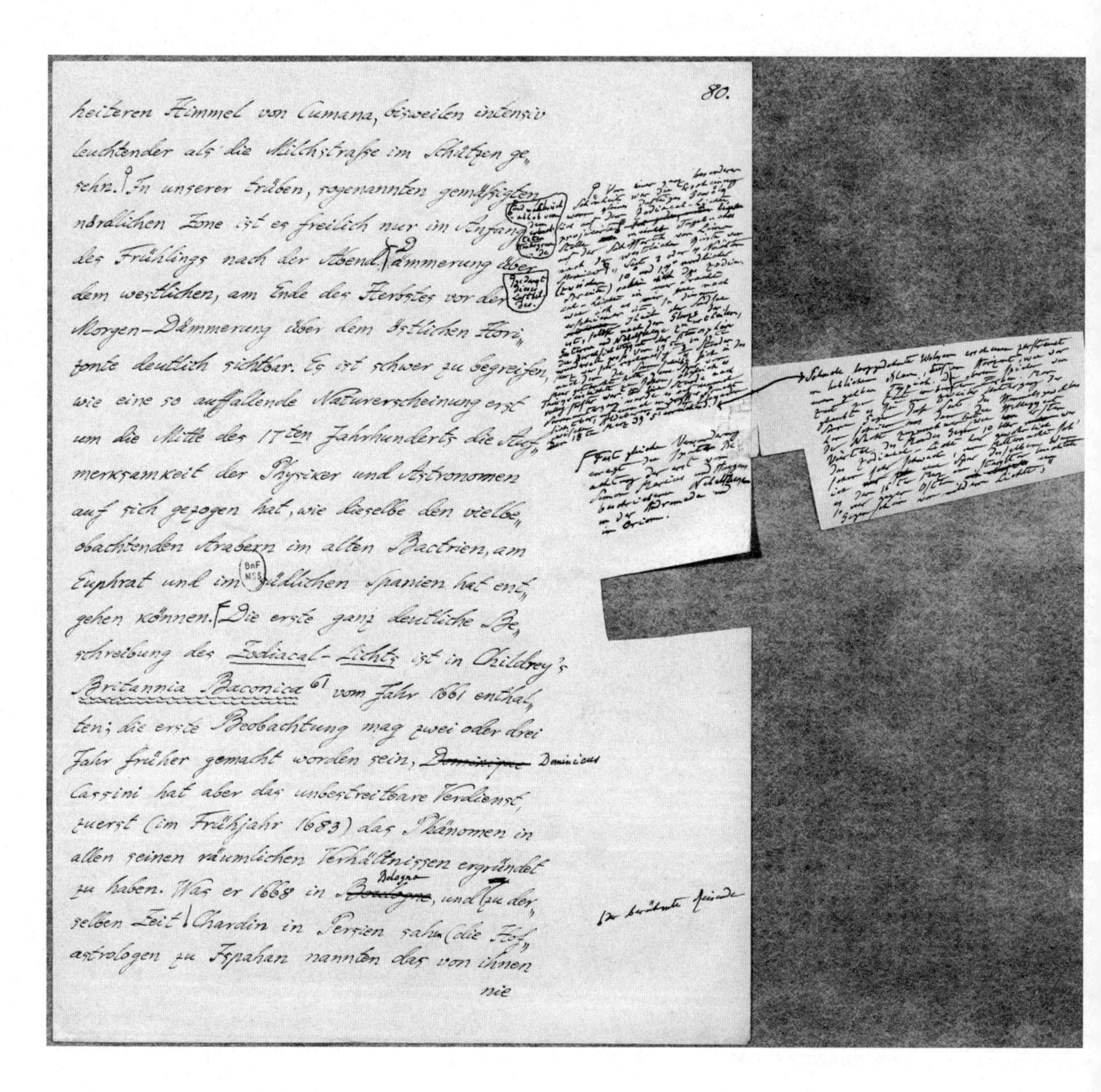

80.

heiteren Himmel von Cumana, bisweilen intensiv
leuchtender als die Milchstraße im Schützen ge-
sehn. In unserer trüben, sogenannten gemäßigten
nördlichen Zone ist es freilich nur im Anfang
des Frühlings nach der Abend-Dämmerung über
dem westlichen, am Ende des Herbstes vor der
Morgen-Dämmerung über dem östlichen Hori-
zonte deutlich sichtbar. Es ist schwer zu begreifen,
wie eine so auffallende Naturerscheinung erst
um die Mitte des 17ten Jahrhunderts die Auf-
merksamkeit der Physiker und Astronomen
auf sich gezogen hat, wie dieselbe den vielbe-
obachtenden Arabern im alten Bactrien, am
Euphrat und im südlichen Spanien hat ent-
gehen können. Die erste ganz deutliche Be-
schreibung des Zodiacal-Lichts ist in Childrey's
Britannia Baconica 61 vom Jahr 1661 enthal-
ten; die erste Beobachtung mag zwei oder drei
Jahr früher gemacht worden sein. ~~Dominique~~ Dominicus
Cassini hat aber das unbestreitbare Verdienst,
zuerst (im Frühjahr 1683) das Phänomen in
allen seinen räumlichen Verhältnissen ergründet
zu haben. Was er 1668 in ~~Boulogne~~ Bologna, und zu der-
selben Zeit Chardin in Persien sah (die Hof-
astrologen zu Ispahan nannten das von ihnen
nie

《宇宙》手稿的其中一页，上面可见亚历山大·洪堡的修改痕迹。

第三篇（上）

自然之画卷——自然现象概述：太空

·Naturgemälde. Allgemeine Übersicht der Erscheinungen: Uranologischer Teil des Kosmos·

我们从最遥远的星云、从联袂旋转的双星出发，一路向下走来，目睹了陆地上和海洋中最微小的生物，也发现了生长在雪峰悬崖裸露岩石上的植物嫩芽。这些自然现象被按照部分已知的自然法则进行了分类。不过有机世界中最高等的生物的生存空间，却是由另外一些神秘法则管辖统领，它就是人类的世界，人类族群有着不同的外形，拥有天赋的精神力量，创造了精妙的语言。自然画卷卷终之处，即是人类智慧开始升起的地方。

暮年时期的亚历山大·洪堡画像（Julius Schrader 绘于 1859 年）。

第1章
开　　篇

· *Einleitung* ·

当人类的精神有胆量掌握自然现象的物质世界时，当人类的精神在思索一切存在的同时想要洞穿自然生机的丰盛玄妙并且破解各种自然力量如何施以统治时，它就会感到自己被抬升至一个别样的高度。

少年洪堡

1803 年，34 岁的洪堡

1804 年，35 岁的洪堡

中年洪堡

晚年洪堡

1857 年，88 岁的洪堡

当人类的精神有胆量掌握自然现象的物质世界时，当人类的精神在思索一切存在的同时想要洞穿自然生机的丰盛玄妙并且破解各种自然力量如何施以统治时，它就会感到自己被抬升至一个别样的高度。从这里向下看，天际苍茫，消失在太虚之中，单个的物质就好像是成群分布在空中，仿佛都被淡香环绕。之所以选择这样一个具有画面感的表达，是为了显示我们所处的立足点，现在我们就站在这里观察宇宙，从太空和地球两个部分来形象地描绘宇宙。这样的行为有多么冒险，我不是不知道。为了绘制出一幅宇宙画卷，本书采用了多种描述方式，难度自是不言而喻，但更难的还是对宇宙画卷的设计，因为我们的讲述不应淹没在不可胜数的物质当中，而只应驻足于那些重大的、在现实当中或在主观思想体系上彼此不同的事物。只有通过对事物进行分类和排列，通过潜入未知的统治力量在宇宙间展开的游戏，通过创造一种能够真实反映感性觉知的形象生动的语言表述，我们才可以去尝试勾勒和描绘宇宙。“宇宙”是一个宏大的词汇，意为“世界秩序”“秩序的饰物”，它自有一份尊严。除了这样的写作手法，我们别无其他选择。汇入这幅宇宙画卷的自然元素各不相同，内容浩瀚数不胜数，但愿这种丰富性不会影响到本书宁静而统一的和谐印象，毕竟这才是所有文学与艺术构想追求的最终目标。

太空幽幽，深邃不可思量。让我们从最遥远的星云开始画起，然后逐级降落，穿过太阳系所属的星层，下笔至被空气与海洋包裹的地球，勾勒它的形状，感受它的温度与磁力，再泼墨于丰盈的有机生物，它们因光热而生，在地球表面蔓延繁衍。寥寥几笔，一幅宇宙的图景就勾画出了上至深不可测的太空，下至动植物王国的微生物，这些微生物居住在静止的水域和风化的岩石层。迄今为止，人们对自然界可以观察到的现象在各个层面都做了严谨的研究，而所有这些成果都构成了本书书写的素材，展开叙述的方式要依据素材而设计。那些可察觉的自然现象本身就见证了叙述的真实性。我们在绪论中铺陈开的这幅描绘性宇宙画卷不应只是探究自然现象的细节，它不需要为了获得完整性而逐一列举所有的生命形态、自然物质和自然界的种种进程。

◀ 不同时期的亚历山大·洪堡画像。

科学界惯于对已知的和搜集到的事物进行无休止的分化，这种趋势正在大肆横行，而一个俯瞰大局的思想者必须逆流而上，要避免被经验性知识的浩瀚所淹没。物质固有的力量，用自然哲学的话说也就是它们的力量表现，大多都还未被发现。所以单从这个意义上看，我们不可能全部发现整体中的统一性。我们一方面为已经获得的知识感到喜悦，另一方面又是满心惆怅，因为我们有着不懈的追求精神，不满足于当今的时代，渴望探索尚未开发的未知领域。这种渴望牢牢地系紧了人类精神中的一条纽带，根据那些掌握了思想世界内在核心的古老法则，纽带的一端连接着感性，另一端连接着非感性；这种渴望也激活了两个事物间的交流，一个是人类心境对世界的感知，另一个是人类心境对世界发自深处的回馈。

如果说自然从这个意义上以及从其范围和内容上看都是无穷无尽的，那么对于人类的智识而言，自然同样也是不可思议的，而且在人类关于自然力量合力作用的因果关系的普遍认知中，自然是一个不可解的难题。当人们对事物的存在和发展只是进行直接的研究，且不敢背离经验性的道路以及严格的归纳法时，这样的坦白是恰当的。虽然我们渴望洞察宇宙全貌的永恒追求不能得到满足，但是绪论中其他部分出现的“世界观史”却向我们展示了几百年来人类如何逐渐在一定范围内明晓了自然现象之间相对制约的关系。我的任务就是把人类同时获悉的各种知识，以当今的规范、明晰而又提纲挈领地呈现出来。对于宇宙中运动的和不断变化的物质，寻求其“平均数”是最终目的，因为平均数向我们展示了变化中的恒常，展现了自然现象虽会消逝流转却又往复不断的图景；近代以测量和称重为主的物理学取得了确凿的进步，进步的标志主要就是获得和修正了某些数值的平均数。所以说，我们文字里唯一保留下来的并且广泛流传的象形符号——数字——又重新成为宇宙间的霸权，就像在昔日的毕达哥拉斯学派时期一样，不过是从更为广阔的意义上而言。

严肃的研究者总是喜欢简单明了的数字，因为这些数字可以表示重要的量值，例如太空的规模，天体的大小与摄动，地磁三要素，大气压的平均值，以及太阳每年或每个时段向地球固体或液体表面上某个地点辐射的热量值。但是自然诗人不会对数字感到满足，民众的好奇心也不会得到满足。对这两者而言，当今的科学寂寥无趣得犹如荒漠，因为很多人们曾经以为可以解释的问题现在都被科学断然驳回，不是受到质疑就是被认为无法作答。科学的形式更加严格，科学的外衣更加狭窄，所以科学被剥夺了它诱惑的魅力，而那种教条的且具有象征色彩的物理学曾经正是透过这种魅力，迷惑人类的理性，听任人类的想象力任意驰骋。在发现新大陆之前的很长一段时间里，人们一直笃信可以从加那利群岛和亚速尔群岛看到其以西的国家。他们看到的，其实是海市蜃楼的景象，那不是由于光线不同寻常的折射所引起，那只是内心对远方和彼岸的强烈渴望所致。希腊的自然哲学，中世纪的物理学，就连中世纪以后几百年间的物理学，全都奉上了大量这样幻惑人的空中楼阁。知也有涯，站在有限知识的边缘，就仿佛站在一座岛屿的岸边，抬起眼睛，目光会情不自禁投向远方。对于超常和奇迹的信仰会给每一种思想产物都勾勒出特定的轮廓。那个想象力的王国，也就是那个飘荡着关于宇宙之梦、地质之梦、磁力之梦的奇迹世界，会势不可挡地与真实世界融为一体。

“自然”一词包含多重含义，有时指全部的存在和发展，有时指内在的动态力量，有时指一切现象神秘的初始景象，但对于人类简单的感觉与情感而言，自然首先是尘世的，是与人类相接近的。我们只有在有机物构成的生物圈中才能辨认出自己赖以生存的故乡。如果大地的怀抱绽放着遍野的花朵，托举着累累的果实，养育着无数种动物，那么在这样的地方，自然的景象就会更加生动地呈现在我们的灵魂面前。人类对自然的感知首先是聚焦于地球的，这是因为，对人类的感受而言，闪闪繁星在天幕编织的地毯和无穷无尽的太空都属于浩瀚宇宙中的景象。群星汇聚，它们的体积数量不可估量；银河熠熠，其光晕不可胜数；这一切让我们心生赞叹，又让我们满怀惊异。仰望这样一幅看似苍茫荒凉的画面，我们无法感到那种有机生物能够带来的直观印象，所以会被一种巨大的陌生感击中。按照人类最早的物理学观点，天空和土地在空间方位上分别代表上和下，是彼此分离的。如果要绘制一幅只是满足感性认知要求的宇宙画卷，那么就要先从故乡的土地开始下笔着色，描绘地球的大小、形状，随着深度逐渐增加的密度和温度，以及那些层层叠压的固体层和液体层。这样的一幅画卷会泼墨刻画海洋与陆地的分离，会描绘海洋和陆地孕育出的由细胞组织构成的动植物生命，会渲染气流汹涌的大气层；这大气层的底部，是森林密布的山脉，起起伏伏宛若大海中的礁石与浅滩。描绘完地球的样貌之后，这幅画卷会接着把目光投向天空。地球，这个我们熟悉的有机形态繁衍生息的地方，这时候才被看作是一颗行星，在此跃升为一系列天体中的一员，围绕着自行发光的星星运转。这样的写作思路反映了人类最初的感性认知的发展方式，不免让人想起那个关于陆地的古老传说——陆地高举天空，浮在水面，周边有无尽的海洋环绕。这种思路从感受出发，从已知的近处的事物出发，再延伸到未知的遥远的事物，它符合我们天文学教材采用的从数学角度来看值得推荐的方法。这种方法在研究天体运动时，先着眼于天体的视运动，然后再过渡到天体的真实运动。

但是如果一部著作意在概述已知的科学成果以及那些根据当前的知识水平被认为是确切的或是很有可能的结论，而不是意在为这些结论提供证据，那么它就应该采取另一种写作思路，就不能从主观的立场和人类的兴趣出发。有关地球的内容只能作为宇宙整体所包含的一个部分出现。对宇宙的理解应该带有普遍性，应该是宏大且自由的。我们不能因为地球在近处，更加宜人，相对有用，就限制了对宇宙全局的审视。所以一部自然宇宙学著作，一幅宇宙画卷，不应起始于地球，而是要从弥漫于太空的物质讲起。随着视线范围聚焦缩小，不同物种独特的丰盛性就会更加清晰地显露出来，自然现象也显得越发繁盛，人类关于物质属性异质性的认知也丰富了起来。宇宙苍茫，我们迄今只发现重力法则主宰其中，现在，让我们离开重力掌控的宇宙太空，俯身来到地球，静观地球无限生机中多种自然力量交织的游戏。这里运用的描绘方法与论证科研结果的方法是截然相反的，前者旨在综述后者已经证明的结论。

第2章
星　　云

· Nebelflecke ·

一部分宇宙物质聚拢成拥有不同密度和体积的旋转的天体，另一部分宇宙物质弥散在太空成为云雾状自行发光的星云。如果我们观察星云这种以特定形状出现的星际空间中的云雾尘埃，就会察觉到星云的物质状态总是处在不断变化之中。

人类通过感官觉察外部世界。天穹上闪烁的光芒告诉我们，遥远的太空也有物质存在。眼睛是观望宇宙的器官。两个半世纪以来，望远镜的发明赋予了人们一种力量，这种力量至今尚未开发完毕。人类对宇宙最初最普遍的观察就是观察“宇宙的内容”，观察宇宙物质和“一切存有”的分布，“存有”也即是人们常说的“存在”与“发展”。我们看到，一部分宇宙物质聚拢成拥有不同密度和体积的旋转的天体，另一部分宇宙物质弥散在太空成为云雾状自行发光的星云。如果我们观察星云这种以特定形状出现的星际空间中的云雾尘埃，就会察觉到星云的物质状态总是处在不断变化之中。体积较小的时候，星云看似呈现为圆形或椭圆形的盘状，单独或成对出现，两者有时由光束相连；当星云的直径较大时，它的形状多种多样，有的弥漫开来，有的沿着多重分支延伸，形状如同扇子或是边界清晰、中间为黑暗物质的指环。人们认为星云之所以呈现出不同的形态并且处在持续变化的过程中，是因为星云中的星际物质在引力作用下向着一个或多个星云核心聚拢。人们已经统计到将近2500个这样不可分的星云，并且确定了它们的方位，即使倍数最强大的望远镜也看不出这些星云当中存在其他天体。

宇宙太空也有缘起，也会发展，永远处于变化之中，这就让苦心思索的观察者不禁要把太空和有机生命现象进行比较。我们在森林里可以同时看到同一种树木所有的生长阶段，可以从各种生命现象共存的景象中领悟到生命的发展过程，所以当我们仰望星空，凝视天穹上的“宇宙花园”时，我们看到的是各种处于不同发展阶段的星辰。古希腊哲学家阿那克西美尼（Anaximenes）和整个爱奥尼亚学派教给我们的“万物的凝聚收缩机制”，仿佛就这样全部一一展现在眼前。太空作为人类研究和猜测的对象，对人类的想象力尤其具有无穷的吸引力。人们痴迷于观察有机生命圈，痴迷于研究宇宙间所有的内部动力，沉迷的程度自不必言说，但其中最吸引人的还不是关于“存有”的认知，而是关于“形成”的认知，虽然这种“形成”也只是现有物质演化生出的新形态。不过对于真正意义上的“造物”，即创造行为本身，对于“产生”，即“无”之后“有”的开始，我们既没有概念也没有

◀ 洪堡童年的故居——泰格尔别墅。

经验。

在时光的无限流转中，星云或多或少都会向其核心聚拢。人们不仅通过对星云不同发展阶段的比较，而且通过直接连续的观察，首先在仙女座，接下来在南船座和猎户座大星云独立的纤维状部分，发现星云的形态确有发生变化。当然由于使用仪器的光线强度不同，大气层的状态不尽相同，另外还有其他光学因素存在，所以人们得到的部分观察结果是否能被视为真实的历史事件，还值得怀疑。

真正意义上的星云形状多种多样，各个组成部分的光亮程度不同，其中某些星云的规模会逐渐减小，有可能聚集成恒星；还有一些星云是所谓的“行星状星云”，它们呈圆形或椭圆形盘状，整体都发出均匀温和的光芒；这些星云都与“云雾状天体”（疏散星团）不同，不能把它们混为一谈。“云雾状天体”并不是指某些熠熠发光的星星偶然出现在云雾状的太空背景上，而是说那些云雾状物质和包裹在其中的星星共同构成了一个整体。它们显现出的直径通常都非常庞大，发出的光芒也传播了非常遥远的距离。可以想见，行星状星云和云雾状天体的规模是何等巨大。天文学家阿拉戈新近发表的研究文章睿智地指出，直径可测量的圆盘或一个单独发光点所发出的光线强度全都受到距离的制约，而且距离的远近会对光线的强弱造成非常不同的影响。由此看来，行星状星云有可能就是非常遥远的“云雾状天体”，因为距离太过遥远，即使是天文望远镜也无法识别出“云雾状天体”的中央星与其外围云雾层之间的差异。

位于南纬 50° 与 80° 之间的南天星空，非常美妙壮丽，那里分布着尤其多的“云雾状天体”和凝聚起来的不可分的星云。大小两个麦哲伦星云环绕着南极，那里的夜空没有星辰，荒凉又寂寞。根据威廉·赫歇尔的最新研究，大麦哲伦星云“是一种奇妙的组合，它汇集了星群、大小不等的云雾状天体组成的球状星团以及不可分的星云，这些星云照亮了视线所及之处，仿佛构成了一幅画的背景”。麦哲伦云，星光流淌的南船座，还有位于天蝎座、半人马座、南十字座之间的银河——整个南天星空都在流光溢彩，那种瑰丽壮阔深入骨髓、叩问心灵，让我永生难忘。冉冉升起的黄道光像金字塔一般悬立在天边，它光芒柔和，永远装饰着热带夜空。黄道光可能是位于地球和火星之间旋转的云雾状环形物质，也可能是太阳最外层的气体，不过这种可能性要低一些。有些确凿的研究一致认为，除了这些具有特定形状的星云和云雾，星际空间中还存在着一种非常细微的大概不会发光的物质，它们发出的阻力作用使得恩克彗星和比拉彗星的轨道偏心率减小、轨道周期缩短。可以想见，这些太空中具有阻力的星际物质处于运动状态，并受到重力作用的影响，尽管它们本身非常稀薄，但其密度会在临近太阳的地方明显增加，由于彗尾向太空泄漏微尘，所以亿万年来这些星际物质都在不断增多。

Mono tigre, Cara rajada vulg. Spec.) cinereus ([illegible], [illegible]
tacheté de gris et de blanc) abdomine ex flavo-rufescente, [illegible]
et capite zonis tribus longitudinalibus parallelis pictis.
culae 2 albescentes supra oculos. Facies [illegible] pilis tecta nigresce[illegible]
Oculi maximi flavi. Vibrissae albae breves. Linea dorsalis fusce[illegible]
ceres. Caput felis. Pollices praesertim pedum distantes. Ungue[illegible]
planiusculi. Manus interne albi. Cauda ad ~~[illegible]~~ dimidiam partem [illegible]
gra, corpore 1/3 longior. Long. corporis 9 1/2 poll. il a la poi[illegible]
Nasus ater, linea alba longi. Caudae 14 1/4 — très large [illegible]
tudinali notatus. altitudo .. 3 3/4 — membres très [illegible] et musculeuse.
Le poil est très fin et agreable au toucher. On fait
[illegible] Tabac au Rio negro, comme de la peau [illegible]

aures exterio-res fere nulli. on ne voit que d'im-menses trous.

Tête tigre.

洪堡手迹。

第3章
星　　球

· *Sterne* ·

如果把宇宙太空比喻为地球上岛屿众多的一片海洋，那么就可以把充盈在宇宙中的物质想象为成片分布的群岛。有些物质汇聚成不可分的星云，形成于不同的年代，有一个或多个核心，有些物质汇聚成密集的星团或是孤零的星球。

云雾状物质漂浮在浩渺的太空中，呈现为以太的形式，有时候它们弥散开来，无形无状无边无际；有时候它们又汇聚成为星云。现在，让我们掠过这些星际物质，逐渐靠近宇宙当中那密集坚固的一部分，它就是宇宙中的另一种存在——星球。即使是密集物质，它们也有不同的硬度和密度。太阳系的行星都有中等密度，但每个行星的密度各不相同。如果把从水星到火星的行星跟太阳和木星进行比较，再把后两者与密度更低的土星进行对照，就会得出一组密度逐级下降的序列。倘若用地球上的物质做类比，那就好像是按照密度大小依次对锑、蜂蜜、水和冷杉木进行排列。在太阳系囊括的所有“独特的自然形态”中，彗星是数量最多的一类，但即使是彗星中密度较大的我们称之为“彗核”或“彗头”的部分，星光也可以直接穿透，不会发生折射。彗星的质量大概永远都不会达到地球质量的五千分之一。宇宙中的物质最初因缘起而聚合，后来又于聚合中发展，成形的过程多种多样。我们从最普遍的形态讲起，不过此处有必要描述物质聚合的多样性，因为它不是一种潜在的可能性，而是宇宙当中真实的存有。

汤姆斯·莱特（T. Wright）、康德、约翰·朗伯（J. H. Lambert）曾经从理性的推论出发，对宇宙的架构、对物质在太空的分布做出了种种预测，而威廉·赫歇尔则通过确切的观察和测量深度探索了他们的猜想。伟大的威廉·赫歇尔对科学研究满怀热情，治学又非常小心严谨，是他首先把铅垂线延伸到太空获取数据，用来确定我们所居住的这个独立星层的范围和形状；也是他首先勇敢地阐明了那些遥远的星云相对于我们的星层位于何处，距离又有多远。威廉·赫歇尔打破了太空的边界，他墓碑上雕刻的一行美丽文字如是说道，他“像哥伦布一样率先驶进了一片未知的宇宙之海，看见了它绵延的海岸，看见了它突兀的岛屿，但最终确定这些海岸和岛屿位置的任务却是要留给后来人了”。

望远镜固定视野里出现的星辰有时稀少有时密集，星光的强弱也各有不同，这些现象不禁让观察者想到：星球距离我们远近不同，它们分布在星球所构成的太空层的不同位置。此类界定宇宙组成部分范围大小的设想，当然

◀ 泰格尔别墅的园林风景。（高虹 / 摄）

不会像某些天文领域那样能够展现出同等的数学般的确定性。在关于太阳系，关于以不同速度环绕同一重心旋转的双星，关于天体视运动和真实运动的认知方面，我们都已经十分确定。倘若一部自然宇宙学著作首先从最遥远的星云开始讲起，那么人们就会倾向于把它跟宇宙史的神话部分进行比较。两者都开始于昏暗朦胧的冥古时期，起源于深不可测的太空；当真实世界趋于消失的时候，人类的想象力就变得倍加活跃，它从自己丰厚的内涵中挖掘创造，赋予不确切的变化中的事物以特定轮廓，使其长久流传于世间。

如果把宇宙太空比喻为地球上岛屿众多的一片海洋，那么就可以把充盈在宇宙中的物质想象为成片分布的群岛。有些物质汇聚成不可分的星云，形成于不同的年代，有一个或多个核心，有些物质汇聚成密集的星团或是孤零的星球。我们所处的星团，也是宇宙的一个岛屿，形似一个孤立存在的扁平透镜，估计其长轴长度为天狼星到地球距离的 700 ～ 800 倍，短轴长度为天狼星到地球距离的 50 ～ 100 倍。半人马座中最明亮的星球的视差（0.9128"）已经确定，倘若天狼星的视差并不比它大，那么光线走过从天狼星到地球的这段距离需要 3 年。贝塞尔早年写过一篇关于天鹅座 61 星视差（0.3483"）的卓越文章，他推断天鹅座 61 的光线到达地球实际需要 9.25 年，不过这颗星自身运动迅速，容易让人以为它距离我们很近。我们所处的星层是一个薄薄的圆盘，圆盘靠外的三分之一部分被分为两个旋臂。据估计，我们处在旋臂分叉处不远的地方，距离天狼星比距离天鹰座更近，从厚度或短轴来看，几乎处在星层的中间位置。

望远镜的视野被划分为有着同等面积的不同区域，每个区域内都有不同数量的星星。对这些星星计数，人们推导出了太阳系在星层的位置以及透镜状星层的形状，这一点之前已经提到过。单位区域内的星星数量有多有少，它们显示出不同方向上星层的厚度。通过这种计数方式可以算出视半径的长度，当延伸出去的铅垂线触及星层底部，因为太空中无所谓上下，更确切地说就是触及星层的最外围时，用这种方法同样也可以得出每次抛出的铅垂线的长度。沿着长轴的方向看去，可以看到大部分星星都前前后后汇聚在这里，最后面的那些星星密集地挤在一起，仿佛融化在一层乳白色的光晕中，它们立体地呈现在天穹，宛若分布在一条环绕着这片天穹的玉带上。这条细细的玉带分出了很多枝杈，散发着瑰丽的光芒，但是光的分布并不均匀，有些地方阴沉暗淡，打断了整体的华彩。这条环形玉带停泊在浩渺太空，相较于一个无限大的圆圈只有几度偏差，这是因为我们的太阳系临近整个星团的中部，几乎与银河处于同一平面。假如太阳系处在星团以外很远的地方，那么透过望远镜看去，银河就会呈现为一个环；如果距离更远的话，银河就会显现为一个可分的盘状星云。

很多自行发光并持续运动的天体（被误称为恒星）构成了我们在宇宙中所处的“太空岛”，其中太阳是唯一一个我们真正通过观察了解到的“中心天体”。之所以这样说，是因为太阳拥有一系列直接受它控制并围绕它旋转的天体，这些天体都是密集的宇宙物质，[①] 如行星、彗星和陨石状小行星。太阳可以掌控行星的运动，可以照亮行星，但是根据我们目前的研究，双星系统中就不存在太阳系的这种典型特征。两个或两个以上自行发光的天体也都是围绕着同一个重心旋转，当前的望远镜无法观察到它们的行星和卫星（如果存在的话）。但这个重心有可能处在一个充满了疏散物质（星际气体、星际尘埃）的空间，而太阳的重心则处在太阳的可见中心体的最内侧以内。如果把太阳和地球或者地球和月亮比作“双星”，把我们的整个太阳系比作一个多层次的“星群”，那么这样的可比性就是建立在受到不同级次引力系统控制的天体运动上，这种运动与天体的发光现象以及照亮方式毫无关系。

要创作一幅宇宙画卷就要对宇宙的各种景致进行概括，概括的时候可以从两个方面观察地球所属的太阳系：首先探索不同类别的密集物质，考察其体积、形状、密度以及太阳系里天体之间的距离；其次探究我们所处星团中的其他物质，研究太阳在星团内部发生的位移。

① 当时的天文学家认为宇宙间存在多种物质，密集的物质就是星球这样的实体，飘散的物质就是稀薄的星云或是尘埃。——译者注

洪堡与邦普兰雕像。

第4章

太 阳 系

· Unser Sonnensystem ·

太阳系是指围绕太阳旋转的多种形态各异的宇宙物质。根据目前所知，太阳系由11颗主要行星，18颗卫星，无数颗彗星组成，这三种天体都不会离开主要行星的狭小领地。下列天体大概也隶属于太阳的辖区，处在太阳引力作用的范围以内：首先是可能位于金星轨道和火星轨道之间的环形云雾状物质，我们确定它超过了地球轨道，处在地球的外侧，这就是从地球上看呈现出金字塔形状的黄道光；其次是小行星带。

太阳系是指围绕太阳旋转的多种形态各异的宇宙物质。根据目前所知，太阳系由 11 颗主要行星，18 颗卫星，无数颗彗星组成，这三种天体都不会离开主要行星的狭小领地。下列天体大概也隶属于太阳的辖区，处在太阳引力作用的范围以内：首先是可能位于金星轨道和火星轨道之间的环形云雾状物质，我们确定它超过了地球轨道，处在地球的外侧，这就是从地球上看呈现出金字塔形状的黄道光；其次是小行星带，它们的轨道或是与地球轨道相交或是临近地球轨道，此类小行星显现为从天而降的陨石，就是夜空上一闪而过的流星。这些天体形态各异，沿着各自的偏心率或大或小的轨道绕日运转。考虑到它们的复杂性，我们就不能认同《天体力学》的伟大作者拉普拉斯的一个观点，他认为大部分彗星都是从一个中心体系漫游到另一个中心体系的星云。行星系统是一组携带卫星在小偏心率轨道上绕日旋转的天体，行星系统只是整个太阳系的一小部分，这不是从质量上而言，而是从个体数量上而言，这一点我们必须承认。

灶神星、婚神星、谷神星、智神星的轨道相互交错，轨道倾斜度高，偏心率较大，我们把这些小行星视为太阳系内部的空间分割带，把它们看作一个位于太阳系中部的群落。沿这条空间分割带看去，可以把太阳系的行星分为两类：一类是靠近太阳的行星——水星、金星、地球、火星；另一类是距离太阳较远的行星——木星、土星、天王星。这两类行星有很多明显的差异。小行星带内侧的距离太阳较近的行星，体积适中，密度较大，自转速度慢，自转时间大致相同（约 24 小时），扁率较小，除地球以外都没有卫星。小行星带外侧的距离太阳较远的行星，体积庞大，密度是前者的五分之一，围绕轴线的自转速度比前者快两倍多，扁率较大，并且携带的卫星多。如果天王星确实拥有 6 颗卫星，那么两类行星拥有卫星数量的比例就是 17∶1。

我们概括了不同行星群落的某些特征，但是这些概括并不适用于每个行星群落内部的各个独立行星。行星距离中心天体的远近与行星的绝对体积、密度、自转时间、偏心率、轨道倾斜度以及自转轴倾斜度之间有着什么样的关系，就不能套用以上特征。迄今为止，我们尚未发现一种内在的必然联系

◀ 1831 年的洪堡画像（W. Pickersgill 绘）

或力学自然法则，能让行星及其轨道的上述六要素之间产生彼此制约的关系，也未发现行星到中心天体的平均距离会影响到这些要素。火星距离太阳稍远一些，比地球和金星的体积都大，在所有已知的较大行星中，火星的直径与邻近太阳的水星的直径最为接近；土星比木星小，但比天王星大很多。体积上微不足道的小行星汇聚成带，以太阳为起点来看，它们位于最庞大的行星——木星的前面；不过很多小行星的截面大小不易测量，其面积不足法国、马达加斯加或者婆罗洲（Borneo）土地面积的 1.5 倍。距离太阳最远的行星体积也最为庞大，而且密度低得惊人，但我们在此还是难以得出规律性的定论。天王星的密度看来又比土星的密度大，即使我们以天文学家拉蒙特（J. von Lamont）算出的较小的密度值 1/24605 为准，也是如此。太阳系近日的几个行星虽然密度差异不大，但地球内外两侧的金星和火星的密度都比地球低。从整体上看，距离太阳越远，行星的自转时间越短，但是火星的自转时间就比地球长，土星的自转时间也比木星长。所有行星当中，轨道偏心率最大的是具有椭圆形轨道的婚神星、智神星和水星，轨道偏心率最小的是金星和地球这两个比邻的行星。水星和金星的轨道偏心率也有很大差异，此差异与四颗小行星轨道偏心率之间的差异程度等同。这些小行星的轨道相互交错，婚神星和智神星的轨道偏心率相同，都比谷神星和灶神星的轨道偏心率大三倍。同样，行星轨道面与黄道平面之间的夹角以及自转轴与轨道之间的夹角也都各不相同。和轨道偏心率相比，自转轴与轨道间的夹角在更大程度上决定了行星的气候、四季变化和昼夜长短。行星中的婚神星、智神星和水星的轨道偏心率最大，它们的轨道与黄道面之间的夹角也最大，只是数值相对前者小一些。智神星的轨道与黄道面之间的夹角呈彗星状，几乎是木星同一指标的 26 倍；灶神星临近智神星，体积较小，灶神星轨道与黄道面的夹角几乎是木星轨道与黄道面夹角的 6 倍。我们对太阳系行星中的四五颗行星的自转平面尚有几分确切了解，但是它们自转轴的夹角也没有表现出规律性的排列。天王星是太阳系中最外围的行星，人们最近确切观察到了天王星的两颗卫星（2 号和 4 号），根据卫星来判断，天王星自转轴与轨道之间的夹角不到 11°；土星位于木星和天王星之间，木星的自转轴近乎垂直，天王星的自转轴几乎贴近轨道面。

我在这里从空间关系上展现了天体世界，它是宇宙当中真实的存在，不是可以从智性视角审视的对象，也不是通过因果关系就能洞悉其间的内在关联。行星系统的要素包括行星的绝对体积、轨道倾斜度、自转轴的倾斜度、密度、自转时间、轨道偏心率，对人类而言，这些要素是自然存在的事实，就像地球表面海洋和陆地的分布，就像大陆的轮廓，山脉的高度，都是自然的存有。从这个角度来看，无论是在浩渺的太空，还是在地球表面的高山低地，都找不到具有普遍性的法则。所有这一切都是宇宙呈现出的既成"事实"，那是宇宙的多重力量在我们无法知晓的状况下运作、角逐、较量之后应运而生的产物。因为人们无法解释行星起源形成的种种，所以就会觉得行星是"偶然生成"。如果说围绕太阳旋转的环形云雾状物质在凝聚之后形成了行星，那么这些环状物质各自不同的厚度、密度、温度和电磁压就给了它们生成不同形态的契机，就像平抛运动中初速度和方向上的细微变化都会造成不同形状与角度的抛物线。引力和重力法则当然也在这一过程中发挥了作用，就像影响了大陆隆起等地质现象一样，但是我们无法从事物当前的形态推导出它们从无到有所经历过的所有形态。行星到太阳的距离被人们看作是一个所谓的法则，也就是数列，当年开普勒（J. Kepler）就曾因为这个数列中缺少一项，因而猜测在火星和木星之间还存在一个可以填补这项空缺的行星。但是该法则并没有准确计算出水星、金星、地球三者之间的距离，又因为这个数列假想出了第一项，所以人们认为这样的命名违反了数列的概念规则。

人们迄今发现了 11 颗围绕太阳运行的主行星，这些主行星又同时被卫星环绕着，已知确认的卫星有 14 颗，估计总共有 18 颗卫星，主行星又是其下属系统的中央天体。在宇宙的建构上，我们看到了一种有机生物发展同样遵循的形成规律，在那些由多种生命形态构成的复杂的动植物种属中，下属一级的生物都会重复上一级的形态，这是生物形成发展中的典型现象。卫星主要出现在距离太阳较远的地方，位于轨道交错的小行星带以外。小行星带内侧的主行星除了地球以外都没有卫星，地球的卫星相对很庞大，因为月球直径是地球直径的 1/4，而已知卫星中最大的一颗——土卫六——的直径可能是主星直径的 1/17，木星卫星中最大的木卫三的直径是主星的 1/26。携带卫星最多的行星都距离太阳非常遥远，它们体积相对庞大，密度很低，形状扁平。

根据天文学家冯·马德勒（J. H. von Mädler）的最新测量，天王星的扁率最大，达到1/9′92。地球和月亮之间的平均距离是51800地理里[①]，两者在质量和直径上的差异没有那么大，不像我们通常在太阳系其他主行星和卫星或是在其他级次的天体中所见到的那样。月亮的密度比地球的密度小5/9[②]，如果可以足够相信目前关于天体体积和密度的测定的话，那么在所有环绕木星的卫星当中，木卫二的密度大于木星的密度。

人类探索了太阳系中存在的卫星，对其中14颗卫星的状况较有把握。土星卫星系统包括7颗卫星，这些卫星在绝对体积以及距离主行星远近方面都有着巨大的差异。土卫六很可能不比火星小多少，而月亮的直径只是火星的一半。土星最外侧两颗卫星（土卫六、土卫七）的体积最接近木卫三，木卫三是木星卫星中最亮的一颗。但土星最内侧的两颗卫星体积就非常小，威廉·赫歇尔1789年通过自制的“四十英尺天文望远镜”发现了它们，后来约翰·赫歇尔（J. Herschel）在好望角、弗朗西斯科·德维克（F. de Vico）在罗马、拉蒙特在慕尼黑再次看到了它们。这两颗土星卫星，可能还有非常遥远的天王星卫星，都属于太阳系中最小的天体，只有在观测条件非常理想的状况下，用最高倍的望远镜才能看到。确定卫星“真实”的直径，通过测量卫星圆盘的视面积而推导出卫星的直径，这都需要面对很多光学上的难题。我们从地球的角度观察天体，发现天体的运动会表现出特定规律，数学天文学可以提前算出天体的运动进程，数学天文学只专注于天体的运动和质量，并不太关注天体的体积。

到主行星绝对距离最远的卫星是土星最外侧的土卫七，它与土星的距离达到50万地理里，是地月距离的十倍。木星最外侧的木卫四距离木星只有260000地理里；假如天王星的第六颗卫星确实存在，那么它和天王星相距340000地理里。如果研究太阳系中每个主行星及其卫星构成的天体系统，把主行星的体积与主行星到最外侧卫星轨道之间的距离进行比较分析，就会发现它们的比例关系各不相同。倘若把主行星的半径长度看作一个单位，那么天王星、土星、木星最外侧的卫星到主行星的距离就分别是91，64，27。土

① 1地理里为7420.44米，即地球赤道周长的五千四百分之一。——译者注
② 在洪堡时代，人们的认知如此。——译者注

星最外侧的卫星到土星中心的距离只比地月距离远 1/15，距离主行星最近的卫星无疑是土星最内侧的土卫一，它也是唯一自转时间小于 24 小时的卫星。根据冯·马德勒和威廉·比尔（W. Beer）的观测，如果以土星半径长度为一个单位，那么土卫一到土星中心的距离就是 2.47，也就是 20022 地理里。而土卫一距离土星表面却只有 11870 地理里，距离土星光环最外缘甚至只有 1229 地理里。这个距离有多近，旅行者只要听听弗雷德里克·比奇（F. W. Beechey）船长说过的一句话就可想而知了，这位勇敢的水手说他在三年内行驶了 18200 地理里。木卫一到木星中心的距离比月亮到地球的距离要远 6500 地理里，如果我们不标注主行星和卫星之间的绝对距离，而是使用主行星半径作为长度单位来表示的话，那么木卫一到木星中心就只有 6 个木星半径的距离，而月亮与地球之间的距离却是 60⅓ 个地球半径。

下属卫星系统的运作同样反映出引力法则的威力，引力作用控制着卫星与主行星以及卫星与卫星之间的关系，也统帅着环绕太阳运行的主行星。土星、木星和地球的总共 12 颗卫星都跟它们的主行星一样，从西向东运行，它们的椭圆形轨道与圆形相差甚少。只有月球，大概还有土星最内侧的土卫一（0.068）——它们的偏心率大于木星的偏心率，贝塞尔对土卫六（0.029）做过精确观测，它的偏心率超过了地球的偏心率。太阳系的最外侧边缘距离太阳有 19 个日地距离，太阳的引力作用在此已经显著降低，天王星的卫星系统就位于这里。虽然人们对天王星的卫星还尚未进行深入研究，但却已经发现它们与其他行星的卫星都大相径庭。所有其他卫星以及行星的轨道与黄道面构成的夹角都很小，土星的光环（融化了的或未经分离的卫星）也不例外，它们都是从西向东运转；但天王星的卫星却几乎是垂直站立在黄道面上，从东向西倒着运行，这是约翰·赫歇尔多年观察证实的结论。如果说行星和卫星是在太阳尘埃云以及行星尘埃云的收缩作用之下，由旋转的环形云雾状物质构成，那么在这些环绕天王星旋转的环形云雾状物质中，一定曾经出现过特殊的、不为我们所知的阻碍或是反冲，以至于造成了天王星第二颗和第四颗卫星的轨道运行方向与中心天体自转方向相反的事实。

所有卫星的自转周期都极可能与它们环绕行星的公转周期相同，所以当与行星两相对望时，卫星展示的永远都是同一面。公转过程中一些小的变化会引起不规则的运动，这就造成了卫星沿着经纬线方向发生 6° ～ 8° 的振荡（天平动）。如此这般，我们看到的月球表面就会大于月球面积的 1/2，有时能看到更多东部和北部的边缘，有时能看到更多西部和南部的边缘。由于天平动的影响，覆盖月球南极的马拉柏特环形山、焦亚陨石坑周边的北极风貌、恩底弥翁环形山附近面积超过汽海的广阔灰色平原都变得更为清晰可见。如果没有新的意想不到的外力侵入的话，3/7 的月球表面将永远不在我们的视线之内。宇宙中的这些现象不禁令人心生联想，因为人类的精神世界也存在着近乎相同的情形，思考留下的足迹亦是如此。人类深入研究自然界未知的部分，探索创造了一切的原初之力，这里同样也有着边远的、看似无法企及的领域。几千年来这些地带时不时向人们展现出一条细细的光圈，这熠熠闪烁的，有时是真相之光，有时是幻惑之光。

第5章

彗　　星

· Kometen ·

在对彗星进行科学审视时，我们主要集中在几个特定方面，我们会比较不同彗星的彗核、彗尾在形状上的区别，列举彗星在运行中接近了哪些天体，描述彗星轨道远日点和近日点的位置以及运行周期。

到这里，我们已经观察了行星、卫星以及密集物质构成的光环，位于太阳系最外侧的行星中至少有一个携带光环。这些天体都是宇宙挥毫一气呵成的作品，天体之间的引力彼此牵引相互制约。在所有于各自的轨道上环绕太阳运行并被太阳照亮的天体当中，我们还要提到那些无数成群结队的彗星。考虑到彗星的轨道分布均匀，彗星的近日点有一个范围，而且地球上的人可能看不到彗星，所以我们根据概率算法计算就会发现有无数颗彗星存在，其数目之多超出了人类的想象。开普勒向来言语生动，他曾说过太空中的彗星比深海里的鱼还要多。已经被计算出轨道的彗星不足150颗，但那些被我们捕捉到踪迹的彗星估计有六七百颗，通过已知的星座我们可以或多或少察觉到一些彗星的出现和运行。西方的古老民族——古希腊人和古罗马人——间或记载了首次观察到彗星的地点，但却从未描述过它们的轨道，而中国人长于观测自然，详细记载了观测到的天象，这些文献都曾描绘到每一颗彗星在长天划过星座的景象。有关的最久远的文字记载要追溯到公元前五百多年，其中一些至今仍被天文学家使用。

在所有的行星天体中，彗星的密度最小（根据迄今的观测，其质量远不足地球质量的五千分之一），但彗星占据的空间却最大，它们张开数百万德里[①]长的彗尾，无限壮观。[②]彗星发散出一个反射光线的云雾状圆锥体彗尾，人们在1680年和1811年看到彗星的时候，认为彗尾的长度与日地距离相同。日地距离有多远？如果以太阳和地球为起点画一条线，那么这条线会与金星和水星的运行轨道相交。地球的大气层很有可能在1819年和1823年混入了彗尾的云雾。

彗星的形状千姿百态，这些各异的形状更多地属于每颗彗星的个体特征，而不属于彗星作为整体的特征。彗星是身在旅途的“光云”——色诺芬尼（Xenophánes）和与帕普斯（Pappus）同时代的天文学家赛翁（Theon）就已

◀ 柏林街边的洪堡塑像。

① 德里是19世纪德国使用的长度单位，1德里=7532.5米。——译者注

② 洪堡把围绕太阳公转的自身不发光的星体都称为行星。但是现在认为彗星不是行星。——译者注

经这样称呼彗星，所以对一颗彗星的描述并不能轻易用在另一颗彗星上。最微弱的小彗星通常没有可见的彗尾，等同于威廉·赫歇尔所说的星云。它们是一团闪着暗光的圆形云雾，靠近中央的区域亮度增强。这是彗星中最简单的一个类型，但它并不残缺，不是因为蒸发而衰竭老去的天体。较大的彗星有“彗头”（彗核）和一条或多条“彗尾”，中国的天文学家形象地称它们为“扫帚星”。彗核通常没有确切的边界，尽管它们偶尔也像一等星、二等星那样亮。1402 年、1532 年、1577 年、1744 年、1834 年彗星出没的时候，人们即使在灿烂的阳光下也看到了那些璀璨发光的大彗星。这种情况说明某些彗星是由密度较大的具有强烈反光特性的物质构成。威廉·赫歇尔的大型望远镜也只观测到过两颗边缘清晰的圆盘状彗星，一颗 1807 年发现于西西里岛，另一颗绚烂美丽，发现于 1811 年。一颗的视角为 1″，另一颗的视角为 0″.77，由此可知它们的真实直径分别是 134 德里和 107 德里。1798 年、1805 年观测到的彗星的彗核边界较不清晰，其直径只有 6 到 7 德里长。很多人们深入研究过的彗星，尤其是上面提及的发现于 1811 年的彗星，都有这样的现象，那就是在彗核以及包裹彗核的云雾状彗发的外围，出现了一片较为黑暗的空间，完全割断了彗核与彗尾的连接。彗核的光亮强度并不会向着中心方向均匀增加，因为发出强光的区域会受到与彗核拥有同一圆心的云雾的多方阻隔。彗尾有时是一条，有时是两条，偶尔（1807 年、1834 年）会出现两条长度差异悬殊的彗尾；1744 年看到的彗星（60°开口）就是如此，其中一条彗尾的长度是另一条的 6 倍；彗尾或直或弯，它不是处在彗核两侧向外伸展，就是大幅凸起偏向彗星前行的方向；有时彗尾甚至是弯曲的，像火焰一般。据法国汉学家爱德华·毕奥（E. Biot）考证，中国天文学家早在 837 年就已经发现：彗尾总是背向太阳；如果在想象中延长彗尾的中心线，那么这条线将会穿过太阳中心。在欧洲直到 16 世纪弗拉卡斯托罗（G. Fracastoro）和阿皮亚努斯（P. Apianus）才向世人宣布了这一发现，发表了更进一步的观察结果。我们可以把彗星发散的物质视为一个内壁薄厚不一的劈锥曲面体外罩，用这种观点可以轻松解释很多奇异的光学现象。

彗星彼此大相径庭，不仅是因为它们形状各异，而且其形态也会发生迅速改变。戈特弗里德·海因修斯（Heinsius）在圣彼得堡观察到了 1744 年出现的彗星，贝塞尔在柯尼斯堡观察到了1835年最后一次回归的哈雷彗星。两位天文学家以此为契机，精确且出色地描述了其间彗星形状发生的变化。彗核前面朝向太阳的部分散发出一束束长短不同的彗发，而那些向后弯曲的彗发则构成了彗尾的一部分。贝塞尔描述道："哈雷彗星的彗核与彗发看起来就像一个燃烧着的火箭，彗尾在风力作用下偏向两侧。"阿拉戈和我连续几晚在巴黎天文台观看了哈雷彗星，发自彗核周边的彗发在这几个夜晚呈现出完全不同的形状。贝塞尔根据多次测量的结果和理论思考做出推断："彗星的发光圆锥体的左右两侧都明显背离太阳的方向，但它们却又一次次回到朝向太阳的方向，然后再从那里跳跃到背离太阳的方向；彗星光线流溢的圆锥体以及散发并制造了这个圆锥体的彗核，都在轨道平面做着一种旋转的或者说更像是往复摇摆的运动。"贝塞尔认为："太阳向天体发出的一般引力不足以解释彗星的这种摆动，摆动本身显示出一组反向的对抗力，它一方面吸引彗星的一半朝向太阳，另一方面又力求让彗星的另一半背离太阳。地球磁力的极性也展现出类似的现象；如果说地磁极性也受到太阳影响的话，那么其中的一种影响就体现在分点的提前上。"如何正确阐释这些现象，这些阐释又建立在怎样的原因之上，这都不是我们此处要深究的话题；但引人深思的观察以及关于彗星——太阳系所有天体中最美妙的存在——的卓见，在我们这幅宇宙画卷中却是万万不可缺席的。

按照一般规律，彗星在近日点时体积和亮度都会增加，并且背离太阳。但1823年光顾地球的彗星却是一个引人深思的特例：它有两条彗尾，一条彗尾朝向太阳，另一条彗尾背离太阳，两条彗尾之间的夹角达到160°。彗星有自己的极性变化，极性的分布和传导不同步，这些都可能导致彗星在特殊情况下散发出两条流畅的云雾状物质构成的彗尾。

由于彗星向外发散云雾状物质，亚里士多德的自然哲学把彗星现象与银河奇异地联系起来。无数星辰汇聚成银河，自成一个发光的集合，横跨天穹的这条玉带在亚里士多德看来就像是一颗庞大的彗星，在永不停息地变化更新。

有时候恒星会被彗星的彗核或是彗核周围的云雾状包层（彗发）所覆盖，这种现象可以用来揭示美妙的彗星究竟有着什么样的物理属性。但是现在还缺乏相关的观测，还不能确切证明彗星在覆盖恒星时彗头的中心与恒星的中心是完全重叠的。这是因为彗头内靠近彗核的部分分布着密度不等的圆盘状云雾，它们都是同心圆，有的稠密，有的稀薄，这一点我们前面提到过。贝塞尔在1835年9月29日观察到一个现象，根据他的精确测量，当时有一颗十等星与哈雷彗星的彗核中心相距7″.78，这颗星穿过了哈雷彗星浓密的云雾，穿透了云雾的所有部分，但其星光的直线运动却始终没有受到影响，这一点确凿无疑。如果彗核确实不含有能够让光产生折射的物质，那么我们就难以认为彗星是由气体状流体物质构成。光线可以穿透彗星而不发生折射，这仅仅是因为彗星物质是几乎无限稀薄的流体吗？抑或是彗星由“分离的原子”组成，构成了“宇宙云”，不再影响穿透其中的光线？就像地球大气层中的云也并不会改变星体及太阳边缘的天顶角距。人们发现，当彗星从星体前面掠过时，彗星的光亮会明显减弱。这是因为，彗星处在明亮的背景之下，那里正有星辰熠熠生辉。

阿拉戈做的偏振镜实验揭示了彗星光线的属性，他的实验是人们所做的相关研究中最重要也最有决定性的研究。阿拉戈的偏振镜实验可以向我们解释太阳和彗星的物理结构，并且能够判断一束从数百万德里以外到达地球的光是直射光还是反射光，如果是直射光，偏振镜实验还可以辨别出光源究竟是固体、液体还是气体。阿拉戈在巴黎天文台用同一台偏振镜研究了五车二（御夫座α）的星光和1819年出现的大彗星的光，后者发射出偏振光，也就是反射光，而五车二则如同所预料的被证实为一颗自行发光的恒星。彗星偏振光的存在并不只是反映在图像的不同上，还更多地反映在对比色的反差上，阿拉戈1811年发现的显色偏振可以说明这一点。哈雷彗星1835年重现地球时显示出反差更为强烈的对比色，因此进一步证实了彗星偏振光的存在。至于彗星除了反射太阳光以外是否也会自行发光，阿拉戈的精妙实验也不能给出确定的答案。真正意义上的行星，例如金星，也很有可能会自行发光。

彗星的亮度会发生变化，这并不完全是由于彗星处在轨道的位置以及它距离太阳的远近造成。对于某些具体的彗星而言，这一现象无疑也说明了彗星内在的变化，例如，彗星物质可能变得密集，光线的反射能力有可能加强也有可能减弱。赫维留斯（J. Hevelius）和天赋卓越的法国天文学家瓦尔兹

（B. Valz）发现，1618年出现的彗星和那颗轨道运行时间为三年的彗星在近日点时彗核变小，在远日点时彗核变大，而这种奇怪的现象很久以来都未被关注到。彗核体积随着距离太阳的远近而发生变化的规律极其明显，但我们不能在以太层的液化现象——即距离太阳越近以太层的液化越明显——中寻找这种现象的物理解释。我们难以想象彗星的云雾状包层会呈现为气泡状，也难以想象以太无法穿透彗星的云雾状包层。

彗星椭圆轨道的偏心率各有不同，这一发现使得我们近年来（1819年）对太阳系的认识有了极大提高。恩克发现了一颗轨道运行时间非常短的彗星，它完全处在太阳系行星轨道之内，其远日点即在小行星带和木星轨道之间。如果说婚神星的轨道偏心率（偏心率最大的行星轨道）是0.255，那么恩克彗星的轨道偏心率就是0.845。人们多次用肉眼看到了恩克彗星，如1819年在欧洲，1822年在澳大利亚［据吕姆克（C. L. C. Rümker）记载］，虽然观察的过程比较困难。恩克彗星的轨道运行时间是3⅓年，天文学家仔细比较了它重返近日点的时间，发现了一个奇怪的事实，在1786年到1838年期间，恩克彗星围绕轨道运行一周的时间每次都在规律性地减少，也就是在52年间减少了1.8天。这种奇怪的现象不禁让天文学家猜测，宇宙空间中极有可能弥散着一种能够产生阻力的云雾状物质，他们注意到行星会发生摄动，而这种假设可以让观察到的事实和计算结果协调统一起来。切向力受阻力影响而减小，彗星的长轴也随之减小。阻力的常数在恩克彗星穿过近日点之前和之后看似有所不同，这可能是恩克彗星在近日点时形状发生变化以及以太层厚度不均所致。这些现象本身及其相关研究都是近年来天文学中最有趣的成果。恩克彗星的出现曾经启发人们更加严格地核实了木星的质量，因为木星对所有的摄动计算都具有重大意义。而在此之后，恩克彗星的轨道运行也让人们初次计算出了水星的质量，虽然这只是一个比实际质量要小的接近值。

恩克彗星是人类发现的第一颗短周期彗星，轨道运行时间为3⅓年，不久之后在1826年又有第二颗彗星出现在人们的视野中，它的远日点在木星与土星轨道之间且偏近木星轨道的位置，这就是比拉彗星，运行周期为6¾年。比拉彗星比恩克彗星还要黯淡，运行方向与恩克彗星相同，都与行星同方向公转，而哈雷彗星则是与所有行星逆向而行。比拉彗星首次确凿地向我们展示，彗星是可以切入地球轨道的。如果我们把每一种不同寻常的、在有历史记载的年代里尚未出现过的、且不能确定其结果的自然现象定义为危险的话，那么比拉彗星的轨道就有可能带来危险。这些小天体速度极快，能够发出非常可观的力量。虽然拉普拉斯证实 1770 年出现的彗星的质量不足地球质量的 1/5000，但他较为确切地认定，通常情况下彗星的平均质量都在地球质量的十万分之一以下（即约为月球质量的 1/1200）。比拉彗星穿越地球轨道并不意味着它就会与地球相遇或者靠近地球，我们不能把这些混为一谈。1832 年 10 月 29 日比拉彗星穿过地球轨道，但当时地球还需要一整月的运行时间才能到达两条轨道的交点。恩克和比拉这两颗短周期彗星的轨道也彼此相交，有天文学家著文表示，此类小型天体一贯受到行星引发的摄动影响，如果这样的小天体于 10 月中旬相遇，那么它们就有可能向地球居民上演一场精妙的宇宙之战，它们或者彼此进攻侵入，或者相互依附胶着，或者因为蒸发而衰竭毁灭。这些现象的发生是因为小天体受到其他天体干扰而改变方向，或者也只是轨道相交引发的后果。在浩瀚的太空中，如此这般的纷战亿万年来无穷无尽无休无止，它们都是孤立发生的事件，对宇宙的整体和形态没有影响，就好像地球上某地火山爆发或者倒塌，而地球却依旧安然无恙。

法叶（H.Faye）1843 年 11 月 22 日在巴黎天文台发现了第三颗短周期彗星，它的椭圆形轨道比迄今发现的任何一颗彗星都更接近于圆形，位于火星和土星轨道之间。根据戈尔德施密特（H. M. S. Goldschmidt）的计算，法叶彗星的轨道已经超出了木星轨道，法叶彗星属于少数几个近日点在火星轨道之外的彗星，它的运行周期为 7.29 年，现在的轨道形状可能是 1839 年末接近木星之后出现的结果。

如果我们把拥有闭合椭圆形轨道的彗星当作太阳系的组成部分，并按照长轴的长度、轨道偏心率、周期长度来观察和判断的话，那么以下几颗彗星从周期长度来看和恩克彗星、比拉彗星、法叶彗星最为相近。它们是：夏尔·梅西耶（C. Messier）1766 年发现的彗星，克劳森（T. Clausen）认为它就是 1819 年出现的第三颗彗星；布朗平（J. -J. Blanpain）发现的彗星，它是 1819 年出现的第四颗彗星，克劳森认为它就是 1743 年出现的彗星；以及莱克塞尔彗星，由于受到邻近木星的吸引，它的轨道发生了重大变化。后两者的运行周期大概也是 5 ～ 6 年，远日点都在木星轨道区域。哈雷彗星对理论和天文学研究都变得格外重要，它最后一次临近地球是在 1835 年，不过此次登场并没有人们想象的那么瑰丽，不似以往出现时的那么壮观。奥伯斯（H. W. Olbers）在 1815 年 3 月 6 日发现了一颗彗星，庞斯（J. -L. Pons）在 1812 年观察到一颗彗星，之后恩克算出了庞斯彗星的椭圆轨道。哈雷、奥伯斯、庞斯这三颗彗星的运行周期都在 70 至 76 年之间，其中后两者肉眼不可见。我们已经确切掌握哈雷彗星 9 次回归的情况，从爱德华・毕奥提供的中国彗星列表来看，列表中记载的 1387 年的彗星轨道就是哈雷彗星的轨道，鲍尔・劳吉尔（Laugier）的计算最近已经证实了这一点。从 1387 年到 1835 年，哈雷彗星的轨道运行时间在 74.91 年和 77.58 年之间摇摆，平均运行时间为 76.1 年。

宇宙间还游荡着一群与上述彗星截然不同的彗星，它们的运行周期长达数千年，其轨道难以精确计算。1811 年出现的美丽彗星运行一个周期需要 3065 年之久［阿格兰德（F. Argelander）计算］，而 1680 年光顾地球的庞大彗星则需要 8800 年（恩克计算）才能完成一个周期。这两颗彗星到太阳的距离分别是天王星到太阳的 21 倍和 44 倍，也就是 84 亿德里和 176 亿德里。即使相距如此遥远，太阳的引力依然作用于它们。1680 年回归的彗星在近日点时每秒钟行驶 53 德里，比地球运行快了 13 倍，但在远日点每秒行驶不足 10 尺。这个速度只是欧洲最迂缓的河流流速的三倍，仅为我测得的奥里诺科河支流卡西基亚雷河流速的一半。在那些无数未经计算或未被发现的彗星当中，极可能还有很多彗星的长轴远远超过 1680 年出现的大彗星的长轴。数字可以帮助我们建立一个大致的概念用来想象这些遥远的空间，我在此不是指引力圈的范围，而是指一颗恒星在空间上与我们的距离，以及 1680 年出现的彗星在远日点时与我们的距离（根据现有的认知这颗彗星是太阳系内最远的天体）。这里必须提到，最新的恒星视差观测得出：离我们最近的恒星与太阳之间的距离比 1680 年的彗星的远日点还要远 250 倍。此彗星到太阳的距离是天王星到太阳的 44 倍，而半人马座 α 星（南门二）与太阳的距离则是天王星到太阳的 11000 倍。根据贝塞尔计算，天鹅座 61 与太阳的距离很有可能是天王星到太阳的 31000 倍。

遥望了距离中心天体最辽远的彗星之后，我们再把目光投向目前观测到的最近的彗星，1770年出现的因为受到木星影响而享誉盛名的莱克塞尔－布克哈特彗星是距离地球最近的彗星。1770年6月28日它与地球之间只有6个地月距离之远，1767年、1779年它曾两次穿过木星的卫星系统，但其轨道并未因此发生任何可以觉察到的变化，人们对莱克塞尔彗星轨道有着深入的研究，所以可以确定这一点。莱克塞尔彗星距离地球很近，1680年出现的大彗星在近日点时与太阳表面的距离只有莱克塞尔彗星到地球的距离的1/8或1/9。1680年12月17日它与太阳的距离只有太阳直径的1/6。近日点在火星轨道之外的彗星因为距离遥远、星光黯淡，所以在地球上很少能被看到。在所有迄今计算在内的彗星当中，只有1729年出现的那颗彗星在近日点时进入智神星和木星轨道之间，最远时甚至位于木星轨道之外。

自从一些有关彗星的科学知识夹杂着大量一知半解的传闻而成为话题，较大规模进入社交生活以来，大家对彗星威胁人类的担心日益增加，实际上这种危险的可能性极为微小。人们的忧虑较以往更为明确，这是因为了解到了下列事实：在已经计算出轨道的彗星当中，存在着以短周期往复出现的侵入地球圈的彗星；木星和土星对彗星的轨道造成了明显的摄动影响，原本看似不具威胁的彗星有可能因此给地球带来危险；比拉彗星的轨道切入地球轨道；星际物质作为一种能够产生阻力的流体，正力图让所有的轨道都变得狭窄；所有的彗星都是独特的个体，各不相同，估计其彗核的质量也有明显差异。人们有了这些具体的天文学知识，对彗星的担忧也就变得具象起来。在以往的岁月，人们对彗星有一种莫名的恐惧，彗星就是悬挂在天穹上熊熊燃烧的“利剑”，就是引发“宇宙着火”的“披着长发的星星”，它们会在人们内心激荡起一种模糊的惶恐之感。

概率论告诉我们大可不必忧虑，不过这些让人宽心的理由只是作用于人的思索研究和理性精神，对于人类内心难以名状的情绪以及想象力却并无甚影响，所以人们指责当代科学正在努力试图化解它自己引发的忧虑，也不无道理。当特别的事物不期而遇时，人类内心充满的是恐惧，而不是喜悦和希望，这是人类的忧郁本性，是人类对事物的严肃审视。彗星形状奇异，光雾朦胧，毫无征兆地突然闯入天空，对地球上所有的民族而言，它们几乎都是一种新的、恐怖的、与现有事物内在关联相敌对的势力。由于彗星只是短暂出现，所以人们相信这种奇异的现象会映照在与此同时或紧随其后发生的事件上，大家把这一连串的事件彼此联系起来，继而从中看出，彗星已经提前宣告了灾祸的到来。只有在我们当前的时代，人们对待彗星的态度有了转变，变得欢快起来。在德国美丽的莱茵河谷与摩泽尔河谷，一片片葡萄藤铺陈开来，葱郁茂密，当地人认为这要归功于一颗彗星的光临，这种长期以来一贯被诅咒的天体此次带来了好运，暗中庇护了葡萄。当前彗星频繁出没，与此相反的经验也不少，但是无论如何，很多人都还是相信那些关于气候的神话，相信宇宙中游荡的彗星可以散发热量。

现在我暂且离开彗星，前去探查另一种更加神秘的密集物质，那是所有小行星中最小的一种，[①] 它们坠入地球大气层，形态残缺，我们称之为陨石。如果说我在这里以及在之前的彗星部分久作停留，娓娓道出其中各种细节的话，那也是我特意为之，虽然在一幅恢宏的自然画卷中本不应该出现这样的细微之处。彗星形态独特各不相同，这一点人们早前已经知道。我们至今对彗星的物理属性所知甚少，彗星虽然一再出现，但我们并未对它们都做过精确的观察。根据我们了解到的些微知识，想要领悟到彗星的共同之处，做到把必然性与偶然性区分开，并按照自然画卷所要求的那样将之描述出来，是有很大难度的。彗星天文学者长期以来不懈地进行观测和计算，取得了令人惊叹的进展。由于受到当前认知水平的限制，在对彗星进行科学审视时，我们主要集中在几个特定方面，我们会比较不同彗星的彗核、彗尾在形状上的区别，列举彗星在运行中接近了哪些天体，描述彗星轨道远日点和近日点的位置以及运行周期。面对这样的自然现象以及接下来将要讲到的自然现象，我们只有通过描绘细节、通过活泼形象地表述自然真相，才能获悉宇宙的真实面目。

① 洪堡把彗星和流星都归为行星了。——译者注

洪堡晚年的签名，此时字迹已经较难辨认。

洪堡在私人信件上的封印。

第6章 流 星

· Aerolithen ·

轻抚陨石，我们幡然领悟，这是我们唯一能够触摸到的地球以外的物质。人类习惯了单纯通过测量、计算、理性总结去认知天外之物，然而一块来自太空的陨石，我们却可以触摸之、称重之、分解之，心中不禁满怀惊诧。在流星现象中人们通常只看到了晴空上忽起火光、乌云乍现、轰隆作响、黑石从天而降、火光随之熄灭，只当其为自然神力的产物。然而人的内心情感却能在此中得到观照、思索、精神升华，并对我们的想象力施以影响。

流星、火流星、陨石大概可以被视为太空中的小天体，它们以行星速度行驶，受到重力法则的统帅，在圆锥曲线轨道上绕日运转。当它们在运行中遇到地球，就会被地球吸引而闯入我们的大气层，它们在大气层边缘燃烧发光，所以常会把一些灼烧过的、有一层黑色发亮外壳的石头状残骸投落地表。1799 年在库马纳、1833 年和 1834 年在北美都发生了周期性的流星雨现象，仔细分析过当时的观察结果之后，我们就不能把火流星与流星区分开来。这两种现象不仅常常同时发生、掺杂在一起，而且还会相互演变为彼此，如果我们比较两者的圆盘大小、火花飞溅的状况、运动的速度，就可以证实这一点。火流星在空中爆裂，喷吐着烟雾，即使是在热带地区的白昼，那亮光也能照亮一切，有时它们的视直径超过了月亮的视直径。人们也看见过缤纷的流星雨，那是无数颗来自同一个辐射点的流星体。它们体积微小，就像一个个运动中的点；它们划过天际，在空中留下一条条发光的磷线。天空上那些亮若星辰、急速运动的发光体中，是不是有一些属性完全不同，这一点我们还不得而知。当年我刚从赤道地区返回欧洲，深觉相对于温带和寒带而言，流星在热带——无论是在最炎热的平原还是在12000～15000英尺的高地——都更加频繁、绚丽，划过天际时留下的光迹也更长久。不过这种印象的产生也只是因为热带大气层的透明度很高，可以看到大气层的更深处。亚历山大·伯恩斯（Alexander Burnes）爵士在布哈拉（Bokhara）旅行时就盛赞当地的天空纯净，所以“流星璀璨瑰丽，在天空上演连连好戏，摄人心魄”。

与陨石相比，火流星更大更光亮，事实上陨石与火流星息息相关，陨石是从火流星上坠落的部分，有时可以砸入地面以下 10 ～ 15 尺的深处。人们分别于 1790 年 7 月 24 日在法国朗德省巴尔博唐、1794 年 6 月 16 日在意大利锡耶纳、1807 年 12 月 14 日在美国康涅狄格州韦斯顿、1821 年 6 月 15 日在法国阿尔代什省观察到陨石坠落，这些陨石以及其他一些实例都共同证实了陨石与火流星之间的相关性。陨石坠落时会上演一番异样情景，有时晴空中突然出现一片片浓密的乌云，伴随着炮击一般的轰隆声，陨石从乌云中被抛甩出去，乌云裹挟着数千个陨石残骸，所向披靡，遮掩了整个地区的天空，

◀ 晚年洪堡在他柏林的工作室。

这些陨石大小不一，但质地相同。偶尔也有例外，几个月前也就是1843年9月16日，有一颗大陨石在雷鸣般的轰响中坠落于德国米尔豪森附近的克莱恩文德，当时天空明亮，并没有乌云产生。陨石被火流星抛向地面，有时候（1822年6月9日出现在法国昂热）火流星的直径还不及我们的罗马焰火那么大，由此也能看出火流星与流星密切相关。

然而还有很多关于流星的细节至今都还笼罩在黑暗之中，我们无从知晓：是什么力量造就了流星？流星内部有什么物理变化和化学变化？那些构成了高密度陨石的分子是否原本呈云雾状，彼此远离，就如同彗星的内部结构，只是当陨石在我们看来开始燃烧发光的时候，火流星内部的这些分子才骤然聚拢在一起？在陨石坠落之前，乌云突起雷声万丈，是何原委？从那些小流星上坠落而下的，是否也有坚实的固体，还是只是一种近似雾霭的含有铁、镍的陨石尘埃？我们可以算出流星、火流星、陨石的体积，知道它们极速运行并拥有行星的速度，了解关于它们的一般性知识，也认得它们单一的形状，但是我们不明晓它们在宇宙中的缘起，不明晓它们是以何种顺序演变而成。从火流星的高度和视直径来估算，较大的火流星的真实直径大约在500～2600英尺之间，倘若陨石在运行时已经是密集物质（但低于地球的平均密度），那么火流星中心就应该只有一个很小的被可燃蒸汽或气体包裹的内核。坠落在巴西巴伊亚州和阿根廷查科省奥通帕德的陨石是我们迄今见过的最大的陨石，它们的长度为7～7.5英尺，蔡里斯（R. de Celis）曾对其做过描述。大约在苏格拉底出生之年，有一块陨石坠落在加利波利半岛的阿哥斯·波塔米，它在整个古典时代声名远播，《帕罗斯大理石碑》就已对其有所记载，据称它有两个石磨那么大，有一辆满载的货车那么重。探险家布朗（W. G. Browne）云游亚洲和非洲各地，他付出了极大心血，但并未发现这块陨石的踪迹。不过我没有放弃，依然深信：在欧洲人如今能够轻易到达的加利波利半岛，人们有朝一日会重新找到那块2312年前从天而降的坚不可摧的陨石。10世纪初有一块陨石坠落在意大利纳尔尼附近的河里，据历史学家佩尔兹（G. H. Pertz）发现的一份史料记载，这块陨石矗立河中，凸出水面半米左右。需要注意的是，古往今来我们发现的所有这些陨石都应被视为火流星或流星乌云爆炸后剩余的主要残骸。陨石落地之前从大气层最外沿到达地面，火流星落地之前途经大气层的路径相较更长一些，穿过的气层的厚度也更大，不过陨石在穿越这段距离时的速度极快，这一点数学计算已经证实。陨石含有金属成分，其炸裂开的部分显示出完全成形的橄榄石、拉长石和辉石晶体。有一种说法认为陨石是在坠落的过程中才开始从云雾状的形态聚拢成坚硬的内核，考虑到陨石坠落速度之快、坠落时间之短，我认为这是极不可能的。

坠落下来的陨石即使有着不同的内在化学成分，但它们却几乎都有一种碎片残骸的特性，多呈拟柱体或者是平移过的棱锥形，具有宽阔略带曲度的平面、磨圆的棱角。这些残骸来自太空中自转的行星天体，博物学家施莱伯斯（Schreibers）最先识别出了它们特有的形状，但是这种形状从何而来因何而起？茫茫宇宙之中，所有涉及物质起源的真相全都沉陷于黑暗，不可获知，一如在有机生物的世界。陨石坠落时会从一定的高度起开始发光燃烧，而这一高度上几乎没有空气或者只有浓度不到十万分之一的氧气。物理学家让 - 毕奥（Jean-Baptiste Biot）对云隙光现象的最新研究甚至大幅调低了我们惯常称为“大气层起点”（也许有些大胆的说法）的高度线。但“发光现象”是可以在周围没有氧气的情况下发生的，物理学家泊松（S. D. Poisson）认为陨石在地球大气层之外的很远处就已经开始燃烧。在研究陨石的问题上，我相信只有那些经受得起计算和几何测量检验的推断和理论才能引导我们走向坚实可靠的大地，这与我们研究太阳系较大的天体时一样。哈雷（E. Halley）最先注意到 1686 年出现的火流星，它的运行方向与地球的运行方向相反，哈雷称其为一种令人瞩目的宇宙现象。然而发现流星真相的却是克拉德尼（E. Chladni），他在 1794 年首次非常敏锐地从本质上认识到火流星和从大气层中坠落地面的陨石之间的关系，并洞察到火流星在宇宙中的运动规律。美国纽黑文（麻省）的奥尔姆斯特德（D. Olmsted）通过对流星雨的观察研究，完美地证实了火流星现象源自外太空的观点，1833 年 11 月 12 日 至 13 日的夜间美洲发生了一场著名的流星雨，据目击者描述，当时所有的火流星和流星都从夜空中狮子座 γ 星附近的同一个点发射出来，并且始终不曾偏离这个辐射点，虽然这颗星的角直径和方位角在被观察期间都发生了改变。流星自主运动，不受地球自转影响，这就证明了这些发光的流星体事实上源自太空，它们“从外而来”闯入了地球大气圈。恩克对所有在美国北纬 35° 到 42° 之间所做的观测进行了计算，得到的结果是：流星雨均来自太空中同一个辐射点，而且地球此间在轨道上正朝着这个点的方向运行。“11 月流星雨”定期光顾地球，人们在 1834 年、1837 年出现在北美的以及 1838 年出现在不来梅的 11 月流星雨中观察到：所有的流星都来自狮子座，所有流星的轨道都彼此平行。与普通的偶然出现的流星相比，周期性流星的方向本来就更加具有平行性，人们认为定期出现的英仙座流星雨也是如此，有人发现 1839 年出现的流星雨绝大部分都出自英仙座和金牛座之间的同一个辐射点，而且地球当时也正向着金牛座方向运行。流星雨的这一特征（8 月和 11 月出现逆行）究竟会被证实还是被推翻，还要倚赖未来的精确观测。

流星的高度，也就是它的可见光迹的长度，各有不同，一般在 4 到 35 德里之间。本森伯格（J. Benzenberg）和布兰德斯（H. Brandes）首次对流星进行了同步观测，他们站在长度为 46000 英尺的基线两端，通过视差角的计算，得到了上述重要数据，并且测出了流星的惊人速度。流星的相对速度是每秒钟 4.5 ～ 9 德里，与行星速度等同。有一种观点认为陨石来自所谓的目前尚处在活跃阶段的“月球火山”，但是流星拥有行星的运行速度，火流星和流星的轨道方向与地球运行方向相反，这两点足以说明事实并非如此。断想在月球这样一个没有大气包裹的小天体上出现较大规模的火山爆发，从火山的特性上看，从数据上看，都是十分武断的。一个天体从内部向外壳发力的强度可以比地球目前的火山爆发强大十倍或是一百倍。如果一颗由西向东运行的卫星抛出碎片，那么它们有可能看似逆行，这是因为地球在轨道运行中晚些时候才到达那些碎片经过的地点。为了避免没有根据的推断，我在这幅自然画卷中已经讲述了很多关于流星的细节。如果我们从整体上看，就会发现那种认为陨石来自月球的假设实际上受到很多条件的制约，假设成立的前提就是这些条件要在偶然间汇聚齐全，不过这更是一种假想出的可能性，绝不是事实。如果说陨石原本就是太空中存在的小行星状天体，那么这种设想则更加简单，也与有关太阳系形成的其他设想更加相似。

大部分流星体很可能都安然无恙地在地球大气层附近漫游，它们受到地球引力的影响，只是改变了轨道的偏心率，但仍旧环绕太阳运行。我们可以想见， 这些星体在轨道上周而复始地运行，多年以后才会与我们人类再次重逢。还有一些所谓做“上升运动”的流星和火流星，它们猛然看去好像是被一种神秘的投掷力推斥于地球之外，克拉德尼对此的解释是，空气受到强烈压缩而“反弹”，由此促成了流星的“上升现象”，不过这一解释并不成立。贝塞尔认为，人们虽然观察到流星“上升”，但这种观察缺乏完全一致的同步性，已经发表的观测论文中没有一篇支持流星有可能上升的观点。贝塞尔通过天文学理论证实流星不会上升，菲尔德（L. Feldt）的细致计算也证明了这一点，贝塞尔建议把这种现象视为一种源于观察的结果。

流星掠过长天，犹如一道电光闪过。火流星喷吐着熊熊火焰滚滚浓烟，在天空划过一条条并不总是直线的轨迹。奥伯斯认为流星在爆炸时会把陨石像发射火箭一样射向高处，而流星的炸裂也会在某些情况下影响到轨道的方向。至于这些论断和猜想是否正确，还需要今后的观察来检验。

流星或者是偶然间零星坠落，或者是数千个一起形成流星雨而成群坠落，后者定期出现，通常以平行的方向像下雨一般从天而降，阿拉伯作家把它们比喻为漫天飞过的蝗虫。迄今最著名的周期性流星雨是被称为“11 月现象”的狮子座流星雨（11 月 12 日至 14 日）和被称为“罗马圣徒劳伦斯眼泪”的英仙座流星雨，在英国的教会年历和古老习俗中，圣徒劳伦斯“熊熊燃烧的滴滴眼泪”早已被看作定期出现的气象现象。早在 1823 年 11 月 12 日至 13 日的夜间，地理学家克诺登（K. F. von Klöden）就在波茨坦观察到了流星雨。1832 年同期整个欧洲——从英国的朴次茅斯到俄国乌拉尔河畔的奥伦堡，以至于到南部的法兰西岛大区——也都出现了大规模的流星雨，一时间大小非常不等的流星和火流星混杂在一起从天而降。1833 年 11 月 12 日至 13 日夜间，奥尔姆斯特德和帕尔马（Palmer）在北美观察到了一场无限壮观的流星雨，当时流星就像密集的雪花一般铺天盖地落下，9 小时之内至少有 24 万颗流星坠落到了同一地点。正是这一次的流星雨让人们认识到流星雨现象的周期性，认识到大型流星雨总是出现在特定的日期。纽黑文的帕尔马提到了 1799 年的陨石坠落现象，艾利考特（A. Ellicot）和我首先描述了此次陨石坠落的状况，我汇总的观察报告证实：在美洲大陆西经 46° 到西经 82° 之间从赤道到格陵兰努克（北纬 64° 14′）的广大地区，人们都看到了这次陨石坠落。流星雨的准时到访令人惊讶。1833 年 11 月 12 日至 13 日夜间，从牙买加到波士顿的整个天穹都能看到流星雨纷纷落下，次年 11 月 13 日至 14 日夜间它又在北美夜空重现，只是猛烈程度不及上年。此后，欧洲人也证实 11 月狮子座流星雨定期出现。

第二个像狮子座流星雨一样定期出现的流星雨，是发生在 8 月的英仙座流星雨（8 月 9 日至 14 日）。虽然穆森布罗克（P. van Muschenbroek）在 18 世纪中期就已经注意到每年 8 月陨石都会频繁出现，但是直到 19 世纪，凯特勒（L. Quetelet）、奥伯斯和本岑贝格（J. Benzenberg）才确切证实了英仙座流星雨定期出现在圣劳伦斯纪念日前后。人们今后肯定还会发现其他周期性回归的流星雨，4 月 22 日至 25 日、12 月 6 日至 12 日期间可能会出现流星雨，此外，卡波西（E. Capocci）确切观察到 11 月 27 日至 29 日以及 7 月 17 日有陨石坠落现象。

目前所观察到的流星现象都不受赤纬、气温以及其他气象条件的影响，但有一种可能是偶然发生的伴随现象我们却不能完全忽略。奥姆尔斯特德描绘了 1833 年 11 月的狮子座流星雨，在无数颗流星灿烂燃烧飞流直下之际，北极光也分外强烈。1838 年人们在不来梅也观察到了这一现象，不过当时陨石坠落的情况不及在伦敦里奇蒙看到的强烈。我在另一篇文章中提到过海军上将弗兰格尔（F. von Wrangel）观察到的并多次向我口头证实的奇异景象，他在西伯利亚北冰洋沿岸亲历了北极光发生期间的盛况，每当一颗流星落下，天空中某些原本不发光的区域就会被突然点燃，灼烧着，殷红一片。

那些不同的流星雨都是由无数颗小天体构成，它们很可能会像贝拉彗星一样切入地球轨道。我们可以这样想象：无数颗流星体在外太空构成一个闭合的环形，并运行在这个轨道上。这与小行星的情形很是相似，小行星（智神星除外）位于火星轨道和木星轨道之间，在那里形成一个小行星带，轨道密集交错。流星雨出现日期的变化以及我早就提到过的流星雨迟到的现象，是否意味着地球轨道与流星体环形带的交叉点在规律性地位移和晃动？这条环形带是否会因为流星体分布不均、彼此间的距离极不均等而变得非常宽阔，以至于地球需要花费几天时间才能穿过？这些疑问现在都尚无解答。土星的卫星系统也有一组轨道密切交缠的卫星，土卫系统的宽度极为广阔。土星最外侧的卫星轨道的直径非常长，地球在公转轨道上要花费三天时间才能走过与此直径长度相当的距离。我们把定期出现的流星雨轨道想象成闭合的环形，如果说流星体疏密不均地分布在这样一条环形带上，而密集在一处能够产生流星雨的流星体群落只是少数，那么我们就可以理解，为什么像 1799 年、1833 年 11 月那样壮观的流星雨很少发生。奥伯斯是一位擅长洞察事物本质的天文学家，他认为那种流星和火流星相伴、像雪花一般纷飞坠落的流星雨盛况下一次的重现时间是 1867 年 11 月 12 日至 14 日。

有时候人们只能在一条狭窄的地带上看到狮子座流星雨。1837 年 11 月狮子座流星雨在英国上演了一场繁华盛会。与此同时，一位非常富有经验的细心的天文观察者也在普鲁士的不伦瑞克对流星进行了同步观察，整个夜间晴朗无云，而他从晚上七点到第二天日出期间看到的流星却寥寥无几。贝塞尔由此认为："流星群落在流星环形带上的分布并不均匀，有的地方流星稠密，有的地方流星稀疏，当时有一个不太宽阔的流星群在英国坠落地面，而英国以东的地区此间正在穿过流星环形带上相对比较空荡的区域。" 假设地球轨道和流星体轨道的交叉线会发生规律性移动或者因为摄动而发生晃动，想要证实这种假设，那么研究古老的星象观察就显得尤为重要。中国的编年史记录了彗星现象和大规模的流星雨，时间最早可以追溯到比提尔泰奥斯时代（Tyrtäus, 公元前 7 世纪）或是第二次麦西尼亚战争（公元前 7 世纪中期）还要久远的年代。它描述了三月份发生的两次流星雨，对其中之一的记载比我们公元的记载要早 687 年。爱德华 · 毕奥撰文讲道，他汇总了中国编年史记载的 52 次流星雨，其中最频繁回归的流星雨发生在 7 月 20 日至 22 日（儒略历）期间，因此它们很有可能就是现在的、出现期提前的英仙座流星雨。天文学家博格斯劳斯基（Boguslawski）之子在 14 世纪编年史学家魏特米尔（B. von Weitmühl）所著的《布拉格教会历》中发现了关于 1366 年 10 月 21 日（儒略历）陨石坠落的记载，当时发生在白天。倘若它就是现在的 11 月狮子座流星雨，那么这 477 年以来的轨道交叉线的移动告诉我们，该流星系统（即它们共同的重心）是在围绕太阳逆行。按照这里发展出的观点来看，如果说有些年份我们在地球的任何地方都无法看到狮子座和英仙座流星雨，那是因为流星体环形带本身存在缺口，这意味着地球正在穿过环形带上前后相随的流星体群落之间的空隙，或者如数学家泊松所言，是因为较大的行星对环形带的形状和所处位置产生了影响。

火流星点燃自己，骤然炸裂，陨石从中坠落。如果是夜间，它灿然划过，在长空留下一道火光；如果是白天，晴朗的天空会突然乌云乍起，炮声轰响，陨石就从这乌云中纷纷砸下。从外部形状、表面性状、主要部分的化学成分来看，这些陨石整体上都显示出明显的一致性。凡是闯入地球圈的陨石，无论是洪荒以来何时坠落，无论是坠落何地，都具有同一种属性。陨石的密度大、性状相同，这一点显而易见，人们早有定论，但是也有些陨石例外。坠落在萨格勒布（Zagreb）的陨石是一块易于锻造的铁陨石；坠落在东西伯利亚叶尼塞斯克行政区（Jeniseisker）的陨石也是一颗铁陨石，它因为博物学家帕拉斯（P. S. Pallas）的发现而闻名于世；我从墨西哥也带回来一些陨石；这些陨石 96% 的成分都是铁。它们不同于含铁量不到 2% 的意大利锡耶纳陨石，不同于在水中即会分解的法国阿莱斯土质陨石，也不同于法国容扎克和阿尔代什省尤维纳的陨石，这些陨石不含金属，是一种矿物成分不同、晶体各异的混合体。上述区别导致陨石被分为两类，一类是含有镍的铁陨石，一类是颗粒粗细不同的石陨石。陨石有层一两毫米厚的熔壳，漆黑发亮，有时布满脉络，这是陨石的一个典型特征。据我所知，只有在法国旺代省尚托奈发现的陨石没有熔壳，但是它却跟尤维纳的陨石一样有气孔，这同样也很罕见。黑色熔壳与浅灰色的陨石本体边界分明，这跟我从奥里诺科河瀑布区带回来的白色花岗岩石块的情形一样，它们都有一层铅黑色的表层，地球上很多地方的瀑布区（尼罗河、刚果河）都有这样黑白分明的花岗岩。陨石在燃烧过程中表层形成熔壳，本身的质地却安然无损，两者分界显著，即使功率最强大的烧瓷窑炉也无法烧制出类似的作品。也有人偶然注意到一些迹象，觉得陨石中可能掺入了其他杂质，但从整体上看，陨石主体的性状未发生变化，坠落时没有被砸扁，刚落地时摸上去并不是十分灼热，所有这些都表明，在从大气层边缘到落地的途中陨石内部没有熔化。

构成陨石的化学元素与分散在地球表面的化学元素相同，包括 8 种金属（铁、镍、钴、锰、铬、铜、砷[①]、锡），5 种矿物（钾、碳酸氢钠、硫、磷、

① 砷常以化合物形式出现，有些表现出金属属性。洪堡将之视为金属类。——译者注

碳），陨石的化学元素占目前所有已知化学元素数量的三分之一，瑞典化学家贝尔塞留斯（J.Berzelius）极大地推动了化学元素的研究。虽然无机物经过分解最终都化为同样的化学元素，但是由于元素的组合方式不同，陨石的样貌通常都有异样之处，与地球上的矿石和岩石有所不同。几乎所有的陨石都含有精纯的铁，这让它们获得了一种不同于透石膏的独特的性状，这是因为除了月球以外，外太空和其他天体同样可能缺乏水，故而罕有氧化现象发生。

从中世纪以来就有人认为流星是太空中的胶质气泡，是类似于蓝绿藻的有机物，也有人认为冰雹粒内核是由斯捷尔利塔马克（Sterlitamak，乌拉尔山以西）出产的黄铁矿构成，这些都是气象学中流传的神话传说而已。矿物学家古斯塔夫·罗泽（Gustav Rose）指出，只有那些颗粒细腻的陨石，只有那些掺杂着橄榄石、普通辉石、拉长石的陨石更像地球上的石头，例如法国阿尔代什省尤维纳的陨石就形似辉绿岩。这些陨石含有与地壳完全相同的晶体物质。帕拉斯在西伯利亚发现的铁陨石含有橄榄石，与地球上的橄榄石相比，该橄榄石只缺少镍，而取代镍的是二氧化锡。陨石橄榄石含有47% ～ 49% 的氧化镁（苦土），这一点类似我们的玄武岩。根据贝尔塞留斯的研究，陨石中一半的土质成分都由橄榄石构成，所以我们不必为陨石中含有大量硅酸盐感到惊讶。如果说尤维纳的陨石含有可分的普通辉石晶体和拉长石晶体，那么从成分的数量比例关系上看，法国沙托雷纳尔的陨石则极不可能是由角闪石和钠长石组成的闪长岩，捷克布兰斯科和法国尚托奈的陨石也极不可能是角闪石与拉长石构成的混合物。把矿物成分的相似性作为依据来判断一块石头究竟来自地球还是来自太空的做法，在我看来并不具有强大的说服力。牛顿（I. Newton）和康杜特（J. Conduit）在肯辛顿曾经有过一次讨论天体构成的特别的谈话。我以此为例证，不禁要问道：为什么构成同一组天体、同一组行星系统的元素不可以是同样的元素？所有的行星以及那些大大小小围绕太阳运行的天体，都是从曾经更为宽阔的同一个太阳大气层中分离出来，从云雾状环形圈中分离出来，在初始时期都围绕中心天体运行。既然我们做如此推测，那为什么构成这些天体的元素不可以是一样的？我们不再有理由把陨石当中含有的镍、铁、橄榄石、普通辉石称为地球专属的物质，就好像我把在鄂毕河以东发现的德国也有的植物称作北亚植物群中的欧洲种属，这是没有道理的。如果说有一组天体虽然大小不同，但所含的基础物质元素都相同，那么这些基础物质元素为什么不能依从彼此间的引力、按照特定的比例关系进行独特的排列组合？比如说，在火星的极地，它们化身为洁白闪亮的冰雪；在其他较小的天体上，它们变身为富含橄榄石、普通辉石和拉长石晶体的矿石。即使是在只能依靠推测的科学领域，我们也不能完全摒弃归纳法，听任毫无章法的臆断横行。

人们还见到过一种奇异的自然景象，就在白日当空的时候，太阳突然阴暗起来，天上的星星也变得清晰可见，不过这并非由于火山灰或大气中的悬浮颗粒遮挡而导致。1547 年 4 月末在惨烈的米尔贝格战役前后就曾有三天之久是这样暗无天日。开普勒时而认为这种现象是彗星物质所致，时而又认为这是太阳表面黑色蒸发物质生成的乌云所致。1090 年、1203 年也曾出现了短暂的太阳变暗的现象，分别持续了 3 个小时和 6 个小时，在克拉德尼（E. Chladni）和施努勒（F. Schnurrer）两位看来，这是陨石经过导致。自从流星雨被视为轨道方向上的一个闭合环形带，人们就在这种太阳突然变暗的神秘天象和定期回归的流星雨之间建立起了某种奇异的关联。物理学家艾尔曼（G. A. Erman）拥有非凡的洞察力，他仔细分析了迄今收集到的史实，发现 2 月 7 日这一天英仙座流星“合日”，5 月 12 日这一天狮子座流星“合日”。

希腊的自然哲学家大多不擅长观察，但他们执着于对感受到的似是而非的事物做出各种各样的解释，并且乐此不疲，关于流星和陨石他们也留下了自己的见解，不过其中一些却明显符合现在被普遍认同的天文学观点。古希腊作家普鲁塔克（Plutarch）在《吕山德的一生》中写道：“在几位物理学家看来，流星不是点燃的天火在空中熄灭后抛下的喷出物，也不是空气燃烧吐火，火焰在大气上层分崩离析，流星更是一颗颗坠落中的天体，由于离心力减弱，由于存在一种不规则的运动，它们被投掷了出去，不仅被抛向了地面，也被抛进了海洋，所以遁形之后再也无迹可寻。”古希腊哲学家阿波罗尼亚的第欧根尼（Doigenes von Apollonia）表达得更加清楚，他认为：“天上有可见的星星，也有不可见的星星，都在运动，那些不可见的星星故而也没有名字，它们常常坠落地面，消失殆尽，就像那颗喷吐着火焰掉在阿哥斯·波塔米附近的石头星星。” 他认为那些所有发光的星体也都类似于浮岩，他有关流星和陨石的理论很可能是建立在哲学家阿那克萨哥拉（Anaxagoras）的学说之上。在阿那克萨哥拉的想象中，宇宙中所有的星辰都是岩石，那是“燃烧着的以太在猛烈回旋中从地球上撕扯下石头，点燃它们，做成了星星。”根据我们所知道的阿波罗尼亚的第欧根尼的解释，爱奥尼亚学派认为陨石和星体同属一类，两者从“初始的形成”来看都源自地球，这是在说地球作为中心天体，创造了周边的各种天体。这种想法与我们现在对太阳系行星的理解相同，当代天文学认为太阳系行星产生于太阳的扩展开来的大气层。不过我们不能把这种观点和人们常常提到的陨石是源于地球还是来自太空的疑问混淆起来，更不能把它和亚里士多德的奇特猜想混为一谈。亚里士多德认为阿哥斯·波塔米的庞大陨石是被飓风吹落至此。

有一种人对怀疑上瘾，自以为这是种高贵的态度，他们自己未曾探究钻研，却总是一味反驳事实真相，这种态度在某些情况下甚至比不具批判性的轻信危害更加深重。两者都妨碍人们进行精准的研究。2500 多年以来，很多民族的编年史都对陨石坠落有所记载，大量实例都有目击者见证，这是不容置疑的，古希腊的石柱也是先人陨石崇拜的一个重要组成部分。西班牙殖民者科尔特斯（H. Cortés）的陪同者在墨西哥乔鲁拉看到一块从天而坠的陨石砸到附近的金字塔，伊斯兰的哈里发和蒙古的诸侯都令人用刚刚落地的陨铁打造宝剑。也有人丧命于从天而降的陨石，1511 年 9 月 4 日一位修士在意大利克雷马，1650 年一位僧侣在米兰，1674 年两位正在航行的瑞典水手都意外被陨石砸毙。如上所述，有关陨石的事实大量存在，尽管如此，这样一种重大的天文现象长久以来却几乎没有受到关注，陨石和行星系统之间的密切关系也无人领悟。直到克拉德尼出现，这种状况才发生改观，克拉德尼发现了声音图案，[①] 仅凭这一点他就已经为物理学做出了永远不朽的贡献。如果一个人笃信陨石和行星系统存在关联，内心涌动着这种信仰，如果他对神秘的自然景象情有独钟，那么在他仰望星空虔心细观的时候，拨响他心弦、充盈

① 恩斯特·克拉德尼发明了一种方法，将声波的振动可视化，首次证明了声音是通过波来传播的。他在一个小提琴上安放一块较宽的金属薄片，在上面均匀地撒上沙子。然后开始用琴弓拉小提琴，结果这些细沙自动排列成不同的美丽图案，并随着琴弦拉出的曲调不同和频率的不断增加，图案也不断变幻和越趋复杂。——译者注

他精神的，不仅仅是狮子座流星雨、英仙座流星雨这样灿烂至极的景象，也还有那每一颗在孤独寂寥中悄然陨落的星辰。光华静谧的夜空突然灵动起来，苍穹在片刻之间活了过来。流星飞过，留下一道温润的光迹，在天空上勾画出一条长长的轨道。流星燃烧、陨落，像是在告诉我们，苍茫宇宙间充斥着各种各样的物质，不可尽数、无处不在。如果我们把土星最内侧的卫星以及谷神星与庞大的太阳在体积上进行对比，那么大与小的比例概念就会在我们的想象中荡然无存。仙后座、天鹅座、蛇夫座中有些星星突然间燃烧起来，继而又黯然熄灭，单单这熄灭就让我们不禁猜想到，宇宙之中存在着暗星。流星体是聚集物质构成的天体，围绕太阳运行，它们像彗星一样穿过明亮的大行星的轨道，在接近地球大气圈表面的部位或者是大气圈的上层开始燃烧。

太空之中的所有其他天体以及地球大气圈之外的全部宇宙都是如此遥不可及，我们只能通过光，通过热量——热与光又几乎密不可分，通过神秘的引力作用与之取得联系，那些遥远的天体根据其质量的大小向我们的地球、海洋和大气发出不同强度的引力。倘若我们把流星看作小行星，那么在流星和陨石坠落之际，我们跟宇宙之间就有了另外一种相当物质性的交流。它们不再是远在天边，不再是仅仅通过发出光波与热量对我们施以影响，不再是因为引力而运动或是被引力牵动。它们此刻是真正的物质，来自太空，闯入大气层，长留在我们居住的星球之上。轻抚陨石，我们幡然领悟，这是我们唯一能够触摸到的地球以外的物质。人类习惯了单纯通过测量、计算、理性总结去认知天外之物，然而一块来自太空的陨石，我们却可以触摸之、称重之、分解之，心中不禁满怀惊诧。在流星现象中人们通常只看到了晴空上忽起火光、乌云乍现、轰隆作响、黑石从天而降、火光随之熄灭，只当其为自然神力的产物。然而人的内心情感却能在此中得到观照、思索、精神升华，并对我们的想象力施以影响。

第7章

黄 道 光

· *Ring des Tierkreislichts* ·

如果一个人在棕榈繁茂的热带生活过很多年，那么当他回首往昔时，定会有一段温馨的回忆浮上心头，那就是黄道光抛洒出的柔和光彩，它像金字塔一般矗立天际，照亮了永远等长的热带之夜。

U. ST B32
SEXTANT (SECTEUR DE 60°)

美丽的流星雨让我们欣然在此久作停留，如果说流星由于质量小、轨道多样而在某种程度上与彗星类似的话，那么两者的本质区别在于，我们只能在流星被地球吸引、开始燃烧发光、行将毁灭的时候，才可以得知它们的存在。自从人类发现了小行星、短周期彗星、流星体，太阳系就顿时显得复杂起来，而且形态繁多，要概括太阳系包括的全部内容，我们还需描绘之前多次提到的黄道光。如果一个人在棕榈繁茂的热带生活过很多年，那么当他回首往昔时，定会有一段温馨的回忆浮上心头，那就是黄道光抛洒出的柔和光彩，它像金字塔一般矗立天际，照亮了永远等长的热带之夜。在空气稀薄干燥的安第斯山脉的山峰之巅，在委内瑞拉无边无际的洛斯亚诺斯草原之上，在库马纳永远晴空万里的大海之畔，我都曾看到过黄道光，它有时比位于人马座的银河系中心还要明亮。缥缈的小团薄云掩映在黄道光上，在明亮的背景前像浮雕一般凸起，那是一幅美轮美奂的画卷。当年我乘船从利马到墨西哥西海岸，航行中写下的一段日记记录了此番景象。"连续三四个夜晚（北纬10°～14° 之间）我都看到了华丽的黄道光，如此的绚烂，我从未遇到过。南太平洋的这部分天空，星辰明亮，星云清晰，由此可知大气的透明度非常高。从3月14日到19日这几天，在太阳沉入海面之后的45分钟以内，黄道光丝毫不见踪影，尽管当时天已漆黑。3月18日夕阳入海一个小时之后，黄道光乍现，熠熠生辉、流光婉转，位于毕宿五与昴宿星团之间，高度角达到39° 5′。细长绵延的云彩呈现出柔美的蓝色，沉于天际，飘散开来，宛如铺陈在一张黄色地毯之上。上端的薄云时不时变更色彩，生出种种幻象，让人不由以为这是太阳第二次西沉。沿着这部分天穹的方向，夜也显得亮了起来，几乎就像上弦月之夜。晚上10点左右南太平洋的黄道光已经很弱了，到午夜时分就只剩下些许光痕。3月16日的黄道光最为极盛，彼时东边天穹上也出现了一团与之相对的光晕。"在我们荫翳的北方温带，只有在初春的傍晚之后在西边天际、秋末的黎明之前在东边天际才能清晰地看到黄道光。

为什么这样一个引人注目的自然现象直到17世纪中期才引起物理学家和

◀ 洪堡使用过的量角器，现存于德国历史自然博物馆。

天文学家的关注，为什么生活在巴克特里亚、幼发拉底河、西班牙南部的擅长观察的阿拉伯人会对黄道光视而不见，个中缘由实难理解。任凭时光荏苒，直到马里乌斯（S. Marius）和惠更斯（C. Huygens）的出现，人类才发现了仙女座和猎户座星云，这亦令人不解。奇德利（J. Childrey）1661 年所著的《大不列颠自然珍品集》第一次对黄道光进行了清晰描述，他第一次观察到黄道光的时间大概还要早之两三年。然而是天文学家卡西尼（D. Cassini）于1683年春首先对黄道光的空间方位做了研究，这一功绩非他莫属，毋庸置疑。1668 年他在博洛尼亚看到了一道天光，著名旅行家让·夏丹（J. Chardin）同一时间在波斯也观察到了这一景象（伊斯法罕的宫廷星相师把这道从未见过的光称为“长矛”），人们常以为这就是黄道光，实际上它是一颗彗星庞大的彗尾，其彗头恰巧藏在了天际线上的云雾之中，这颗彗星的位置和形状都与1843 年出现的彗星有很多相似之处。1509 年人们在墨西哥高原看到一片奇异的光从地面升起，状若金字塔，矗立在天空东部，持续 40 个夜晚可见，我在巴黎皇家图书馆收藏的一份阿兹特克文稿中发现了有关记载，收入在《兰斯大主教手稿集》（*Codex Telleriano-Remensis*）中，可以想见，当时人们目睹到的很可能就是黄道光。

奇德利和卡西尼在欧洲发现了黄道光，而事实上这种现象亘古以来就有。黄道光并不是发光的太阳大气层，根据机械法则，太阳大气层的短半轴与长半轴的比例不会扁于 2∶3，因此太阳大气层不可能扩张到太阳至水星距离的 9/20 处以外。正是这个法则决定了一个自转天体赤道之上的大气层最外围的高度，也就是重力和离心力可以势均力敌相互抗衡的那个点，这个高度只能是该天体的一颗卫星的高度，该天体在自转，与此同时它的卫星又在这个高度上围绕着该天体运行。如果把太阳系的中心天体与其他星云的核心进行比较，就会明显看出目前处于聚集状态的太阳大气层受限于这样的制约。威廉·赫歇尔发现了多个星云，它们的核心星体都被云雾包裹，云雾的视半径达到 150″。假设视差没有完全达到 1″，那么这样一个星云的云雾表层到达其核心的距离是日地距离的 150 倍。倘若这颗星体处在太阳的位置，那么它的大气层不仅将会包裹天王星轨道，还将延伸到天王星轨道位置 8 倍以外的地方。

如前所述，太阳的大气层受到制约，有一个紧密的边界。在这种情况下，黄道光的产生很可能是因为一个存在于金星和火星轨道之间、在太空中自由运行的扁平云雾状物质环形带，它可以被视为黄道光的物质起因。但我们对此知之甚少：这个环形带原本有多大？当无数颗彗星靠近太阳、彗尾延伸的时候，环形带随之扩张了多少？环形带的范围何以会发生奇异的变化？要知道它有时看似没有超出地球轨道。环形带与太阳附近更为浓缩的太空云雾之间可能存在着何种内部关联？所有这些现在都还没有定论。云雾状的颗粒物质构成了环形带，它们按照行星法则围绕太阳运转，或者自己发光，或者被太阳照亮。即使是地球上的云雾也可以发出光彩，1743 年就发生了这么一件奇异之事，时值新月，夜正深，有雾气突起，犹如磷光一般明亮，600 英尺外的景物皆清晰可见。

在南美洲热带地区，黄道光的强度会发生变化，这让我感到很惊讶。我有长达数月的时间都在河畔、草原（洛斯亚诺斯）露天过夜，所以有机会仰望晴朗的夜空，进行细致的观察。黄道光达到最明亮的时候，有时却会在几分钟之后突然变得黯淡，但继而又会骤然间华彩流溢，释放出全部的光芒。在某些情况下，我在黄道光变暗时看到的不是一团晕染开的红色，也不是下方区域出现的一片拱形的暗沉，更不是天文学家德·马兰（J. -J. d.de Mairan）所说的火花飞溅，而是一种光的震颤和闪烁。是云雾状环形带的内部发生了什么变化吗？还是更有其他原因？我用气象仪器测量了大气层底部的温湿度，没有发现任何变化，而夜空上的五等星、六等星也都在熠熠发光，亮度保持一致。那么会不会是大气圈的最外层突然变得密集，从而以一种特殊的未知方式影响了大气的可见度或是光反射？这种假设，即大气层边缘的气象因素造成了黄道光的强弱变化，也得到了奥伯斯观察到的现象的印证。奥伯斯拥有非凡的洞察能力，他研究彗星时发现："有时候彗尾会突然燃烧、发生脉动，整条彗尾会在几秒钟内颤抖不已，时而伸长，时而缩短。因为彗尾长几百万德里，各个部位到达地球的距离非常不等，所以根据光速及其传播原理，我们不可能在这么短的间隔内看到一个庞大天体内部发生的变化。"但是这种观点绝不否认以下事实：比如彗核的外围变得密集时，彗发的形状会发生改变；比如黄道光由于内部的分子运动、由于云雾状环形带的光反射增加或减少，会变得豁然明亮。这些观点是让我们注意进行区分，有些现象发生在太空，有些现象发生在地球大气层，而我们是透过大气层看向太空，两者有别，需予以区别。对于地球大气层起始边界的位置历来争议很多，至于大气层表层上会发生什么，目前还无法解释清楚，人们观察到的这些现象也都说明知也无涯。1831 年曾经出现过一个长达数日的奇异现象，其间，在意大利到德国北部的纬度范围，整个夜晚都亮如白昼，可以在午夜时分看清楚很小的字迹，这与我们通过最新研究得出的云隙光理论以及大气层的高度完全相悖。光现象受制于很多未知的条件，昼夜临界点的光影变幻，黄道光的幻化无常，都让我们惊讶不已。

第8章

引力和天体运动

· *Gravitation und Ortsveränderung der Sterne* ·

通过一系列自然现象，通过双星的运动，通过双星在其椭圆轨道不同地点上或快或慢的运动幅度，天体的真实运动向我们毫无异议地宣示，在太阳系之外，即使是在宇宙洪荒最边远的地带，主宰一切的都仍然只是万有引力法则。

至此，我们领略了从属于太阳的各种天体，这是一个由太阳统领的天体世界，包括行星、卫星、短周期彗星和长周期彗星、流星体——它们或者孤零滑落，或者聚集成闭合的环形如急雨般倾泻而下，最后还有一个环绕太阳运转的发光的云雾状环形带，它处于地球轨道附近，因为位置的原因被称作黄道光。这些天体的运动全都遵循回归法则，无论其平抛运动的速度如何，无论聚集成团的物质的数量如何；只有流星从太空闯入地球大气层，中断了行星原有的回旋运动，被另外一个更大的行星吞并。太阳系终于何处，单纯取决于中心天体太阳的引力，彗星运行在椭圆形轨道上，其远日点的距离可以达到太阳至天王星距离的 44 倍，但在太阳引力的作用下，它们终究还是会踏上返回的归途。即使是在彗星内部，一切也都依循引力法则，彗核的质量很轻，看起来就像一片飘浮在太空中的云彩，但它仍然可以牢牢抓住彗尾的最外层，尽管发散开的彗尾长达数百万德里。所以中心天体的引力是生成、塑造并且维持一个天体系统的力量。

相对于所有从属于太阳的天体，无论它们是大还是小、是密集状还是云雾状，太阳都可以被视为是静止的，但太阳同时也在围绕太阳系共同的重心运转，有时候这个重心就落在了太阳本身，也就是说虽然行星的位置会发生变化，但太阳系的重心有时就处于太阳自身的某一点上。然而太阳的平移运动以及整个太阳系重心在太空中的持续移动则完全是另一种情形。平移运动的速度非常之快令人瞠目，根据贝塞尔的研究，太阳和天鹅座 61 的相对运动每天不少于 834000 地理里。现在的天文仪器已经非常精确，观测天文学也取得了长足进展，我们借助这些条件，参照遥远的星体，最终发现了太阳系的移动，就好像看到河岸上的物体离船上的我们愈行愈远。倘若没有这些作为前提，我们不会意识到整个太阳系的位移。天鹅座 61 的运动非常可观，700 年后它的视差将整整增加一度。

在恒星天空上，自行发光的星体之间的相对位置会发生改变，我们虽然可以较为确切地计算出这些变化的规模和数值，但是对于如何解释这种现象

◀ 洪堡在伦敦时曾应一位年轻工程师布鲁内尔（I. K. Brunel）的邀请，乘坐一个金属潜水钟下降到水下 36 英尺处并停留了 40 分钟，考察隧道的工程建设。

的起因我们却不是那么有把握。太阳与月球对地球球体的形状产生影响，造成了地轴进动和地轴章动，另外也还有光行差和周年视差的存在，如果减去所有这些因素的作用，恒星一年当中剩余的运动还包括整个太阳系在宇宙空间中的平移和恒星本身的真实运动。把恒星的真实运动与视运动区分开并用数字表示出来，本是极具难度的。天文学家对每颗星体的运动方向进行了仔细标注，同时也观察到，如果所有的星体都是绝对静止的，那么从透视的角度来看，它们都与太阳运动的方向背道而驰，正是通过使用这些方法，天文学家才得以辨别恒星的真实运动与视运动。研究的最终结果是，太阳系和其他星体在宇宙太空中的位置都会发生变化，概率论也证实了这一点。天文学家阿格兰德扩展了贝塞尔和普雷沃（P. Prévost）开始着手的研究，并将它们推升至完美的境地。根据阿格兰德的观察计算，太阳朝着武仙座的方向运动，而且极有可能朝向一个特定的点，该点由 537 颗星构成，位于赤经 257° 49′.7，赤纬 +28° 49′.7。对于这一类型的研究而言，要分辨恒星的真实运动和相对运动，要确定太阳系独属的物质，都是极具难度的。

如果观察星体的真实运动，而不是它的视运动，那么我们就会发现好像有一群一群的星体彼此反向而行，因为有迄今为止观察到的事实佐证，所以我们至少不必相信我们所处的星层，甚至是充盈太空的整个星岛的所有部分都围绕着一个巨大的、未知的，或者发光或者暗淡的中心天体运行。人类素喜追求终极原因，这种执着当然让人的思考力和想象力都倾向于做出这样的假设。亚里士多德就已经说过：“物体的运动都起源于其他运动中的物体，所有的运动最初都始于一个自身静止不动的推动者，如果说找不到这个第一推动者，那一定只是因为人们无休止地倒推所导致的。”

天体的视运动受制于观察者所处的位置，但它们在宇宙太空中的真实运动却是持续不停的，且运动形式多种多样。通过一系列自然现象，通过双星的运动，通过双星在其椭圆轨道不同地点上或快或慢的运动幅度，天体的真实运动向我们毫无异议地宣示，在太阳系之外，即使是在宇宙洪荒最边远的地带，主宰一切的都仍然只是万有引力法则。在这一领域上，人类的好奇心不必再在猜测和遐想中、在思想世界的各种类比中寻求满足。通过观测天文学和计算天文学的发展，人类的探索终于踩到了坚实且确凿的大地。人类不仅发现了数量惊人的围绕着位于自身以外的重心运行的双星系统和聚星系统（至 1837 年发现了约 2800 个），而且大幅拓展了对整个天体世界基本力量的认知，并证实了万有引力主宰全部宇宙的法则——这是我们这个时代最辉煌的发现之一。双星具有两种颜色，它们在轨道上运行一周的时间长度非常不同，跨度极大，北冕座 η 一个周期历时 43 年，而鲸鱼座 66、双子座 38、双鱼座 100 一个周期历时数千年之久。自贝塞尔 1782 年测量以来至今，巨蟹座 ζ 三重星中较近的伴星已经在轨道上运行了一周多。把双星的距离变化和位置角巧妙地联系起来，就可以发现轨道的要素，从而推导计算出双星到地球的绝对距离，并能对它们在质量上与太阳进行比较。在联星系统和太阳系当中，物质的质量大小是否是决定其引力大小的唯一因素？还是可能存在特殊的、与质量不成比例的引力在同时发挥作用？贝塞尔首次证实有这种可能性。这些问题目前尚不得而知，要留给后来人做出真正的解答。

太阳系处在一个透镜状的星层以内，如果我们把太阳和这里其他的恒星，也就是自行发光的星体，进行比较，那么至少在某些星体上我们会发现一些规律性的路径，能够帮助我们在一定限度内大致推导出这些星体的距离、体积、质量和位移速度。如果说天王星到太阳的距离是 19 个日地距离，那么太阳系中心天体到半人马座 α 星的距离就是 11900 个天王星到太阳的距离，到天鹅座 61 的距离几乎是 31300 个天王星到太阳的距离，到天琴座 α 星的距离则是 41600 个天王星到太阳的距离。在对太阳和一等星进行体积上的比较时，我们需要知道，这种比较受到一个极不确定的视觉因素——也就是恒星视直径——的影响。倘若我们跟随赫歇尔的研究，姑且认为大角星的视直径只有十分之一角秒，那么依此算出的大角星的真实直径就是太阳直径的 11 倍。贝塞尔算出了天鹅座 61 双星系统与地球的距离，借助这一距离大致可以推导出它们的体积。尽管天鹅座 61 从布拉德雷（J. Bradley）开始观察以来在视轨道上走过的部分并不够多，本不足以从中精确推算出其真实轨道及其最大半径，但是伟大的贝塞尔还是解决了这一难题，“天鹅座 61 的体积近乎太阳的一半，没有明显的更大或是更小”。这是真实测量得出的结果。太阳系中有卫星陪伴的行星体积较大，天文学家斯特鲁维在较亮的恒星和那些通过望远镜才能看到的恒星当中都发现了双星，但在前者当中发现的双星数量是在后者当中发现的6倍，这些观察和事实引出的某些相似性让部分天文学家推测，大多数双星的平均体积都超过了太阳。在这一领域我们还远远没有取得普遍性的结论。就太阳在宇宙太空中的真实运动而言，太阳属于运动剧烈的恒星，这是阿格兰德得出的结论。

举头仰望，天穹缀满星辰。星体、星云相对而立、布成阵局，洒下的光芒有明有暗、疏朗不一，整个天宇洋溢着优雅静谧之美，这样一幅星空画卷千万年来就悬挂在天上。然而这却是一幅永远处在变化中的画卷，这是因为：星体、星云亘古以来都在做真实运动，太阳系也在太空永不停息地发生平移，新生的天体星星点点遍布天穹，骤然之间熊熊燃烧，而衰老的天体刹那间消失殆尽再也无迹可寻，或是发出的光芒乍然黯淡，再无昔日的灿烂，更何况地球的自转轴也会因为太阳和月球的吸引而发生种种变化。这些因素都同等影响到我们所看到的星空图。有朝一日，在我们北方将可以看到半人马座和南十字座的美丽群星，而其他星体（天狼星、猎户腰带）将会下沉。渐渐地，人们将会以仙王座（β 和α）和天鹅座 δ 的星星来表示如如不动的北极方向，12000年后，织女星（天琴座α）将是北极上空所有可能的北极星中最灿烂明亮的那一颗。这些遥想都令我们感知到天体的急剧运动，就像一个永恒的宇宙时钟，一刻也不停息。让我们来想象一幅梦境的画面：我们的感官超越了自然，拥有了如同最大功效的天文望远镜一般的视力，而我们的所见之物全都密集压缩在一起，摆脱了原本置于其中的时间间隔，那么在这番情景下，太空的静谧就会倏然消散。我们看到的将是：无数恒星蜂拥攒动，朝着不同的方向运动；星云、星际云袅袅缭绕四处飘荡，时而凝聚厚重，时而消散如烟；银河在个别位置断开，撕裂它绵延的面纱；运动主宰着天穹所有的部分，也主宰着地球表面萌芽、出叶、花开的植被组织。著名的西班牙植物学家卡瓦尼列（A. J. Cavanilles）首先产生了观看“草木生长”的想法，他把水平测微计放置在簕竹的幼芽上，放置在生长迅速的黄边龙舌兰的花茎上，借助一个高倍望远镜，他委实看到了植物瞬间之内的生长。这就像天文学家把到达中天的星体放置在望远镜镜头中的十字线上一样。自然界生息幻灭，交替轮回，无论是有机物的世界还是恒星的世界都亦如此，在这永不停息的流转中，运动同时还意味着存在、维持和生长。

第9章
银　　河

· *Die Milchstraße* ·

仰望夜空，我们会看到一条“恒星银河”，也会看到一条“星云银河”，它们几乎成直角相对而立。

我上面提及银河会发生断裂，这里还需特别做出解释。威廉·赫歇尔是一位研究宇宙太空的先驱，令人崇敬和信赖，他通过对星体的校准测定发现，银河在望远镜中的宽度比星图所展示的以及人类肉眼可见星光所预示的，要宽阔 6° ～ 7°。银河中有两个明亮的聚点，银河的两个分支就相汇在这里，一个聚点是仙王座、仙后座所在的区域，另一个聚点是天蝎座、人马座所在的区域，它们看似对临近的星体具有强烈的吸引力。天鹅座 β 和 γ 之间的星空最为明亮，而天球 5° 区域发现的 330000 颗群星恰恰就在这里分道扬镳，它们中的一半朝着一个方向运动，而另一半朝着相反的方向运动。威廉·赫歇尔猜测银河将于此断裂。银河中可辨识的、望远镜可见的未被星云阻断的星体估计有 1800 万颗。这个数字究竟有多么庞大，我在此列举一个数据，不奢望读者能够想象银河是多么广袤，只供他们在心中进行比较，要知道整个星空中肉眼可见的一等星到六等星总共只有 8000 颗左右。这样庞大的数字和空间已经超越了人类思考和感知的极限，我们只能在内心升起一种无奈的惊叹，我们惊叹空间既可以扩展到无限浩瀚，也可精微到无限渺小；我们惊叹宇宙中既存在着巨大的天体，也存在着细小的微生物。根据生物学家埃伦伯格（C. G. Ehrenberg）的研究，一块不到 17 立方厘米大的波希米亚比利纳地区的板岩中就含有 400 亿个具有硅质外壳的披毛菌。

仰望夜空，我们会看到一条“恒星银河”，也会看到一条“星云银河”，它们几乎成直角相对而立，阿格兰德曾经敏锐地发现，天空中较亮的星星好像都莫名地更加靠近恒星银河。威廉·赫歇尔认为，银河呈环形，像一条悬空的、距离透镜状星岛较远的玉带，类似土星的光环。太阳系不在银河中心，更靠近南十字座地带，距离与南十字座相对的仙后座较远。1774 年，夏尔·梅西耶发现了一团星云，但未能看到它的全貌，我们所在的星层以及具有分支的环状银河与这团星云奇迹般地相似。“星云银河”不在我们所处的星层，它环绕着我们的星层，与其没有交集，且彼此相距遥远。它形若一个无限大的圆环，连亘绵延，穿过室女座浓厚的星云（尤其是北部的翅膀）、后发座、大熊座、仙女座的腰带和双鱼座。它很有可能在仙后座的位置斩断“恒星银

◀ 洪堡写作和画图用的工具。

河”。恒星银河两极的位置星辰稀少，因为有一种充盈其间的宇宙力量把分散的恒星汇聚成了星团，从而使得这里变得萧索荒芜。在星层较薄的地方，“星云银河”连接起了“恒星银河”的两极。

从这些观察思考可以得知，我们所处的星团在边缘地带生有很多末端枝杈，这说明星团的形状随着时光流逝经历了巨大的改变，由于受到次级吸引力的影响，星团趋向于分散和瓦解。星团被两个环形包围，一个是十分稀薄的星云环，一个是距离更近的恒星环。后者（银河）是一个星体系统，星等平均为十等到十一等，若是单个观察的话，就会发现其中的星等差别极大。而孤立存在的星团几乎都是由特性相似的恒星组成。

第10章

星　　空

· *Der gestirnte Himmel* ·

举头仰望，天穹之上缀满星辰，光华流溢，它向我们展示了无数种“不同时性”，我们多么希望可以把发着柔光的缥缈星云和朦胧闪烁的星团拉得近一些，把作为距离单位的光年缩得小一些。根据我们对光速的了解，遥远天体发出的光芒始终都是见证物质存在的最古老的感性证据。

天穹之上暗藏繁星无数，凡是使用能够强力穿透空间的巨型望远镜观测的地方，都可以发现星体，无论看到的是那些 20 ～ 24 等的星星，还是发光的星云。如果使用更加强大的望远镜，那么其中一部分星云很可能在镜头中又会分解成独立的星体。人类视网膜感受到的是单个或密集的光点，由此产生了非常不同的光度状况，阿拉戈在他最新的文章中就展示了这一点。太空中普遍存在着云雾，它们时而汇聚成形，时而弥散无形，密集时会产生热量。这些云雾很有可能会改变太空的透明度，减小天穹的亮度。哈雷和奥伯斯推论，如果天穹中的每一个点都沿着纵深方向被一连串无穷尽的星体所覆盖的话，那么整个天穹就一定会有同等的亮度。但是这种设想有悖于人们观察到的事实。天空上存在大片没有星星的区域，威廉·赫歇尔称之为“天空的裂隙”，一个在天蝎座，有 4° 宽，一个在蛇夫座的腰部。这两个“裂隙”的边缘都有星团存在。位于天蝎座裂隙西部边缘的那个星团是小恒星数量最多也最密集的星团之一，那里群星荟萃，像宝石一般装点着天穹。威廉·赫歇尔认为，天空裂隙所在的区域之所以没有星体，是因为裂隙旁边的星团发出引力，有一种聚星成团的力量，聚拢了周边的星体。“这些裂隙是我们星层的一部分，它们历经了时间的洗劫，伤痕累累”，威廉·赫歇尔以他美丽生动的语言如此说道。倘若我们把向太空深处层层延伸的、望远镜可见的星体想象成一块厚实的地毯，铺陈在整个可见的天穹之上，那么我认为天蝎座和蛇夫座中的裂隙就是我们望向无垠太空的管道。这块地毯有的地方开裂了，但这些破碎之处也可能还隐藏着其他的星体，只是我们现有的仪器还看不到它们。古人目睹到燃烧的陨石，也认为那是天空断裂，石头就此从天而降。亚里士多德认为这些裂隙只是暂时出现，它们并不是漆黑一片，反而是明亮灿烂、火焰熊熊，因为位于其后的以太在燃烧，火光穿透而出。威廉·德哈姆（W. Derham），甚至是惠更斯好像都并不反对用类似的方式来解释这些星团发出的柔和光芒。

如果我们把平均距离较近的一等星和那些望远镜可见的星云进行比较，

◀ 威廉·洪堡（William von Humboldt，1767—1835，Thomas Lawrence 绘）威廉·洪堡，哲学家、语言学家，也是柏林洪堡大学的创始人。1949 年，洪堡大学以他的名字命名。他一生和弟弟亚历山大·洪堡保持着紧密的联系。

如果我们把云雾状天体和那些不可分离的漩涡星云，如仙女座大星云，甚至是和那些所谓的行星状星云进行比较——遥望这些距离极为不等的天体，我们仿佛潜身于宇宙无边无际的浩渺之中——此时此刻就会有一个事实扑面而来进入脑海，那就是，天体现象的有相世界以及它的形成因素全都受制于光的传播。按照斯特鲁维的最新研究，光速为每秒钟 41518 地理里，几乎是声速的 100 万倍。麦克莱尔（T. Maclear）、贝塞尔、斯特鲁维对半人马座 α、天鹅座 61、天琴座 α 的视差和距离进行了测量，根据测量结果，这三颗恒星发出的光分别需要 3 年、9.25 年、12 年才能到达地球。1572 年到 1604 年虽然是一个短暂的时期，但却意义非凡，天文学此间经历了盖玛（C. Gemma）、第谷（Tycho Brahe）和开普勒的推动发展，就在这段时间突然有三颗明亮的新星分别出现在仙后座、天鹅座和蛇夫座的脚部。这一现象也曾于 1670 年在狐狸座中多次重现。1837 年以来的最近一段时期，约翰·赫歇尔在好望角观察到南船座 η 的亮度忽然由原来的二等上升到一等，蜕变成天穹上的璀璨之星。事实上，宇宙太空中的此类事件发生在过去的某个时期，星光需要一定的时间才能穿越太空到达地球进入我们的眼帘。宇宙呈现出的变化就像是来自过去的声音，而恰巧被我们捕捉到。难怪有人说，我们借助于望远镜挺进了太空，同时也潜入了时间。我们用时间来度量空间，光束一小时行走 1.48 亿德里。古希腊诗人赫西俄德（Hesiod）曾经在《神谱》中通过用物体坠落来表达宇宙的规模（“铁砧从天空落至地面需要 9 天 9 夜”）。然而斗转星移，时至今日人类有了新的认知，威廉·赫歇尔推算，从他 40 英尺长的反射式望远镜能够观测到的最遥远的星云出发，星光几乎需要 200 万年才能到达地球。很多天体在我们看到之前就已经消失殆尽，它们彼时的排列也与当下不同。举头仰望，天穹之上缀满星辰，光华流溢，它向我们展示了无数种“不同时性”，我们多么希望可以把发着柔光的缥缈星云和朦胧闪烁的星团拉得近一些，把作为距离单位的光年缩得小一些。根据我们对光速的了解，遥远天体发出的光芒始终都是见证物质存在的最古老的感性证据。当一个擅长思考的人站在科学的基础上如此面对宇宙万物时，内心会升华出一种严肃高尚的见地，他领悟到：“在光芒流溢的原野上，有无数世界正在萌发孕育，就像那青草，一夜之间萌生突现。”（威廉·洪堡）

洪堡生命的最后25 年主要忙于创作《宇宙》（*Kosmos*）一书。《宇宙》前四卷分别于1845—1859年出版，第五卷尚未完成时洪堡就逝世了，1862年由他的秘书布什曼（E. Buschmann，1805—1880）整理出版。

天地万物在《宇宙》中汇合为一幅长长的画卷，闪光的思想被融入丰富的旅行见闻中，可谓科学与诗意融为一体。洪堡优美生动的语言让《宇宙》一出版就成为畅销书，几个月之内便卖出了两万多本，随后陆续被翻译为英语、法语、西班牙语等多种文字。

洪堡从巴黎回到柏林之后购买的桦木桌子。洪堡正是在这张桌子上撰写了《宇宙》系列。该桌子现存于柏林自然历史博物馆。

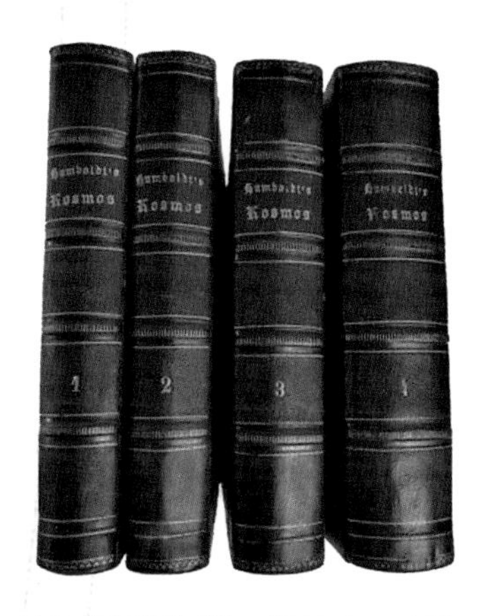

《宇宙》第一版的1～4卷。

《宇宙》手稿。

《宇宙》1～5卷的英译本。

《宇宙》第一卷的西班牙语译本。

《宇宙》第一卷中译本。

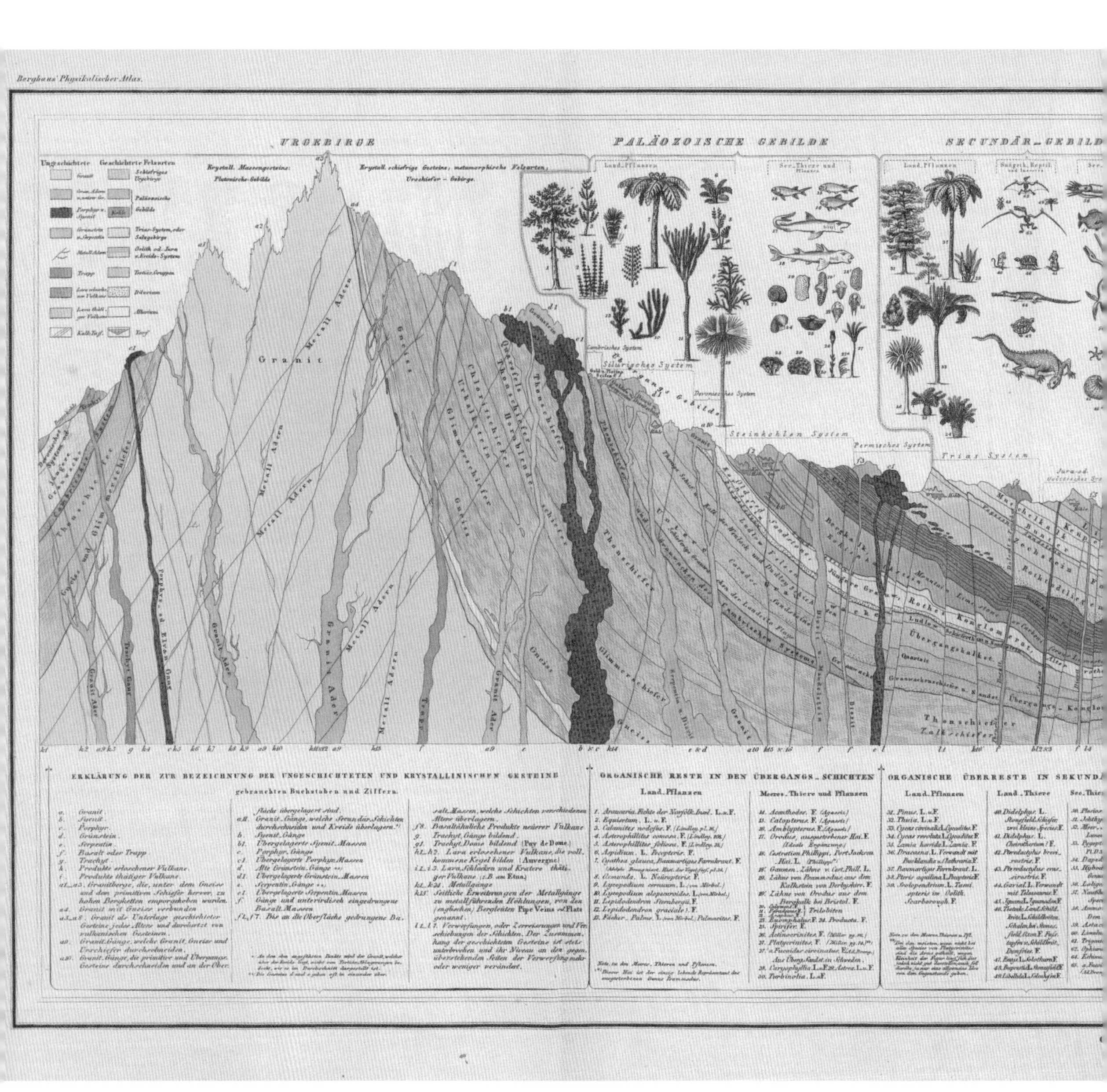

《宇宙》所附图册中的地壳横截面图。

图册最初计划和《宇宙》一起出版，但由于制图师与出版商之间的矛盾，后来另行出版。

洪堡早在1807年出版的《植物地理学随笔》中就谈到，非洲大陆与南美洲大陆可能曾经相连在一起。他也曾大胆地推测，大陆漂移的动力可能源于某种“地表以下的力量”。

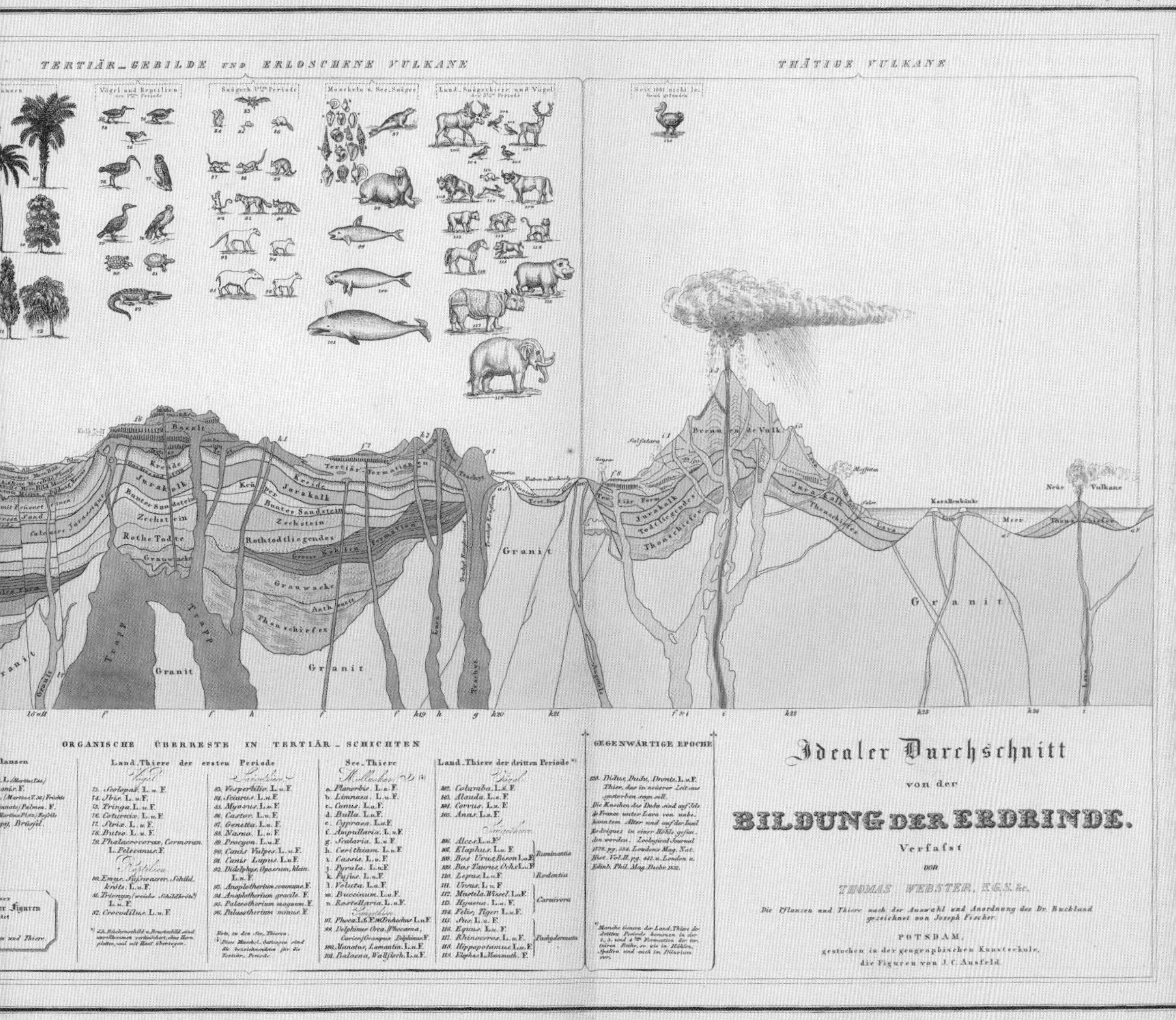

洪堡把地壳的各个形成阶段和埋葬其中的动物、植物做比较。他在《宇宙》一书中写道："石松与某些蕨类植物分布在一个矿层，鳞木与封印木分布在另一个矿层。了解煤层的沉积状况，我们就可以想象出远古世界的植物何其繁盛，水流搬运沉积的植物何其庞多……"

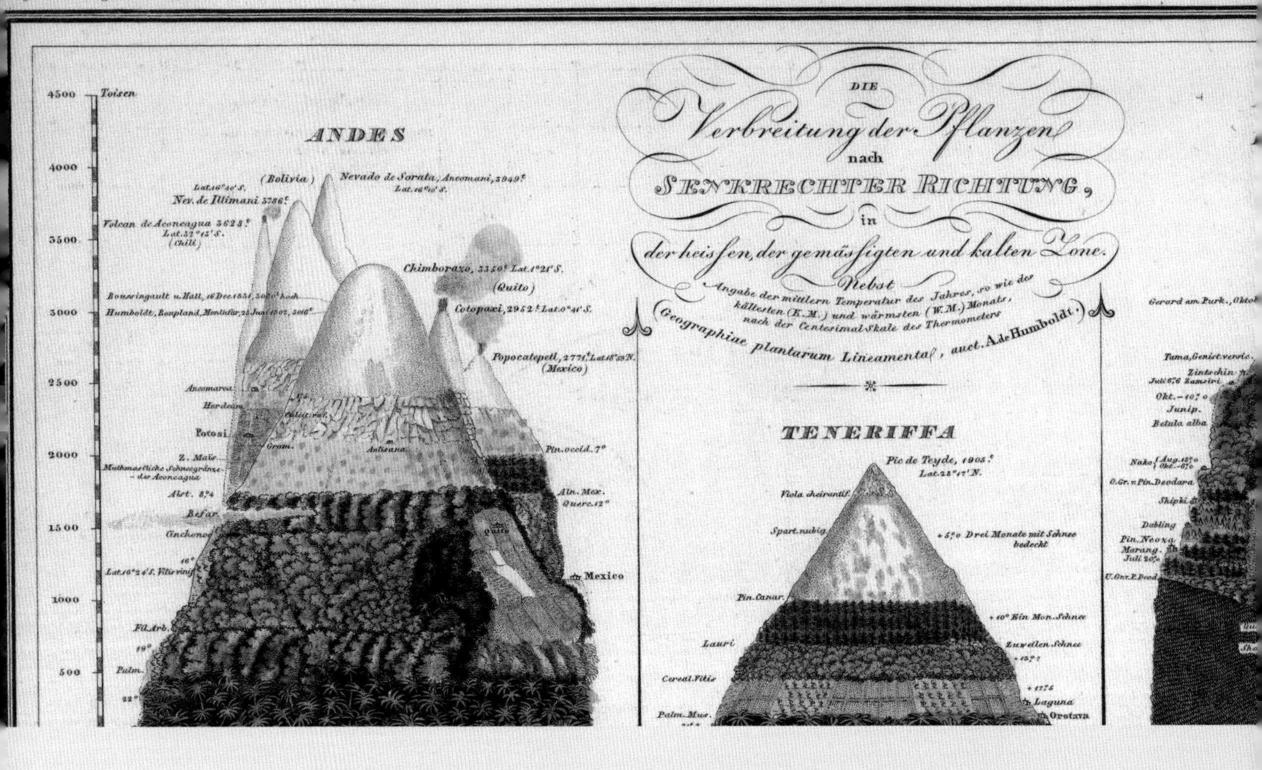

《宇宙》所附图册中的植被分布图（局部展示）。

在获得安第斯山脉的地质构造和植被分布之后，洪堡一直渴望着攀登喜马拉雅山，从而对这两座山系进行比较，这样就能完成一幅理想的“自然之图”。

洪堡在《宇宙》中写道：“有一段时间我几乎只钻研植物学，我领略过自然的博大，见识过不同气候带各种对比强烈的自然景象，这让我如鱼得水，心中满是对这份眷顾的感激。我的研究集中于上面提及的方向，这是我生命中一段非常幸福的时光。”

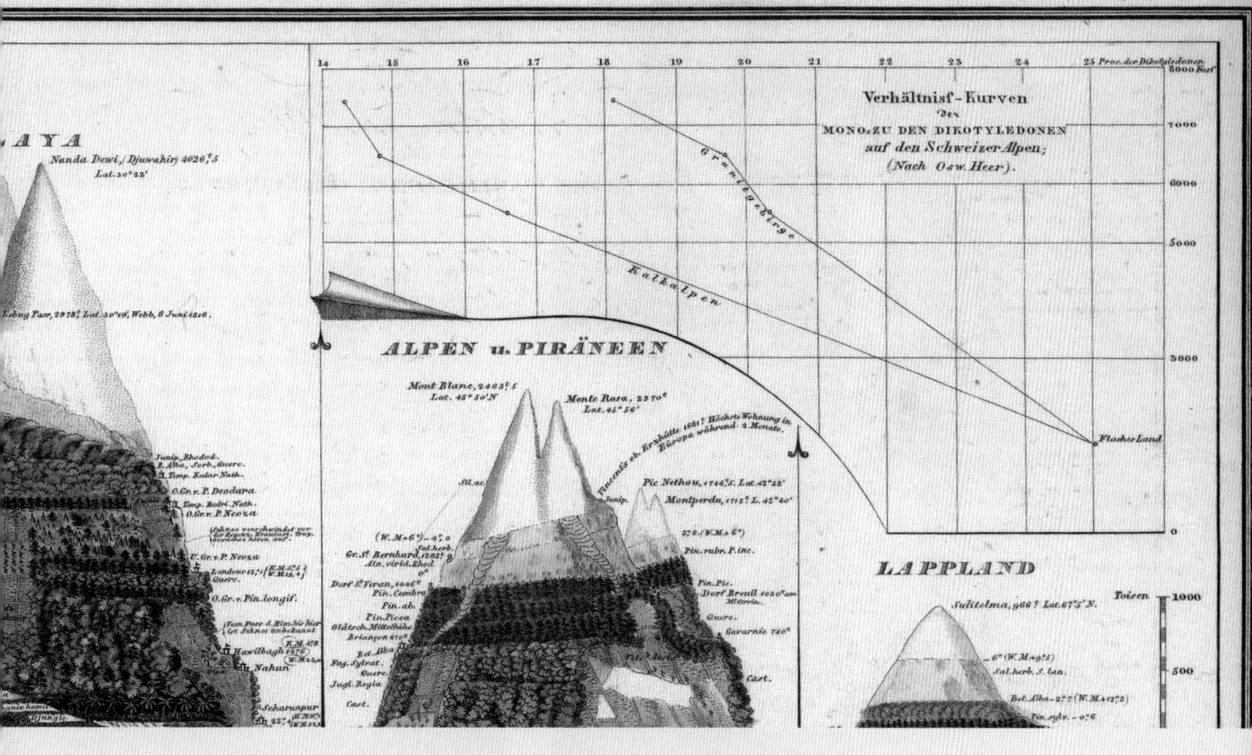

1829 年，洪堡在快 60 岁时得到了访问俄国的许可，对中亚草原和阿尔泰山等地进行了为期 7 个月的考察，这多少弥补了洪堡不能去喜马拉雅山的遗憾。同年 8 月 17 日，洪堡和他的同伴到达了俄国和中国新疆的边境。他在给哥哥威廉的信中激动地写道：“我来到了中国！传说中的天朝。”

洪堡喜欢与各种各样的学者交往。有他出现的场合，气氛也会随之活跃起来。

《宇宙》的内容涉及天文学、物理学、地质学、生物学等多个学科，引用了约300位学者的观察和思考。这里仅列举第一卷中高频出现的四位学者。

洪堡在巴黎结识数学家和天文学家阿拉戈之后，在很长一段时间内，两人几乎天天见面，形影不离。洪堡后来写道，和阿拉戈的友情是自己“生命中最愉快的收获”。但哥哥威廉对弟弟的这段过度亲密的友谊颇为不悦。

阿拉戈（F. Arago，1786—1853）

布赫是洪堡在弗莱贝格工业大学时期的好友，他们曾经一起结伴考察安第斯山脉，一起见证了维苏威火山的喷发。洪堡在《宇宙》中不乏对布赫的溢美之词，称他为“当代最伟大的地质学家”。

布赫（C. L. von Buch，1774—1853）

《通论地理学》扉页。

瓦伦纽斯（B. Varenius，1622—1650）被洪堡称为伟大的地理学家。1650年他的代表作《通论地理学》出版，此书对地理学的发展影响深远。洪堡在《宇宙》中指出：“瓦伦纽斯的一个不可磨灭的功绩在于，他的关于一般地理学和比较地理学的构想引起了牛顿的高度关注。”

赫歇尔兄妹在给望远镜的镜头做抛光。

洪堡在《宇宙》中多次引用英国天文学家威廉·赫歇尔（F. W. Herschel，1738—1822）的观点，并形容赫歇尔“像哥伦布一样率先驶进了一片未知的宇宙之海”。1817年洪堡到达伦敦时，还专程去郊区拜访威廉·赫歇尔并给他当了两天研究助手。

洪堡的思想和行为曾影响了许多人。五年的美洲之旅，加上长期购买先进的科学仪器和昂贵的书籍，他从母亲那里继承得来的遗产已经所剩无几。但他经常不顾自己的拮据甚至负债，慷慨地资助其他科学家、艺术家，特别是探险家。他给数百位年轻人写过推荐信，各类信件多达 8000 封。兴趣广泛且深情的洪堡十分乐意帮助那些事业刚刚起步的年轻人。例如，生物学家和地质学家阿加西（L. Agassiz，1807—1873），以及后来被称为“有机化学之父”的李比希（J. von Liebig，1803—1873）都曾经得到洪堡的宝贵帮助。数学家高斯（C. F. Gauss，1777—1855）曾这样评价洪堡：“帮助和鼓励别人是‘他皇冠上最明亮的珍珠’。”

◀ 斯坦福大学一座建筑的外墙上竖立着阿加西和洪堡的雕像。

▶ 年轻时的李比希。

达尔文（Charles Darwin，1809—1882）在剑桥大学上学时读到了洪堡的《旅行故事》（*Personal Narrative of Travels to the Equinoctial Regions of the New Continent during the years* 1799—1804）。这本书点燃了达尔文心中探索世界的热情。1831 年达尔文乘坐“小猎犬”号开始环球旅行时，随身带着七卷本《旅行故事》，他的旅行日记也参照该书的风格写就。1839 年《“小猎犬”号环球旅行记》出版后，达尔文第一时间给洪堡寄书，并附信一封。洪堡很快给达尔文写了回信，盛赞达尔文并推动该书的德文版在柏林出版。回信中洪堡还谈到非常崇拜达尔文的祖父伊拉斯谟·达尔文（Erasmus Darwin，1731—1802）。洪堡在《宇宙》（第一卷）中 5 次提到了达尔文的发现。

1842 年洪堡访问伦敦，在 1 月 29 日的一次聚会上，33 岁的达尔文终于见到了 73 岁的洪堡。

▲ 三十多岁时的达尔文。

▲ 洪堡的《旅行故事》。

洪堡生前已经声名远播，同时代的许多名人都给过他高度评价。他被授予多项荣誉奖章，为全世界留下了丰富的精神遗产。后来，许多物种和地理特征以他的名字命名，许多地方、场馆和学术机构、讲座、基金也以他的名字命名。一些重要的节点，比如洪堡逝世 100 周年纪念日和 250 周年诞辰日，世界各地举办了形式多样的纪念活动。洪堡的雕像出现在他曾考察过的地方。纪念他的邮票，与他相关的展览和书籍亦不胜枚举。

柏林自然历史博物馆纪念洪堡 250 周年诞辰特展。

洪堡企鹅。（原产于智利和秘鲁）

位于厄瓜多尔基多一座公园的洪堡雕像和纪念碑。

美国芝加哥洪堡公园潟（xì）湖。

1959 年洪堡逝世 100 周年时，苏联发行的纪念邮票。

柏林洪堡大学的洪堡纪念雕像。

第三篇（下）

自然之画卷——自然现象概述：地球

·Naturgemälde. Allgemeine Übersicht der Erscheinungen: Tellurischer Teil des Kosmos·

我们从最遥远的星云、从联袂旋转的双星出发，一路向下走来，目睹了陆地上和海洋中最微小的生物，也发现了生长在雪峰悬崖裸露岩石上的植物嫩芽。这些自然现象被按照部分已知的自然法则进行了分类。不过有机世界中最高等的生物的生存空间，却是由另外一些神秘法则管辖统领，它就是人类的世界，人类族群有着不同的外形，拥有天赋的精神力量，创造了精妙的语言。自然画卷卷终之处，即是人类智慧开始升起的地方。

1800—1804年亚历山大·洪堡和邦普兰一起探索了南美洲的奥里诺科河和亚马逊地区，收集了约6万份植物标本。（Ferdinand Keller 的雕版画）

第1章
开　　篇

· Einleitung ·

只有在地球上，我们才可以亲自触摸到有机生物和无机物质的所有元素。物质的种类千千万万，它们或者互相结合或者更新重组，物质间的作用力也永远在嬉戏搏斗，这一切都给人类精神带来了丰厚的滋养和探索的喜悦，也为人类提供了无穷无尽的观察领域。

Alex. v Humbold

苍穹之上，天体形形色色，那是天空之神乌拉诺斯的孩子们，现在我们从那无边无际的天体世界俯身来到一个较为狭小的空间，这里被地球的力量掌控，这里居住着大地女神盖娅的孩子们。然而却有一条神秘的纽带同时环绕着天地万象。根据提坦神话的古老寓意所示，自然界的重大秩序都与天地的合力运作息息相关。从起源上看，地球跟其他行星一样，从属于中心天体太阳以及太阳的早前从云雾环中分离出来的大气层。然而，即使是现在，地球也仍然正通过光和热与邻近的太阳、与所有悬在天空的遥远的恒星保持交流。这些作用的规模虽然不同，但这并不应该阻止自然学家在描绘自然画卷时提到它们，正是共同的、同类的力量在统帅宇宙，彼此之间关系密切。地球上的一小部分热量归属于太阳系运行其中的太空，傅立叶（J.Fourier）认为，这部分太空的温度近乎严寒的地球极地平均温度，这是所有发光星体共同作用的结果。太阳光对大气循环和地层上部造成了什么样的强烈影响，太阳光如何散发热量产生电磁辐射，如何对地表有机组织施以魔法唤起它们内在的生命之火，如何养育万物——这是我们之后研究的对象。

接下来我们将专门研究宇宙当中地球的领地，让我们首先把目光投向地球固体部分和液体部分的空间分布、地球的形状、地球的平均密度、地球密度的局部分布、地球的热量与电荷。地球的空间状况以及物质固有的内部力量导致地球由内向外发力。通过对地热这种广泛存在的自然力量的研究，我们认识到，地球由内向外发力的效应可以引发地震（地震的强度有别，并不总是伴有剧烈反应，震区的面积各不相同），也可以引发热泉喷发和更为强烈的火山现象。地壳受到来自内部的冲击，有时会突然地猛烈运动，有时会持续不断地被抬高隆起，这种效应是不可觉察的，就这样千万年逝去，地球固体外壳与海平面之间的高度差发生了改变，海底地貌也在经久不息地变化。与此同时，地壳上形成了暂时的裂隙或是永久的开口，这些通道使得地球内部与大气层可以进行交流。岩浆从地球深处涌出，化为细流沿着山坡流淌，有时急剧而下，有时迂回和缓，直到这火焰般的“地下之泉”最终枯竭才停下脚步，岩浆的表面形成了一层壳，在这层壳的下面，岩浆喷吐着热气，逐

◀ 洪堡素描像（F. Gérard 绘于 1805）。

渐冷却，凝固，成为熔岩。新的岩石就这样在我们目睹之下形成了，而有些古老的早已形成的岩石则会因为受到地壳深处力量的作用而产生改变，不过这种改变较少发生在岩浆可以直接触及的地带，而是多发于热量可以波及的区域。就是在岩浆未能突破地表的地方，地壳的晶体微粒也会受到挤压移动，从而形成密度更高的组织。

现在再让我们将目光转向地球上的水域，这里生成了全然不同的物质：有动植物遗体的凝结物，有土、白垩、黏土沉淀的凝结物，还有细碎的岩石砾构成的混合体，其上是一层覆盖物，里面有无数的硅壳纤毛虫，有包含遗骨的腐殖质，而腐殖质正是史前动物繁衍生息的所在。有一些岩石就在我们眼前通过不同的方式缘起生成，堆积成层，而另有一些岩石因为彼此施压和火山力量的影响，或者断裂脱落，或者弯曲变型，或者竖直挺立。当一个善于触类旁通的、思索着的观察者看到所有这一切时，他不禁会把当前和早已逝去的时代进行比较。随着对各种真实现象的整合，随着研究空间的扩展，随着人类意识到的自然力量影响范围的扩大，我们终于得以进入期待已久的地质学王国，很长时间以来我们对地质学都只是懵懵懂懂，半个世纪之前它才开始有了坚实的理论基础。

有人一针见血地指出："虽然我们使用大型望远镜仰望星空观察天象，但若是涉及对其他行星的了解，我们必须说，我们对行星内部的了解实际上多于对行星表面的了解。"人类给这些星球"量体称重"，算出了它们的质量和密度，观测天文学和数学天文学的长足进展使得这两个数据的精确程度越来越高。然而对于它们的自然地理状况，我们仍然还是蒙在鼓里，被一片漆黑笼罩。只有在地球上，我们才可以亲自触摸到有机生物和无机物质的所有元素。物质的种类千千万万，它们或者互相结合或者更新重组，物质间的作用力也永远在嬉戏搏斗，这一切都给人类精神带来了丰厚的滋养和探索的喜悦，也为人类提供了无穷无尽的观察领域。当人类观察自然中的生灵万物时，内心会升起崇高和敬意，随着人类的思考能力逐渐形成并且变得强大，对自然所做的观察也会赋予人类理性世界一种伟大高贵之意。感性现象的世界总会映射在思想世界的深处，大自然丰富斑斓，可辨识的事物千千万万，人们对自然的这些感性经验也会逐渐过渡到理性认知的阶段。

这里我要再次重申，有关地球的科学相比之下具有优势，前面已经多次提到过，这些学科源自我们的故乡——地球，它们的潜在发展与我们在地球上的栖居息息相关。而天文学的情况却大相径庭，无论是面对遥远的朦胧生辉的星云，还是面对近前太阳系的中心天体，我们都止步于体积和数量这样一般性的概念。我们没有发现那里有任何生命的迹象。人们只是依据一些相似之处，常常也只是靠着想象中对各种信息的整合，才斗胆提出了对于某些物质特殊属性的猜测，并推导出某些物质不存在于这个或那个天体上的结论。地球上的物质属性各异、化学结构不同，物质的分子结晶为颗粒、排列成行，从而形成规则的形态。当光线直射、偏折、分散时，当热量辐射、传导、极化时，当精妙的虽然不可见但功能却丝毫不减的电磁现象发生时，物质的反应与状态都会随之变化。所有这些知识全部产生于我们栖居的地球的表面，地球的固体部分相较于液体部分贡献了更多的知识，它们提升了我们的世界观，是自然科学不可估量的宝藏。有关自然物质与自然力量的知识浩瀚如烟，人类客观的觉察也多种多样不可尽述，它们如何推动了人类的精神和文化持续发展，前面已经提到过，这里不需再进一步扩展。为什么当一个民族掌握部分自然力量时就可以获得物质上的权势，个中原因错综复杂，也不在此处铺叙。

如果说指出地球科学与天文学之间属性上的差异是我的责任，那么另一方面，我也有必要对地球科学得以产生的空间加以限定，因为我们正是在这样一个区间之内获得了对于具有多相性的物质的全部认知。这一空间被不当地称为“地壳”，它是距离地球表面最近的且具有一定厚度的固体外壳，纵深的裂谷、人工的挖掘（钻井、矿道）都在某种程度上打开了地壳。竖直方向上的人工挖掘不会比海平面以下 2000 英尺深太多，这个深度只是地球半径的九千八百分之一。活火山喷发出的晶体物质通常与地表岩石相似，它们究竟出自地下多深的地方，尚无定论，不过可以确定的是，其绝对深度是人工挖掘可达到的深度的 60 倍。硬煤层暗藏于地壳中，在地下蜿蜒一定距离以后开始向上延展，煤矿层凹地的深度可以用数字明确表示出来。这样的矿带证明，矿床的深度可观，含有史前有机生物遗体的硬煤成矿带埋藏在数倍于海下 5000 ～ 6000 英尺的位置（如在比利时），而石灰岩和泥盆纪洼地弯曲地层的深度大致又是这个深度的两倍。如果把这些地下凹地与地壳抬升的最高部分——即最高峰——相比较，就会得到一个 37000 英尺的高低落差，此高度相当于地球半径的五百二十四分之一。这一竖直方向上的所有岩石沉积层就是地质研究的舞台，即使地球表面全都达到了喜马拉雅山脉道拉吉里峰或者是玻利维亚索拉塔的高度，地质研究的空间也还是这一范围。所有海平面以下比上述凹地、人工挖掘以及锤球所能到达的个别海底部位更深的黑暗世界，对我们而言，都跟太阳系其他行星的内部一样，遥远且陌生。我们也只知道地球的质量，通过可以探究的地球表层的密度，我们能够推算出地球的平均密度。我们对地球内部核心区域的化学属性和矿物属性一无所知，在此仍旧是局限于推测，一如我们面对围绕太阳运行的遥远天体，只能是浮想联翩。岩层在什么样的深度黏稠变软或者熔化成液态？充满弹性气体的地下空洞究竟怎样？当液体经受极大压力而变得炽热通红时，液体的状态又如何？地球密度从地表到地心逐渐增加的规律具体怎样？所有这一切，我们都无法确定。

地热随着深度的增加而增加，地球内部非常活跃，地球由内向外发力，这些现象引导我们注意到一系列火山现象，它们表现为：地震、火山气体喷发、热泉、泥火山、火山坑喷发岩浆流。地下的弹性力量威猛剧烈，它同样也作用于地表，表现在陆地海洋的沧海桑田之变。在这种作用力下，广阔的地面和具有多重地质构造的大陆或者抬升或者下沉，地壳的固体部分与液体部分发生分离。暖流、寒流像江河一样流过大海，切割着海洋，大洋在地球两极凝固，海水变成坚厚的冰层，有的层层叠压、根基稳固，有的分崩碎裂、浮冰飘摇。陆地与海洋的边界、地球液体部分与固体部分的边界常常多次改变。地层上下振荡。陆地被抬升以后，山脉在绵长的地壳裂隙处隆起生成，山体通常平行，很可能形成于同一地质时代。有些盐水湖和内陆湖突然被地球内力分离隔断，那里原本栖居着共同的生物，贝壳和植虫类的化石遗迹都能证明这些湖泊曾经彼此相连。就这样，跟随着事物之间相对的依赖性和关联性，我们领略到藏于地球深处的内力，它永不停息地创造着、统帅着，继而我们又观察到地壳震动、开裂，目睹到岩浆在气体的压力作用下从地壳裂隙中喷薄而出。

地球的内力爆发，把安第斯山脉和喜马拉雅山脉抬升到了雪线以上，而这同一种内力也在岩层中催生了新的混合物质与组织，并改变了原有的地层，这些地层中曾经沉积着充满了有机生物的液体，那是有机物休养生息的乐园。我们在此能够辨识出地层构造的顺序，它们成形于不同的地质时代，层层叠加，受到地表形态变化、地下内力活跃状态以及裂隙蒸气化学作用的影响。

陆地是地球表面未被水淹没的、能够让植被繁茂生长的部分，陆地的形状和结构都与周边的海洋密切相关并且相互作用。海洋中的有机物几乎全都是动物。而地表的水又被大气层所覆盖，在这个大气的海洋中，山脉、高原全都高耸着置身其中，就像海洋包裹之下的海底高地；多种多样的气流在此间循环流动，气温也变化多端；水汽聚集于云层，在云层的斜面化作雨水，倾泻而下。世界也因之动了起来，生命一触即发。

海洋与陆地的分布交错复杂，地表的形态万万千千，等温线的方向蜿蜒曲折，这些都影响到动植物的分布和发展，然而自然宇宙学所要描述的最后的也是最高贵的对象——人类——却与之全然不同。人类的种族具有鲜明的差异，他们分布在地表的各个区域，人数多寡不一，这些区别不仅仅来源于他们所处的自然环境，文明的发展、精神的成熟度和决定政治权势的民族文化更是同时造成了种族间的迥异。有些种族祖祖辈辈都在一片固定的土地上休养生息，然而忽有一日却遭受到更为先进的外族的驱赶，他们威逼这些落后民族，最终置其于死地，这些灭亡的种族在历史上几乎没有留下任何痕迹。另有一些民族，从人数上看并不是更为强大，然而他们却能够环海航游。尽管开始得比较晚，但他们凭借航行无处不至，从北极到南极，靠一己之力获得了关于地球表面的地理知识，至少是关于沿海国家的地理知识。

地球上存在各种自然现象：地壳在竖直方向抬升，在水平方向延伸，地表的状况千姿百态；地下岩层的地质类别各有不同；海洋循环往复，大气层亦是流动不息，造成各种天气状况；动植物依照其属性分布于地表的不同部位；最后是人类种族，所有的种族都有能力孕育精神文化，但他们之间存在着自然差异。在打开自然画卷逐一讲述这些现象之前，我希望先在这里概括展现如何从地球的形状以及来自地球内部永不停息的电磁和地热力量的观点出发，用同一种宇宙观把上述各种自然现象统一起来。达成这种统一性宇宙观的前提条件就是，把地球的各种现象按照其内在关联相互联结起来。倘若单纯用表格的形式对之进行罗列，则不能实现我既定的目标，也远远不能满足我期待从宇宙观的视角来描述这一切的渴望。当我航行在海面、行走在高山河川、放眼远望之时，当我倾心研究地球的各种物质和力量之时，当我看到地球不同地带的自然全貌、感受到其中无限生命律动之时，都被激发起这样的渴望，它在我心中长久地涌动荡漾。可喜的是，自然科学的所有分支都在发展完善，随着知识的迅速积累，本书的缺憾不足之处大概会在不远的将来得到修正和补充。人们会在长时间孤立分离的事物之间逐渐建立关联，让它们从属于更高的法则，这是所有学科的发展规律。这里我只描述我和很多志同道合之士走过的经验之路，满心期待人们能够“按照理性解释自然”——这是苏格拉底（Socrates）的原意，柏拉图（Plato）一言以蔽之。

第2章

地球的形状、密度、热能、电磁和发光现象

· Gestalt der Erde, Dichtigkeit, Wärmegehalt, elektromagnetische Tätigkeit, Lichtprozesse ·

决定地球演化的主宰因素，不是地球的矿物属性，也不是粗颗粒结晶岩石或是致密地布满了化石的岩石，而是地球本身的几何形状。地球的形状说明了地球产生的方式，地球的形状就是一部地球的历史。

德国发行的洪堡纪念邮票。

要描述地球上的重要现象，须从地球的形状和空间分布状况开始讲起。决定地球演化的主宰因素，不是地球的矿物属性，也不是粗颗粒结晶岩石或是致密地布满了化石的岩石，而是地球本身的几何形状。地球的形状说明了地球产生的方式，地球的形状就是一部地球的历史。地球是一个椭球体，无时无刻不绕着地轴自转，这说明它曾经是一团柔软或液态的物质。自然是一部天书，为所有懂得之人所著，它记载了最古老的地质事件，例如，地球的形状是扁圆的，月球的长轴永远指向地球，这意味着，我们能够看到的月球一面汇聚了更多的物质，这种汇聚状况决定了月球自转与公转周期之间的关系，可以溯源到月球形成的最初时期。贝塞尔说道："地球的数学形状是指想象中被静止水面所覆盖的一个球体的形状"，大地测量学中的弧度测量就是从这样一个球体出发，把海平面作为基准。然而实际中自然的地表固体部分却是高低起伏，充满各种偶然的地理现象，与数学意义上的地球表面大相径庭。如果知道地球的扁率和赤道直径，就能确定地球的形状。为了获得对地球形状的完整认知，需要在两个相互垂直的方向进行测量。

迄今为止，人类对地表曲度进行过 11 次测量，其中有 9 次发生在当今世纪，这些数据告诉我们地球有多大。老普林尼就曾经说过："在不可估量的苍茫宇宙中，地球只是一个点。"如果说同一纬度上不同经线的曲度不一致，那么这种情况恰好说明测量所使用的工具和方法是精确的，测得的局部结果是可靠的，符合地表的真实状况。如果一颗行星的引力沿着从赤道到两极的方向逐渐加大，那么我们可以由此推导出行星的形状，但是这种推算受到行星内部的密度分布情况的制约。卡西尼（G. D. Cassini）在 1666 年以前就发现了木星的扁率，牛顿大概也受到了他的启发。在《自然哲学之数学原理》这一不朽著作中，牛顿从理论基础出发，把地球设定为一个质地均匀的球体，算出地球的扁率为 1/230。而在新一代更加完善的数据分析的有力协助下，真正的测量显示，地球是一个椭球体，密度沿着从地表到地心的方向逐渐增大，扁率非常接近 1/300。

人们采用了三种方法探究地表曲度，通过曲度测量、单摆运动和月球轨道的某种不规则性都得到了相同的结果。第一种是直接的几何天文学方法，而在另外的两种方法中，人们通过对单摆运动和月球运动的精确观察，推导出引发这些运动的力，继而再从这种力出发，推导出力的产生原因，而正是地球的扁率造成了该力的产生。在这幅概述性的自然画卷中，我此处破例提到了研究时使用的方法，这是因为这些方法精确可靠，它们生动地让人联想到化身为各种形态和力的自然现象之间存在的紧密关系，再者也因为运用这些方法本身就是为科学发展提供实践机会，人们可以借此提高测量仪器的精确性，可以在月球运动以及解释单摆运动为何受到阻力的方面完善天文学和机械学的理论基础，也可以为数学分析开辟尚未有人走过的独特路径。恒星的视差引起了光行差和章动，视差研究是人们在天文学上取得的极其重要的成果，另一个同等重要的成果就是计算地球的平均扁率，确认地球的不规则形状。人类历经艰难，走过漫漫长路，才得以建立和完善数学知识与天文知识，取得了相应的成果，在人类的科学史上，这两项成果的重要性超越了所有其他议题。科学家对地球曲度的 11 次测量结果进行了比较，包括 3 次在欧洲以外所做的测量，一次在古秘鲁，两次在东印度，并按照贝塞尔提出的最严格的理论要求予以计算，最后得出的地球扁率为 1/299。这一结果显示，地球是一个自转中的椭球体，地球极半径比赤道半径短 10938 图瓦兹[①]。地球在赤道处变宽，这是椭球体表面曲度的结果，赤道半径长于极半径的部分在竖直方向上相当于勃朗峰高度的 4.43 倍多，只相当于喜马拉雅山脉道拉吉里峰疑似高度的 2.5 倍。拉普拉斯通过对岁首月龄变化的最新研究来计算地球扁率，其结果与通过曲度测量得到的结果相同，即 1/299。但是由单摆运动计算出的地球扁率总体上偏大一些（1/288）。

伽利略还是孩童的时候就已经显示出禀异的天赋。他在教堂做礼拜，大概是心不在焉，盯着教堂里悬挂的水晶吊灯看，他发现通过这些高低错落的吊灯的摆动时间可以计算出教堂穹顶的高度。那时他当然不可能想到，有朝一日会有人把钟摆从北极拿到南极，为的是确定地球的形状，或者说更是为确认一种想法，即地层不尽相同的密度会影响到秒摆的时间长度，尽管地球

① 图瓦兹（toíse）是法国大革命前使用的一种计量单位。1 图瓦兹等于 1.949 米。——译者注

的引力情况复杂，但从大范围来看却几乎都是均等的。秒摆是测量时间的工具，却有一种特殊的属性，可以借此勘察地质。秒摆像锤球一样能够探测不可见的深谷，比如把秒摆放置在火山岛或是由于板块隆起而形成的山脉斜坡上，此时秒摆的摆动情况反映的就是地质属性，它可以探测出玄武岩和暗玢岩这样大密度的岩石，这种情况下秒摆反映的并不是诸如深洞这样的地貌特征。基于秒摆的这种性质，要想获得一个普遍的结果，要想从单摆运动的情况推导出地球的形状，还是有一定困难的，尽管通过秒摆测量地表曲度的方法非常简便。山脉和密度较大的地层对纬度测量中的天文部分也造成了不利影响，不过影响的程度相对小一些。

地球的形状对其他天体的运动，尤其是对它邻近卫星的运动有强大影响，反过来我们也可以从对卫星运动的全面了解推导出地球的形状。正如拉普拉斯所言："一位天文学家不需要离开天文台，他只需把有关月球的理论和对月球的真实观察进行对比，就能获知地球的形状与大小，还能确定地球到太阳以及地球到月球的距离。而这些结果原本是需要到南北两个半球最遥远的地方勘探测量，经过长期艰苦的努力方才可以获得的。"经由月球不规则性算得的地球扁率有一个优势，它是一个平均值，适用于整个地球，这是局部曲度测量和单摆测量不能达到的。如果对照地球的自转速度就会发现，地球扁率证明了地层密度沿着地表到地心的方向递增，木星、土星自转轴与自转时间的对照也反映出这两大行星的密度随深度而递增。由此可见，关于天体外部形状的知识确实可以让我们推导得出关于天体内部属性的认知。

南北半球同纬度地区的地表曲度看似大致相同。前面讲过，用单摆测量和曲度测量测得的某些区域的地表曲度相差甚远，从中并不能推导出一个符合所有此类测量结果的规则形状。地球的真实形状与一个规则形状相比，"一个就像是波涛汹涌的水面，高低起伏；一个就像是静止的水面，平滑如镜"。

地球在被测量形状之后，还要被称重。单摆运动和锤球同样也能够确定地球的平均密度：我们可以把天文学和大地测量学的方法结合起来，例如在山体附近探查锤球在垂直方向上的偏差，也可以把单摆在平原上和在山顶上的摆动时间进行对比，还可以使用被视为水平单摆的扭秤，利用这些方法都可测得临近地层的相对密度。这三种方法当中第三种最为可靠，这是因为：

观察者是站在山体附近进行测量，而山体的球面弓形部分是由矿物组成，但确定矿物的密度却是一件棘手的事情，然而使用扭秤则不需要知道矿物的密度。赖希（F. Reich）最新试验测得的地球密度是5.44[①]，这说明整个地球的平均密度比纯净水的密度大得多。岩层构成了地表未被水面覆盖的陆地部分，根据岩石的属性，岩石圈的密度接近2.7，而陆地表面和海洋表面的密度值加起来也不足1.6，所以从5.44这个地球的平均密度值来看，地球内部各个地层的扁率不同，各地层的密度出于压力或物质的多相性，向着地心方向递增。这里再次显示，无论是垂直震动的单摆，还是水平摆动的扭秤，都可以理所当然地被称为地质仪器。

但是使用这样一种仪器得出的结果，却让一些著名的物理学家从不同的假设出发，生出了关于地球内部性状的截然相反的观点。有人推测，在一定的地下深度，液体甚至是气体物质由于受到地层叠压的自身压力，密度将会超过铂乃至铱。一方面人们对地球扁率的研究还非常有限，另一方面也流传着一种假设，认为地球内部存在某种简单的、可以无限压缩的物质。为了把两者协调统一起来，敏锐的莱斯利（J. Leslie）把地球的核心描绘成为一个空心球，其内充满一种所谓的"具有极大斥力、不可称重的物质"。很快，这些大胆任性的猜测就在社会上引发了更加荒诞离奇的假想，人们给这个空心球上安置了众多的动植物，另外又杜撰了两个在地下旋转的小行星，叫作"普路托"和 "普洛塞庇娜"，说它们挥洒着柔和的光辉普照地下生灵。此假说描绘出这样一种情境：地球内部空间温度恒定，空气因为受到压缩而发出明亮的光芒，足以照亮地下世界，可以不需要地下的行星，而且在北纬82°，也就是极光发散的地方，还有一个神秘的开口，从这里可以进入空心球的内部。西蒙（J. C. Symmes）曾经多次公开要求戴维（H. Davy）和我到地下探险。人类倾向于给那些没有去过的地方填满各种奇异的景象，这种病态的执念是如此强大，全然无视自己彻底违背了已经证明的事实或被普遍承认的自然法则。著名的哈雷在17世纪末所做的关于地磁的猜想中就已经把地球想象成了一个空心球。他认为地下有一个自由旋转的核心，而它每个当下所处位

① 原文未标注密度单位。——译者注

置的不同则引起了地磁偏角每一天每一年的变化！霍尔贝伯格（L.Holberg）是位才思喷涌的诗人，他欢快地勾勒出一幅幅想象中的场景。然而当今有一些人，严肃且无趣，正试图给这些假想穿上科学的外衣。

地球的形状和地球所达到的密度都与一些能够影响到它们的力量紧密相关，但是那些因为行星相对于发光中心天体的位置而产生或引发的外来力量不算在内。地球在自转时产生离心力，离心力作用于地球，造成地球扁圆的形状，扁圆形状反映出地球在遥远的初始时期曾经是液态的。人们倾向于认为这是一种雾气状的、原本就具有极高温度的流体，它凝固的时候释放出大量潜在的热量。按照傅立叶的理论，在凝固过程中，由于热量向太空发散，地表首先开始冷却，而临近地心的部分却仍然保持高温和液态。热量从地心向地表辐射，持续很长时间以后，地球的温度终于达到了一个稳定状态，所以人们普遍认为地下热量随着深度的递增而持续上升。自动流出的井水、对矿山岩石温度的测量，尤其是地球的火山活动喷出物，也就是从裂隙中喷发出的岩浆，全都无懈可击地证明了在地壳相当深度以下地热随深度递增的现象。根据那些只能建立在类比基础上的推论，地球内部的热量也将继续朝着地核方向增加。

因为我们不了解构成地球的物质，因为各个地层的热容量和传热导不同，也因为固体和液体物质在经受极大压力时会发生化学变化，所以在面对那些为了理论研究而专门完善起来的关于热量在均匀金属椭球体中如何运动的分析和思考时，我们要非常小心，不能轻易把它们用在地球上，因为地球的真实性状有别于研究中使用的金属椭球体。地球内部的液态物质和地壳上部已经硬化的岩层之间有着怎样的分界线？固体地层如何逐渐增厚？泥土质地的半液体状黏稠物质究竟处于怎样的状态？这些都是我们不知道的，因为水力学的已知法则只有在做了明显更改以后才能适用于此类物质，所以要想象以上诸番情境，对我们的理解力来说非常之难。引起海水潮汐现象的太阳和月球极可能也会对地球深处施加影响。我们当然可以想象地下熔化物质在凝固的岩层穹顶之下周期性地抬升和下降，但这种振荡的幅度和作用肯定很小。天体的引力无所不在，如果说天体间的相对位置也能对地下熔化物造成大潮现象，那么引起地表震动的则必然不是来自天体的引力，而是来自更为强大的地层内部的力量。自然当中存在很多种现象，之所以强调它们，只是为了表明太阳和月球无所不在的引力作用，尽管我们无法用数字来确定引力影响的大小。

人们从自流井获得的统一经验证实：在地壳上部，垂直方向的深度每下降 92 巴黎尺 ①，地壳的温度就会平均上升 1℃。如果这种递增遵循算术关系，那么如上所述，花岗岩层就会在 5.2 地理里 ② 的深度熔化，这个深度到地面的距离相当于喜马拉雅山脉最高峰海拔高度的 4 ～ 5 倍。

在地球内部，热量有三种不同的传导方式。第一种热传导是周期性的，根据太阳所处位置和季节的不同，热量从上至下进入地层或者从下至上再散发出去，致使地层的温度发生规律变化。第二种热传导同样来自太阳的影响，传播速度极为缓慢。进入赤道区域地面以下的一部分热量在地壳内部向南北两极方向传导，最终在极地上空涌入大气层和宇宙空间。第三种热传导是速度最慢的一种，发生在冥古时代地球球体变冷的过程中，地球形成之初的热能仍然在由内向外发散，只是数量极少。在地球演化史的最早期，地球核心损失的热量非常多，后来热损失逐渐减弱变得微小，从有文字记载的历史以来，人类使用的仪器几乎都测不出这个量值。所以说地表处在地下深层的灼热与宇宙太空的极寒之间，太空的温度很可能低于水银的凝固点。

太阳所处的位置以及天气过程会引起地表温度的周期性变化，但是这种温度变化只会蔓延到地球内部的浅表部分。土地的热传导很慢，因此也降低了土地在冬季的热量损耗，有利于根系深远的树木生长。分布在一条垂直线上的深度不一的点在不同时间段达到最高温度和最低温度。距离地表越远，同一个点的最高温和最低温之间的差距就越小。我们所处的温带地区（北纬 48° ～ 52°）的恒温层在地下 55 ～ 60 英尺深处，但在其一半的位置，因为季节影响而产生的温度变化就已经不足半度。而热带地区地表 1 英尺以下就出现了恒温层，布珊高（J. -B. Boussingault）是一位头脑敏锐的化学家，他利用这一事实来确定一个地区的平均气温，认为这是一个简便精准的方法。特定的一个点或一组邻近的点的平均气温，在某种程度上是一个地区气候和文

① 1 巴黎尺 = 32.48 厘米。

② 1 地理里 ≈ 7.4 千米。

化状况的基本要素，但地表的平均温度与地球自身的平均温度却是大相径庭的两个概念。人们经常问：地表的温度千百年来是否有明显变化？一个国家的气候是否出现了恶化？是不是冬天趋于温暖夏天又趋于凉爽？这些问题都只能通过温度计来回答。温度计的发明迄今也不过 250 年，正确的使用不足 120 年，它还是一个新工具，再加上自然条件的限制，所以人类对气温的研究只局限在一个非常狭小的范围内。但如何确定地球内部的热量却是一个更大的问题，相形之下，它的解决方案则完全不同。如果单摆的运动时间不变，那么就可以推导出它的温度也保持不变，同理，地球不变的自转速度也反映出地球平均温度的稳定程度。人类认识到了日长与热量之间存在关系，这是天体运动知识在确定地球热量方面所获得的最伟大的应用之一。地球的自转速度取决于地球的体积大小。如果地球的球体因为向外辐射热量而逐渐变冷，自转轴变短，那么地球的自转速度就会随着温度的降低而增加，从而导致日长变短。但是人们对月球运动中的某些不均衡性与历史上观察到的月食进行对照，发现从喜帕恰斯（Hipparchos）时代至今的两千年以来，日长变短的程度不及百分之一秒。取其极限值以内的数据为准，可以推算出两千年来地球平均温度改变的幅度不及 1/170 度。

地球形状保持稳定有一个前提条件，那就是地球内部物质的密度状况保持恒定不变。火山爆发，含铁的岩浆喷发，曾经空荡荡的地面裂隙和空洞被填上密度厚重的岩石。这些都可以引发地表发生平移运动，但它们都只是出现在地表的微小现象，是地壳上层的局部变化，相对于地球半径的长度，其规模和影响均可忽略不计。

我在此几乎完全按照傅立叶的卓越研究成果描述了地球内部热量的起因和分布。但是泊松对地球温度从地表向地心持续递增的规律表示质疑，他认为所有的热量都是由外至内进入地球，认为地球的温度取决于太阳系运动经过的宇宙空间的温度。泊松是我们这个时代最深刻的数学家之一，不过他想象出的这个假设只能让自己感到满意，物理学家和地质学家却很少信服。地球的热量来自何处？何以随深度递增？无论我们在此幅具有普遍性的自然画卷中如何探寻这些现象的原因，最终我们都会透过物质所有原始的表象，途经一条环绕着各种细微力量的共同的纽带，不期而然地来到朦胧的地磁学领域。温度变化可以导致磁力和电流产生。地磁场有三种表现形式，会发生持续的周期性变化，这是它的主要特征。地磁场被认为起源于受热不均的地球球体本身，或是产生于一种电流，我们惯常把这种电流看作“运动中的电”，看作处在一种环流系统中的电。磁针的走向充满神秘色彩，它同时受到时间、空间、太阳路径、地表位置变化这些因素的制约。通过磁针我们可以识别出一天的钟点，正如在南北回归线之间可以从气压计的波动上看出时间一样。遥远的北极光或是极地上空的斑斓霞光都会突然间暂时影响到磁针的走向。如果安静走动的磁针猛然受到了磁暴的干扰，那么就意味着在海洋和陆地之上，绵延数千数百德里，都会同时上演真真切切的摄动现象。摄动也会在短时间内逐渐传向地表的四面八方。如果发生前一种状况，那么磁暴的同步性就可以用于确定某一范围内的经度，就像借助木星的卫星、火信号和观察到的流星来确定经度一样。如果把两根磁针悬挂在地下很深的空间，人们就会惊奇地发现，磁针的晃动情况可以显示出它们之间的距离，比如说磁针可以告诉我们喀山距离哥廷根有多远，距离塞纳河岸有多远。地球上有的地区会多日笼罩在浓雾之中，没有太阳，没有星辰，也没有任何可以确认时间的工具，但航行其中的海员却可以通过磁针的倾角变化，而准确判断出他当下位于驶入港口的北边还是南边。

如果磁针每小时的规律运动突然受到干扰，那么这种现象就是在宣告有磁暴发生，但至于摄动究竟起源于地壳还是大气圈的上层，很遗憾我们目前还不能确定。如果把地球看作一个真正的磁石，那么根据地磁场理论创始人高斯（F. Gauss）的观点，我们就要在想象中给地球上每一个体积为 1/8 立方米的部分，都至少加入相当于一磅重的磁条所产生的磁力。如果说铁、镍，很可能还有钴，是仅有的持续带有磁性并通过某种矫顽力而保留极性的物质，那么阿拉戈的旋转磁场和法拉第的感应电流所反映的现象则证明，地球所含的一切物质都极可能暂时具有磁性。以上两位都是伟大的物理学家。根据阿拉戈的圆盘试验，水、冰、玻璃、煤与水银一样，都会对磁针的震动产生影响。几乎所有的材料在电流流经它们、令它们具有传导性的时候，都会在某种程度上显示出磁性。

尽管西方民族很早以前就知道天然的磁铁具有吸引力，但却是亚洲最东部的中国人首先发现了磁针的指向性，领悟到磁针与地磁场之间存在关联——这是一个被明确证实的历史事实。公元前一千多年，就在古希腊雅典君主科德鲁斯（Krodos）还在执政、赫拉克勒斯（Herakles）后裔重返伯罗奔尼撒半岛的那个洪荒时代，中国人便已经有了“指南车”，其上是一人形，胳膊可以活动，永远指向南方，人们利用它在鞑靼利亚（Tatarei）苍茫无际的草原上寻找到道路。公元 3 世纪，中国的船队就已经根据磁针的指引航行在印度洋之上，比欧洲人在欧洲洋面普遍使用航海指南针至少要早 700 年。我在另一部著作中仔细讲过这种确定地理方向的工具拥有的优越性。中国人很早就知道并使用了西方人尚未发现的磁针，这给中国的地理学家带来了福祉；让希腊和罗马的地理学家望尘莫及，比如说他们始终不能确定亚平宁山和比利牛斯山的真正走向。

地球上的地磁场可以通过三种量来表述，其中一种显示磁力可变化的强度，另外两种反映磁偏角和磁倾角可变化的方向，因此人们在图形上用三种线条——等强磁力线、等磁倾线、等磁偏线——来表示地磁场向外辐射的整体状况。这些曲线永远都处在运动中，并且于振动中行进，它们之间的距离和相对位置并不总是相同的。在地球的某些点，比如在安的列斯群岛西部和斯匹次卑尔根群岛（Spitsbergen），绝对的地磁偏角一百年之久都不会发生变化，或者变化的幅度几乎不可察觉。人们也同样发现，当等磁偏线从洋面进入一块大陆或一片面积广阔的岛屿时，它们首先长时间保持不变，之后会在行进过程中发生弯曲。

等磁偏线的形状处于持续变化之中，与此同时它们会发生平移，此外，等磁偏线形状上的变化会导致磁偏角东偏和西偏的地区随着时间的推移有着程度不等的扩大，所以我们很难从出自不同世纪的示图中找到这些曲线在形状上的过渡性和相似性。每一条曲线都有曲折之处，而每一个曲折之处都有段故事，历史发展的曲线也是如此。1492 年 9 月 13 日，在这个值得纪念的日子，新大陆的发现者哥伦布（C. Columbus）在弗洛雷斯岛（亚速尔群岛）以西 3 个经度的地方发现了一条没有磁偏角的线，自此，西方民族所向披靡，历史的发展达到了它的顶点。除了俄国的一小部分以外，整个欧洲的磁偏角都是西偏，1657 年磁针在伦敦的指向是正北，之后 1669 年磁针在巴黎的指向也是正北，尽管两地相距很近，这一发展却间隔 12 年。在俄国东部，也就是伏尔加河入海口、萨拉托夫、下诺夫哥罗德、阿尔汉格尔斯克以东的地区，东偏的磁偏角从亚洲方向进入了欧洲界内。两位杰出的科学家——天文学家汉斯廷（Christopher Hansteen）和地理学家艾尔曼——做了精密的观测研究，他们发现北亚地区的等磁偏线拥有双重曲度，在鄂毕河畔的萨列哈尔德与图鲁汉斯克之间，等磁偏线向着北极方向凹陷，而在贝加尔湖与鄂霍次克海湾之间，等磁偏线凸起。在上扬斯克山脉、雅库茨克和朝鲜北部之间的亚洲东北部地区，等磁偏线形成了一个奇怪的闭合系统。类似的蛋形等磁偏线也出现在南太平洋，该区域的经度范围在皮特凯恩群岛和马克萨斯群岛之间，纬度范围在北纬 20° 至南纬 45° 之间，其蛋形更规则，规模也更大。这些等磁偏线呈现为闭合系统，几乎都发自同一中心，形成了一个奇特的造型，我们倾向于认为这是地球局部性状影响的结果。如果说这个看似孤立的等磁偏线系统随着时间的流逝发生位移的话，那么我们就要探究这一现象背后更根本的原因，就像我们面对所有重要的自然力量时一样。

磁偏角每小时都会变化，这种变化取决于现实中的时间，白昼期间它看似受到太阳的影响，随着地磁纬度的上升，磁偏角每小时变化的数值下降。比如在赤道附近的拉贾安帕特群岛的巴拉巴拉克岛（Balabalak）[①]，磁偏角用不到三四分钟就会发生变化，而在欧洲中部地区则要用到十又三四分钟。在整个北半球，平均从早上八点半到中午一点半，磁针的北端都从东向西走，而在南半球的同一时间，磁针的北端是从西向东走。难怪阿拉戈最近撰文指出："地球上肯定存在一个地带，很可能就在地理赤道和地磁赤道之间，这里的磁偏角不会每小时都发生变化。"不过，显示磁偏角不发生变化的这第四类曲线至今尚未找到。

地球表面水平方向的力消失的点被称为地磁极，磁针倾角为零的各点的连线被称为磁赤道。磁赤道的位置及其形状的缓慢变化是近年来科学界仔细研究的对象。航海家杜普利（L. I. Duperrey）于 1822—1825 年之间六度穿越磁赤道，他在精彩的撰文中写道：磁赤道和地理赤道交汇于两点，磁赤道

① 洪堡原文用的是德语旧称 Rawak，该岛位于印度尼西亚拉贾安帕特群岛。——译者注

在此切入地理赤道，从而由一个半球进入另一个半球；这两个交汇点分布不均衡，1825 年的时候，其中一个点位于非洲西海岸的圣多美岛（São Tomé）附近，另一个点则在南太平洋的吉尔伯特群岛（大致在斐济维提岛的经度位置），两点之间的最短距离相距 188.5 个经度。19 世纪初我在南美洲海拔 11200 英尺的高山之巅，用天文学的测量方法得以确定了一个点（南纬 7° 1′，西经 48° 40′），磁赤道就在这个点上穿过了安第斯山脉，这一段的安第斯山脉位于基多和利马之间，在南美洲新大陆的内陆。磁赤道自此向西穿过整个南太平洋，此时仍处在南半球，并逐渐靠近地理赤道，它在马来群岛前方才进入北半球，且只碰触到亚洲南端，后在索科特拉岛（Sokotra）以西的曼德海峡进入非洲大陆，磁赤道在这个位置与地理赤道相距最远。接下来磁赤道向西南方挺进，横切非洲内陆神秘又陌生的地域，在几内亚湾向南返回热带地区，随后又出现在巴西塞古鲁港（Porto Seguro）北部的位于南纬 15° 的伊列乌斯（Ilhéus）海岸，此时它与地理赤道相距十分遥远。从这里开始到科迪勒拉山系的山间高原，从玻利维亚米修帕姆帕（Micuipampa）银矿到印加文化所在地卡哈马卡（Caxamarca），磁赤道穿越了整个南美洲。我在卡哈马卡有机会测量到了磁倾角。从地磁学的角度看，南美洲对我们来说仍是一片未知的领域，如同非洲内陆一样。

天文学家色宾（E.Sabine）最近所做的观察告诉我们，磁赤道与地理赤道位于圣多美岛的交汇点在 1825—1837 年期间已经由东向西移动了 4 个经度。而另一个相对的位于吉尔伯特群岛的交汇点此间是否也向西偏移了同等距离，来到了加罗林群岛（Caroline）附近？知道这一点非常重要。等磁倾线并非完全平行，也有不同的系统，此处的描述应该足以能让人们把这种状况与等磁倾线在磁赤道显示出的平衡现象联系起来。磁赤道的形状一直在振动中发生改变，磁赤道与地理赤道的交汇点也处在运动之中，这些因素始终都在通过地磁纬度的变化对磁针角度施以影响，即使在最边远的地域也是如此。磁赤道从整体长度上看，只有五分之一途经陆地，剩余部分全都穿越海洋，陆地和海洋的这一占比很是奇怪，但正因为如此，磁赤道也变得更容易到达。人们利用目前掌握的仪器可以在航行中精确测量所在地的磁偏角和磁倾角，对于探究地球磁场规律而言，这是一个不小的优势。

以上我们根据磁偏角和磁倾角这两种形式描述了地球磁场在地表的分布状况，现在还剩下第三种形式，即磁力强度，在图形上我们用等强磁力线来表示。我们可以通过垂直或水平方向的磁针振动来研究和测量磁力强度，19世纪初以来，人们因为磁力强度与地球各种现象之间存在联系，才开始对它普遍产生了浓厚的兴趣。尤其是精确的光学仪器和计时器具的使用，使得人们对水平方向的力的测量已经准确到了1度，远远超过了所有其他的磁场测定方法。虽然等磁偏线可以直接应用于航海和驾驶而显得更为重要，但是高斯最新的研究观点认为：等强磁力线，尤其是那些表示水平力的线，给发展地球磁场理论带来了最多的成果。人们通过观察最先认识到的事实是：磁力的绝对强度从赤道向两极方向增加。

我们要特别感谢色宾，他从1819年开始专注不懈地研究地球磁场，涉足北极、格陵兰岛、斯匹次卑尔根群岛、几内亚海岸、巴西，每到一处都取出同样的磁针，仔细观察磁针的振动。他收集数据，解释造成等强磁力线走向的原因，获悉了磁力增加的幅度，并且研究了关于全球磁力强度规律的所有数据。第一幅等强磁力线图分为不同的区域制作而成，我自己为之提供了南美洲的部分数据。这些等强磁力线与等磁倾线并不平行，磁力强度也并不像人们开始想象的那样在磁赤道最弱，而且就连磁赤道上各点的磁力强度都不一致。物理学家埃尔曼（G. A. Erman）在南大西洋做过考察，他发现这里有一个磁力较弱的区域，从安哥拉经过圣赫勒拿岛（St. Helena）一直延伸至巴西海岸，该区域的磁力强度为0.706。杰出的航海家罗斯（J. C. Ross）也发表了最新的考察结果。如果我们把两位研究者的观测结果两相对照，就会看到，地球表面的磁力向着南磁极方向几乎以1∶3的比例增加，南磁极位于从维多利亚地沿着埃里伯斯火山（Erebus）方向到克罗泽角（Cap Crozier）的延伸线上，埃里伯斯火山从冰雪中拔地而起，海拔11600英尺。如果说南磁极附近的磁力强度为2.052（为统一起见人们仍以我在秘鲁北部磁赤道测得的强度为一个单位），那么色宾在北磁极附近的梅尔维尔岛（Melville, 74° 27′N.）测得的磁力就是1.624，而他测到的美国纽约的磁力强度则为1.803。

奥斯特（H. Oersted）、阿拉戈、法拉第这些科学家所做的伟大发现，让人们认识到大气层的电荷与地球磁场紧密相关。奥斯特发现导电物体周边的电可以生磁，而法拉第的试验则证明了反之磁也可以生电。磁是电的多种表现形式中的一种。人类在久远的混沌时期就对电的引力、磁的引力懵懵懂懂，时光荏苒似水流年，我们终于在当今这个时代认识到了电、磁的本质。老普林尼曾经以爱奥尼亚学派自然哲学家泰勒斯（Thales）的精神说道："当琥珀通过摩擦和热量被赋予生机，它就会吸引树皮纤维与干枯的树叶，完全如同磁石吸铁。"中国的文学也有相关记载，我们在晋代诗人郭璞的《磁石赞》中发现了同样的描述。我在奥里诺科河畔的森林中看到过当地原始部落的孩童玩耍嬉戏，这些部落极为原始野蛮，处于人类文明的最下端。不过，当我发现这些孩子也知道摩擦生电时，心中不无惊讶。他们把一种藤蔓角果植物干燥平滑发亮的种子放在手中反复揉搓，直到种子可以吸引棉花和竹筒的纤维。这些赤裸的铜棕色的土著人乐此不疲，然而我内心不禁生起一种严肃而深重的感慨。一边是野人摩擦生电的游戏，另一边是金属避雷针、伏打电堆和磁铁发电机的发明，其中阻隔着一道怎样的鸿沟！这道鸿沟中埋藏着数千年的人类精神文化发展史！

人们觉察到，所有的地磁现象——磁倾角、磁偏角、磁力强度——都随着白昼和夜晚的时间、随着四季的流程永不停息地变化，并且都在振动中移动，这就让我们猜想到地壳中大概有着非常不同的局部电流系统。这些电流是否像在塞贝克（T. J. Seebeck）的试验中显示的那样受热磁转换影响，因为热量分布不均而直接产生？更或是电流受到了太阳位置及其热量的诱导？地球无时不在自转；地球上的地域因为距离赤道远近不同，它们达到的旋转速度有异；这些因素是否影响地球磁场的分布？我们应该在大气层，星际空间，还是在太阳与月球的极性当中寻找电流的所在？伽利略（Galileo Galilei）在他著名的《关于托勒密和哥白尼两大世界体系的对话》中就已经倾向于认为，地轴旋转的平行方向源自宇宙中一个具有磁力的点。

如果我们认为地球内部是熔浆状，承受着极大压力，温度极高，高到我们没有计量单位，那么我们大概就要放弃地球有一个磁力核的想法。不过只有在温度为白热状态时磁力才会完全丧失，当铁被烧至红热时，还能显示出磁力，无论分子状态以及物质的受其制约的矫顽力能够产生多么不同的变量，但地层总还是有相当的厚度，我们姑且可以把这里当作磁力所在的位置。人们以前认为地球在太阳由东向西的移动过程中逐渐受热，导致磁偏角每小时都发生变化，但是这种解释只能应用于地球的最表层。现在很多地方都设有埋入地下的温度计，测量显示，太阳热量进入地下的过程非常缓慢，即使只是到达仅有几英尺的深度，也需要相当长的时间。如果认为地球的磁力来自热力的直接作用，而不是由于受到来自大气层和雾气层的诱导而产生，那么海洋的热量状况显然就不支持这种猜测，毕竟地球表面三分之二的面积是被海洋覆盖。

如此复杂的自然现象究竟因何而起？对于所有这样的问题，我们因为受当前知识水平所限，都还无法给出令人满意的回答。人们着手于研究磁力的三个要素，这三个要素是在空间和时间中可以测量到的，它们在自身的持续变化中都表现出某种规律性，通过运用确定平均值的方法，我们目前只是在这三个方面取得了长足进展。1828 年以来，地球上遍布地磁观测站，从巴黎到北京，从加拿大的多伦多到好望角的前山再到澳大利亚的塔斯马尼亚岛（Tasmania），人们在这些观测站进行持续的同步观察，捕捉到地磁每一个规律或不规律的波动，例如测出地磁强度减少了四万分之一，有时候测量会每隔 2.5 分钟进行一次，持续 24 个小时不间断。一位英国的天文学家、物理学家计算，用于研究所做的观测三年后在数量上将达到 195.8 万次。如此大规模探究一种自然现象内在规律数量关系的科研行动，历史上还从未出现过，实在令人感到欣喜。与那些掌控大气层以及更远宇宙空间的法则相比，磁力三要素的法则将更能引领我们走近地磁现象的真正起源，这一点我们有理由相信。科学研究已经开辟了较多能够引出答案的可行路径，我们目前还只能以此为荣。地磁学的自然理论部分有别于地磁学的纯数学部分，两者不可混淆，有些研究自然理论的人干脆否认自然现象中所有他们不能按其理论解释的事实，因此显得洋洋自得踌躇满志，一些研究气象学的人士也是如此。

地磁、电流同时都与极光和地球内外的热量密切相关，地球的磁极也被视为寒极点。哈雷在 128 年前就认为极光是一种地磁现象，如果说这在当时只是一个大胆的猜测，那么法拉第的伟大发现（磁生电）则把这种猜测升华为经验上的确凿事实。极光到来之前会有预兆。极光发生的当天早晨磁针每小时的变化通常都会变得不规则，这意味着地磁分布的平衡受到了干扰。当干扰达到一定强度时，就会发生伴随着发光的放电现象，此后地磁分布又变得平衡。正如德沃（H. W. Dove）所言："极光本身不能被视为干扰地磁的外部原因，它更是一种升级为发光现象的地球磁场的活动，它一方面表现为放光，另一方面表现为磁针振动。"流光溢彩的极光事实上是放电，是磁暴的终点，这与闪电类似，雷雨交加之时同样也有放电现象，当云层中的电荷平衡受到干扰时，就会出现闪电，闪电意味着电荷分布的平衡得以重建。电闪雷鸣通常只限于一小片区域，在此之外的大气层的电荷状况并没有变化。而磁暴却会波及大陆的广大地区，此间磁针的走向都会受其影响，阿拉戈最先发现，磁针即使是在远离极光发生的地方也会走动异常。有时候密布的云层充满了电，空气中电荷的正负极也反复转化，但云层可能并不总是通过闪电来释放电量。同样，磁暴可以在很大范围内强烈干扰磁针每小时的走动，但地磁平衡的重建未必都需要通过爆发，通过地磁从极地涌向赤道，甚至是从极地涌向极地来完成。

如果把极光所有的细节都汇聚在一幅画面中，那么在极光生起、发展乃至完全成形之时，我们会看到以下的景象。在深远低沉的天际，在磁经线切入天际之处，原本晴朗的天空阴暗下来，逐渐形成一层厚重的宛若墙一般的雾霭，雾之墙慢慢升高，高度角达到 8° ～ 10°。天空中的这个扇形区域颜色深重，呈棕色或紫色，仿佛被浓厚的雾霭遮掩，阴沉昏暗，但其上的星辰仍然闪亮可见。而后有一条宽阔的光彩流溢的光弧升起，先是白色，继而变成黄色，横跨在扇形区域的边缘。明亮的光弧生成在后，灰暗的扇形出现在先，所以按照阿格兰德的理论，扇形区域的显现并不简单是因为有光弧的对照。人们测到的光弧最高点通常不全在磁经线上，而是与之偏离 5° ～ 18°，偏向当地磁偏角的方向。在北半球高纬度临近磁极的地方，极光发生时天空中的扇形区域没有那么阴暗，有时候根本不会出现。此处也是地磁水平力最弱的地方，在这里，极光的光弧中央距离磁经线最远。

光弧持续升腾，摇摆晃动，变换形状，如此在天空停留数小时之久，之后万丈光芒和道道光束从光弧中射出，攀升至天顶。极光放电越猛烈，极光呈现的色彩盛宴就越生动震撼，从紫色和发蓝的白色，逐渐经过各种过渡色彩，变幻为绿色和紫红色。普通的摩擦生成的电也是这样，当电压高放电强烈的时候，电火花才带有颜色。稍后多个火柱从光弧中腾跃而出，掺杂着暗黑的浓雾般的光束，在天际线上很多遥相对立的地方同时飞升，继而聚合为一片火海，律动翻滚，每一个瞬间火海都激荡着光的波浪，或收或放、欲擒故纵，形态色彩变化更迭，如梦如幻，绚烂之极，难以描述。有时候极光的强度非常大，1786 年 1 月 29 日罗沃诺恩（Lowenörn）就在阳光灿烂的白天发现了极光的振动，振动让极光变得更易辨别。最终，万道光芒聚集在光弧高点的周围——这个高点总是偏向磁针的指向，形成一个所谓的极光皇冠，皇冠洒下温润的光，环绕着天空中这片三角区域的顶点，此时光线已不再四射跳跃，而是柔光倾泻。只有在少数情况下极光才会发展到皇冠形成的阶段，而这也意味着极光将要结束。光线变少、变短、渐显苍白，皇冠和所有的光束都离析断裂，很快天穹上只剩下宽广、黯淡、近似灰白色的亮斑，四处散落着，纹丝不动。而后这些亮斑也渐渐消退，只有天上那个浓烟般的扇形还深深地沉在天际。极光的盛宴散尽，留下一些白色的轻薄的云团，或是几许边缘呈羽毛状的轻云，或是一团团等距离间隔的圆形卷积云。

极光与卷积云有关，这一点值得注意，因为这种关联向我们展示了电磁发光现象是气象过程的一部分。地磁影响大气层和蒸汽冷凝。蒂纳曼（Thienemann）把这些团团白云称作“绵羊云”，认为绵羊云是极光的基础物质，他在冰岛的所见后来得到了他人的证实，富兰克林（B. Franklin）和理查德森（J. Richardson）在美洲北极，海军上将弗兰格尔（F. von Wrangel）在北冰洋的西伯利亚海岸都看到了蒂纳曼描述的现象。他们一致表示：“当大量卷层云飘浮在高空，并且稀薄到只有透过月亮周边产生的月晕才能辨识出来的时候，极光发射的光束最猛烈。”在极光发生当天的白昼，这些云团的排列就已经与极光光束的形态大致相似，而且此时的云团像极光一样会影响磁针的走动。夜晚极光如约而至，奉上一场魔幻的光之舞蹈，然而第二天的清晨却是云淡风轻，一道道薄云飘在天际，人们领悟到之前发出绚丽极光的正是这些天边的云彩。我在墨西哥高原、在北亚都看到过沿磁经线方向延伸的汇聚成群的云带，当时很是关注，它们很可能也是同类的自然现象。

道尔顿（J. Dalton）是一位敏锐又勤奋的自然观察者，他在英国经常看到南极光，在南半球远至南纬 45° 的地方也看到过北极光。不少情况下南北两极的地磁平衡同时受到干扰。我确凿研究过，在热带地区甚至是在墨西哥和秘鲁都可以看到北极光。能够同步看到极光的地区和几乎每晚都会出现极光的地区是两个不同的概念，需要加以区别。当然每个人观察到的极光都带有个人色彩，就像每个人描述的彩虹也都不尽相同。极光可以同时出现在地球上的大片区域，有很多夜晚都能在伦敦、宾夕法尼亚州、罗马、北京同时看到极光。如果说极光随着纬度降低而减弱，那么我们就要把纬度看成一个通过距离磁极远近来衡量的与地磁相关的指标。在冰岛、格陵兰、纽芬兰岛、加拿大北部的大奴湖畔或 Fort Enterprise[①] 等地，极光在某些时节几乎每晚都会爆发，按照设得兰群岛（Shetland）居民的说法，那是极光在上演“天空之舞”，四射的光芒扭动跳跃，庆贺宇宙之威。在意大利很少见到北极光，但在美国费城却能经常看到北极光，这是因为位于美洲的磁极位置偏南。美洲和西伯利亚海岸的某些地区以极光频繁出现而闻名于世，不过即使在这样的地区也存在一些特别的“北极光地段”，这是些狭长地带，能看到尤为绚烂的极光现象，所以说地域的影响不可忽视。弗兰格尔表示，他一旦离开北冰洋沿岸的尼日涅科雷姆斯基（Nischnekolymsk），极光的壮观程度就有所下降。北极探险中积累的经验证明，北磁极附近爆发的极光现象并不比一段距离以外爆发的极光更强烈、更频繁。

我们对极光所在高度的了解都来源于测量，由于光持续振动造成视差角，有误差产生，所以数据不太可信，这是测量的属性使然。人们得到的测量结果各不相同，相差若干德里，算出的极光高度也相差 3000 ～ 4000 英尺，我在此就不再提及更老旧的数据了。不同时间发生的北极光到我们的距离也可能是很不相同的。最新的观察者倾向于认为极光不是发自大气层的外界边缘，而是来自云层；他们甚至认为，如果极光现象确实与空气中运动的气泡群有关，即光从一个气泡跳到另一个气泡，并穿透这些气泡群，那么极光的光束就会受到风和气流的影响开始运动。通过极光我们也只是觉察到了电磁流的存在。富兰克林曾经在大熊湖看到过光彩夺目的北极光，他认为北极光当时照亮了云层的底部。与此同时，肯达尔（Kendal）在距之 4.5 地理里以外的

① 是一处人烟稀少的偏远地方。——译者注

地方观察天空，目不转睛地守候了一整夜，却没有发现任何光芒出现。最近常有人说看到极光在接近地面的位置爆发放电，这个位置高于观察者但低于附近一座山丘的高度，这很有可能是一种视觉上的错觉，闪电发生和火流星坠落时人们也会有类似的错觉。

上面我们讲了一个磁暴受地域所限的例子，那么磁暴是不是与雷电一样除了放光以外还会发出声响？这一点值得怀疑，因为我们不再一味听信格陵兰岛旅行者和西伯利亚猎人的讲述。当我们懂得怎样更精确地观察北极光并且开始仔细聆听的时候，北极光就变得沉默起来。派瑞（Parry）、富兰克林、理查德森在北极，蒂纳曼在冰岛，吉泽克（C. L. Giesecke）在格陵兰岛，罗当（V. C. Lottin[①]）、布拉菲（A.Bravais）在挪威北角，弗兰格尔、昂如（Anjou）在北冰洋海岸一共观察到一千次北极光，但却从未听到过任何声响。不过也有两个反驳的案例，赫恩（S. Hearne）表示在阿拉斯加铜河河口观察极光时听到了响声，亨德森（Henderson）也说在冰岛听见了极光的声音。那么对于极光是否发声的问题，现在是一千个否定对峙两个肯定，如果还不愿承认这个结果的话，我这里要援引胡德（Hood）的讲述。胡德虽然在北极光发生之时听到了类似猎枪飞弹的声音或是轻微的轰响，但第二天没有极光的时候他也听到了同样的声音。我们不要忘记弗兰格尔和吉泽克曾经做过怎样的探究，他们到后来才坚信，听到的声音是冰层和积雪在气温骤降时发生收缩而导致的。相信极光会发出噼啪声的不是普通民众，而是那些有学问的探险者，这是因为人们早先发现电在空气稀薄的地方会发光，所以就认为北极光是在大气层电荷的作用下产生，那些探险者自以为听到的声音实际上都是他们希望听到的声音。最近有人采用非常灵敏的静电计做测量，到目前为止结果一律是否定的，与人们的期待完全相反。即使在最强烈的北极光发生时，空气的电荷状况也毫无改变。

相反，地磁的三要素——磁偏角、磁倾角和磁力强度——却都会因为北极光的出现而同时发生变化。在极光爆发当晚，极光对磁针的一端有时发出吸引有时予以排斥，这种影响随着极光的发展而一再改变。派瑞曾经在磁

① 这是一个法文名字。——译者注

极附近的梅尔维尔岛（Melville Island）收集到了一些实例，有些人则根据这些实例认为北极光不会影响磁针，而更像是一种使磁针平静的力量。此后，派瑞做了更加细致的研究，写下旅行游记，反驳了上述观点。理查德森、胡德、富兰克林在加拿大北部进行观测，后来又有布拉菲、罗当在拉普兰考察，他们全都充分驳斥了这种看法。我们前文讲过，极光是地磁平衡在受到破坏后进行重建的活动，极光对磁针的影响因为极光爆发的强度而有所不同。每当极光现象微弱，并且深深沉在天际线上的时候，挪威北部的波斯寇普（Bossekop）冬季站就测不到极光对磁针的影响。伏打电堆内的闭合电路中有两根相距较远的碳棒，在两个相对的碳棒顶端之间会产生火苗［斐索（H. Fizeau）使用的是银棒和碳棒］，而这个火苗或者受到磁铁的吸引，或者受到磁铁的排斥。有人敏锐地把极光爆发出的光柱与这种火苗做了类比。这一类比至少驳回了认为大气中含有金属蒸气的说法，有些著名的物理学家认为金属蒸气是构成极光的基础物质。

极光现象因直流电而产生，我们给它冠上了一个模糊的名字“极光”，不过该名称只能表示这种发光现象开始爆发的方位地点，极光在极地出现得最为频繁，但也并不是每天都有。极光现象还有另一层更为重要的意义，那就是证明地球可以自行发光，地球作为行星除了从中心天体太阳接收光热以外，还可以独立生成光。当瑰丽的极光直冲天顶、璀璨的光芒到达最高峰时，这种“地球光”的强度，或者说地球光弥漫开来的照明度，超过了上弦月的亮度。1831 年 1 月 7 日极光爆发之夜，人们可在户外毫不费力地看书。地球发光的景象几乎持续出现在极地，由此我们联想到金星呈现出的一种奇怪现象。金星不被太阳照亮的那一面有时会自行发出磷光。所以月球、木星和彗星除了可以发出偏光镜能够识别的太阳反射光以外，也有可能自己发光。热闪电发生时，低沉在天空的整团乌云就会持续闪耀发光，长达数分钟之久，这种发光方式很常见，这里暂且不说。除此之外，我们在大气层中还能找到其他的地球自身发光的现象。1783 年和 1831 年出现了夜间发光的干雾，一时间名声大噪。罗齐尔（Rozier）和贝卡里亚（G. B. Beccaria）曾经看到大团的云朵发光，其光芒并不闪烁，只是静静倾洒。阿拉戈也敏锐地觉察到，有些秋冬之夜，没有星月，没有积雪，阴云低沉，却会生起一种淡淡的模糊的光，弥散开来照耀着，引领我们的步伐。当高纬度地区磁暴发生极光四射的时候，流动的、色彩瑰丽的光如同潮水一般涌过大气层，那是一场光的盛宴。而在热带地区，数千平方德里的洋面同时发光，熠熠闪烁，那也是一幕光的幻象。海洋之光来源于自然界的有机生物。浪涛上下翻滚，海面涟漪荡漾，粼粼波光像泡沫一般涌动，宽广的海面喷发出道道亮光，而每一道光都在宣告生命的迹象，它们来自海下看不到的动物世界。如此多样的光源可以让地球发出自己的光芒。如果向写有字迹的物体表面哈气，我们就会因为水汽凝结而观察到字迹凸显的过程，这种发现让我们觉得真实的事物反而就好像是神秘的梦境。难道为了解释这种现象，我们就要把地球之光想象成隐秘的、没有释放出来的、与蒸汽有关的现象吗？

第3章

地球由内向外进行的活动——地震

· Lebenstätigkeit des Erdkörpers nach außen—Erdbeben ·

地质现象形形色色，它们彼此关联，层层过渡。我们将从这种关联和过渡的角度审视所有的地质变化，探究这些现象之间的关联是近现代地质学所取得的一大进步。

地球内部的热量一方面与电磁流的起源及极光现象息息相关，另一方面它也是各种地质现象产生的主要源头，诸如：地动山摇，大陆和山脉抬升，气状与液状流体生成喷发，炙热的泥浆与熔化的土壤喷薄涌出、冷却后形成晶体岩石。这些地质现象形形色色，它们彼此关联，层层过渡。我们将从这种关联和过渡的角度审视所有的地质变化，探究这些现象之间的关联是近现代地质学所取得的一大进步。以前人们都是通过某些假设来分别解释古老地球的每一种力量作用，而统观自然的思考方式就是来源于这些假设。这种思考方式向我们展示，某些不同性状的物质之所以生成，只是因为地震的发生和陆地板块的抬升。热泉，二氧化碳以及硫黄蒸气的喷发，无害的泥浆喷发和危害严重的火山喷发——这些一眼看上去非常不同的现象，在统观自然的思考方式的视角之下，就会有序排列成具有内在逻辑的相关事物。在这幅大型自然画卷中，所有这些现象都融进一个统一的概念，那就是“地球内部对地壳和地表的作用”。就这样，我们在地球的深处、在随着深度而增加的地下高温当中，同时发现了引起地震、大陆抬升（以及地壳狭长裂隙处山系的抬升）、火山爆发、多种矿物质与岩石生成的原因。并不只是无机世界才受到地球内部对地表作用的影响。在远古时期的地壳运动中，极可能有大量的二氧化碳气体喷发流溢，进入大气层与空气混合，推动了植物沉积成煤的过程，而在地球演化史上森林大规模毁灭的阶段，取之不竭的燃料（褐煤、硬煤）就这样被埋在了地壳上层。地表的形态、山脉和高原的走向以及陆地的结构也同样在一定程度上决定了人类的命运。我们需要沿着各种现象聚结成的锁链，一节一节攀缘而上，最终来到一切起始的原点，那就是地球冷却的时刻，当地球首次从气态的太空聚集物质转化为固态物质，内部的热量就被永久锁在冷却的地壳之内，这与太阳的作用无关。正因为被赋予了钻研精神，所以人类会沿此方向追寻求索。

为了让各种地质现象之间的因果关系变得一目了然，我们首先描述那些主要表现为动态、显现在运动和空间变化中的地质现象。地震是指地壳发生

◀ 洪堡在普鲁士王宫里的素描像（J. S. von Carolsfeld 绘于 1844 年）。

的垂直、水平或旋转的连续震动。我在欧美的陆地和海域经历过不少地震，感觉前两种震动方式经常同时出现。1797年厄瓜多尔的里奥班巴（Riobamba）发生地震造成城市倒塌，地震发生时如同地雷爆炸一般，地震波沿垂直方向由下至上地传播尤为明显，很多当地居民的尸体被甩到了利坎河（Lican）以外几百英尺高的山丘上（La Cullca）。地震波通常沿射线方向呈波浪形向外传播，速度为每分钟5～7地理里，传播有时也呈圆形或大的椭圆形，振动从中心向外围发散，强度逐渐减弱。有些地域位于两个地震区相交的地带。被誉为"历史之父"的希罗多德（Herodot）和后来的历史学家西莫卡塔（T. Simokates）都认为北亚斯基泰人（Skythen）居住的地区不会发生地震，但是我在考察中发现，北亚金属矿藏丰富的阿尔泰山南部处在贝加尔湖和天山两个地震带的双重作用之下。当两个地震带相交的时候，比如一座高原位于两座同时爆发的火山之间，那么这里就会同时产生多种地震波系统，它们彼此互不影响，就像波在液体中传播一样。这里甚至会出现波的干涉现象，正如两列声波叠加时出现的情形。根据普遍的机械原理，地震波在地表传播时强度增加，当运动在一个弹性物体内部传播时，裸露在外的物体最表层总会试图从主体中分离出去。

秒摆和地震仪可以相当准确地测量地震波的方向与绝对强度，但是它们并不能用于研究地震波更迭及其周期性膨胀的内在属性。基多城海拔8950英尺，坐落在皮钦查火山的山脚处，美丽的圆形屋顶、高耸的教堂穹顶、多层高的坚固房屋在城中错落林立。这里常会在夜间发生猛烈的地震，令我惊讶的是，这么强劲的地震却很少让墙体产生裂隙，而秘鲁平原上发生的地震强度要低得多，可是在那里连低矮的房屋也会遭受毁坏。经历过几百次地震的当地人认为，地震的破坏强度不太取决于地震波持续的时间长短或是水平振动的速度快慢，而是更多地取决于震中向相反方向发出的均匀振动。旋转振动发生的频率最小，但带来的危害最严重。1797年2月4日基多发生地震，1783年2月5日至3月28日意大利卡拉布里亚（Kalabrien）发生地震。震后人们看到了奇异的景象：墙体没有倒塌，但却被整体翻转，原本平行种植的树林在地震后发生弯曲，种着不同庄稼的耕地也被大幅扭转。耕地和种植园区扭转或者移动，以至于一块土地占据了另一块土地的位置，这种现象与地层发生平移运动或者个别地层被穿透有关。当我拿起毁于地震的里奥班巴的地图时，有人给我指着图上的一个点讲道，这里曾经有一座房屋，地震后人们发现这屋里所有的东西居然全被掩埋在另一所房屋的废墟之下。地震时，松散土壤的运动就像江河中的水一样，大概是先向下、然后沿水平方向、最后再向上逼近。至于那些飞出几百图瓦兹的物品究竟归谁所有，法庭曾经出面审理过这些争端。

在地震发生相对较少的国家（如南欧的国家），人们对自己的经验做了不完整的归纳，得出一套笼统的信念，认为无风、闷热、天边雾气弥漫等天气状况都是地震的前兆。不仅我的亲身经验证实了这是错误的迷信之说，而且所有在库马纳、基多、秘鲁、智利等强震多发区生活过多年的人都以自己的观察结果驳斥了这种观点。我在天高气爽、东风徐徐之时经历过地震，也在阴雨绵绵或是电闪雷鸣之时感受到脚下大地的晃动。地震发生当日，在南北回归线以内的地区，磁针偏角每小时的变化与气压也均不受影响。这与艾尔曼在1829年3月8日伊尔库茨克（Irkutsk，临近贝加尔湖）地震中测得的结果一致。1799年11月4日库马纳爆发强烈地震，我发现磁偏角和磁力强度都没有变化，但磁针的偏角却减小了48′，这令我感到惊讶，不过我不认为这是测量的错误。我在基多高原和利马经历过很多次地震，除磁偏角、磁力强度保持恒定以外，磁针倾角也都始终维持不变。如果说通常情况下地球内部的变化是不会通过气象过程或是天空中的异象而提前表现出来，那么在某些特别强烈的地震中，大气受到影响显出异常，却是有可能的，地震的影响因此可能不完全局限于动力方面的影响，以下有例为证。意大利皮埃蒙特（Piemont）的山谷地带曾经发生过长时间的震动，在当时没有雷电的情况下，大气层的电压却显示出极大变化。

地震时通常伴随着沉闷的轰隆声响，不过声响的强度与地震强度并不成正比。里奥班巴1797年2月4日爆发大地震，这是地球自然史上最恐怖的地震之一，当时地下却没有发出轰响，这一点我确切研究过。但就在灾难爆发后的18～20分钟，不是从临近震中的拉塔昆加（Latacunga）和安巴托（Ambato），而是从基多和伊瓦拉（Ibarra）的地下传出轰然巨响。1746年10月28日秘鲁的利马和卡亚俄（Callao）发生了那次后来闻名于世的地震，也是在地壳震动后的15分钟，特鲁希略（Trujillo）地下传出雷鸣般的响声，当时地壳并未震动。新格拉纳达（Neu-Granada）1827年11月16日爆发大地震，据法国化学家布珊高（J. -B. Boussingault）描述，地震已经过去良久，大地纹丝不动，但每隔30秒钟地下都规律性地发出爆炸声，那声音响彻考卡（Cauca）山谷，在整个山谷间久久回荡。这种巨响的特征也完全不同，或者轰轰隆隆，或者丁零丁零，或者当当啷啷如铁链碰撞，人们在基多听到的声音宛若近处的雷鸣，有些声音非常清脆，听起来就好像是地下洞穴中的黑曜岩或是其他玻璃物品掉落摔碎。固体十分有利于声音传播，例如声音在陶器中的传播速度是在空气中的10～12倍，所以在远离声源的地方可以听到地下的轰鸣之声。1812年4月30日，人们在加拉加斯、在卡拉沃索的草甸、在注入奥里诺科河的阿普雷河畔，一片面积共为2300平方德里的区域，听到了异常恐怖的雷鸣声，当时这里并没有发生地震，然而位于东北方向158德里以外的小安的列斯群岛上的苏弗里耶尔火山，彼时正在从火山口猛烈喷发岩浆。从距离上看，相当于在法国北部听到了意大利维苏威火山爆发。1744年，位于厄瓜多尔的科托帕希火山强势爆发，而生活在哥伦比亚马格达莱纳河（Río Magdalena）河畔翁达市（Honda）的人们却听到脚下的土地发出阵阵炮弹声。科托帕希火山口不仅比翁达市高出17000英尺，而且两地相距109德里，更何况之间还有崇山峻岭阻隔，基多、帕斯托（Pasto）、波帕扬（Popayán）等地的雄伟山体横亘其中，其间还有无数的山谷和沟隙纵横。山火爆发的声音肯定不是通过空气，而是通过地下岩层传播的。1835年2月新格拉纳达大地震时，人们同时在波帕扬、波哥大、圣玛尔塔和加拉加斯听到了地下的雷鸣声，时间长达7小时之久，且并无地震发生，另外在海地、牙买加和尼加拉瓜湖周边人们也都听到了地下炸响。

即使是那些在地震多发区生活过很久的人，也会对这种没有地震伴随的声音现象感到心惊胆战。地下雷鸣之后会有什么厄运降临？人们等待着，满怀恐惧。位于墨西哥高原的瓜纳华托（Guanajuato）就曾经发生过一次这样史无前例的现象，当时地下持续发出声响，却没有任何地震的迹象，当地人称之为“咆哮”和“地下雷鸣”。瓜纳华托是一个著名的富裕山城，距离所有的活火山都很遥远。这种地下声响从1784年1月9日午夜起持续了一个多月。

我根据很多人的证词以及使用到的当地政府文献，得以翔实描述当时的状况。1 月 13 日至 16 日，人们感到脚下好像踏着炸雷滚滚的乌云，缓慢的轰隆隆的雷声与霹雳般的炸响更迭交替，之后声音由强渐弱直至消失，来无影去无踪。响声局限在一个较小的空间，在几德里以外一个富含玄武岩的地带就听不到任何响动。几乎所有的居民都因为恐惧离开了这座藏着大量银条的城市，那些较为勇敢的习惯了地下雷鸣的人们一段时间以后重新回到这里，发现城中的财宝已被强盗团伙占为己有，遂开始与他们进行决斗。无论是地表还是在深为 1500 英尺的矿道中都没有发现地震的迹象。之前，人们从未在墨西哥高原上听到过这样的声响，之后，这个可怕的现象也没有再度重演。地球内部深处的沟壑就这样如此开开合合，其声波或者传到地面或者在传播过程中被阻断。

火山喷吐着火焰，岩浆横流，积压已久的力量怒吼着冲天而上，尽管这幅画面对人的感官而言无限壮观，但火山的作用毕竟总是集中显现在一片很小的区域。

相反，地震的影响就完全不同，人眼几乎看不到地的震动，可是地震波却能够在地下传播数千德里。1755 年 11 月 1 日里斯本发生大地震，地震摧毁了整个城市，阿尔卑斯山、瑞典海岸、安的列斯群岛（安提瓜岛、巴巴多斯、马提尼克）、加拿大湖区、德国的图林根和北部平原以及波罗的海国家小部分内陆水域都有震感，哲学家康德也探寻过此次地震带来的影响。当时天降重重异象：泉水骤然间停止了流动。对于地震时发生的这种现象，出生于黑海沿岸曼加利亚（Kallatis）的古希腊历史学家德米特里奥斯（Demetrios）就曾经在其著作中提到过。捷克特普利采（Teplitz）的温泉突然枯竭，当泉水重新开始喷发时，就变得来势凶猛，水漫金山，泉水中混杂着铁和赭石，变成了褐色；西班牙滨海城市加的斯（Cádiz）的海水上涨到 60 英尺，小安的列斯群岛平时只有 26 - 28 寸高的潮水猛然涨到 20 英尺，而且海水变成墨汁般的颜色。有人计算过，1755 年里斯本大地震波及的区域总共是欧洲面积的四倍多。地震可以在几秒钟或几分钟之内致使大量人员丧生，1693 年西西里岛地震导致 6 万人死亡，1797 年里奥班巴地震导致 3 万～4 万人死亡，小亚细亚和叙利亚地区在公元 19 年罗马皇帝提贝里乌斯（Tiberius）执政时期与公元526年查士丁一世（Justin Ⅰ.）执政时期发生过两次大地震，分别有20万人殒命。到目前为止，人类发明的杀人武器计算在内，我们都还没有发现另一种像地震这样如此具有杀伤性的力量。

南美洲安第斯山脉的一些地方出现过大地连续多日不间断震动的状况。另外也有持续数月几乎每小时都有震感的地震现象，据我所知，这种情形都只发生在远离火山的地区。例如：位于阿尔卑斯山东麓费内斯特雷莱镇（Fenestrelle）和皮内罗洛镇（Pinerolo）的塞尼山（Mont Cenis）1808年4月起持续地震；美国新马德里和辛辛那提（Cincinnati）北部之间的地带1811年12月以及1812年的整个冬天都在地震；叙利亚阿勒颇省（Aleppo）1822年8月至9月也发生过连续地震。大众的想法永远无法提升为具有普遍性的见解，他们总是把一些重大现象视为局部的地质和气象现象，如果地震持续时间较长，就有人担心会有新的火山生成并爆发。不过这样的担忧偶尔也有些道理，比如火山岛突然从海底升起突出水面时，比如霍鲁约火山（El Jorullo）诞生时，在持续90天的地震和地下雷鸣之后，该火山于1759年9月29日骤然之间从此前临近的平原上拔地而起，高度达到1580英尺。

如果能够掌握关于整个地表动态的每日及时信息，那么我们就会相信：地表实际上时时刻刻都在震动，只是地震发生的地点不同，而且地表永远受到地球内部向地壳施力的影响。地震很可能与地下极深处熔化层的高温有关，地震的频率如此频繁，发生的地域如此广泛，说明地震现象与岩石圈的性状无关，虽然地震发生在岩石圈。即使是荷兰米德尔堡（Middelburg）、弗利辛恩（Vlissingen）所在的松软的冲积层，1828年2月23日也有地震出现。无论是花岗岩和片岩，沉积岩和砂岩，还是粗面岩和火山岩，它们都会受到地震波及而发生晃动。影响地震波传播的，不是岩石的化学属性，而是岩石的机械结构。人们几百年前就发现，当地震波沿着海岸或是在山脚下沿着山脉方向传播时，传播会在某些地点突然中断，事实上地震波仍在地下深处扩散，但这些地点的表面却体会不到震感。对于这种不为地震所动的地壳表层，秘鲁人说它们“搭建了一座桥梁”。山脉看似都在地壳裂隙处隆起，因此这些裂隙的崖壁大概促成了地震波沿着平行于山脉的方向传播，但有时候地震波也会在竖直方向切断山脉，我们在南美洲委内瑞拉的海岸山脉和巴西的帕里马山脉（Sierra Parima）看到了这种情形。1832 年 1 月 22 日巴基斯坦拉合尔（Lahore）地区以及喜马拉雅山山脚发生地震，地震波横穿兴都库什山脉，所向披靡势不可挡，一直到达阿富汗巴达赫尚省（Badachschan）、阿姆河（Amudarja）上游，甚至是乌兹别克斯坦的布哈拉（Buchara）。有时候仅在一次强烈地震之后，地震波波及的区域就会扩大。委内瑞拉苏克雷州的曼尼瓜里半岛（Manicuare）由片岩构成，与库马纳的石灰石山丘要塞隔海相望，1797 年 12 月 14 日库马纳发生地震被毁。从此以后，曼尼瓜里半岛能够感受到南部对岸发生的每一次地震。1811—1813 年之间，密西西比河、阿肯色河、俄亥俄河的河谷谷地都在持续震动，地震波影响的区域明显由南向北推进。这就像是地震波逐渐扫除了地下深层的障碍，一旦开通了道路，每次都会沿此长驱直入。

地震表面看来只是一种由动力驱使的运动现象，发生在一定的空间。在积累了大量被证实的经验之后，人们认识到，地震不仅可以抬升一个地区的高度——比如印度河三角洲东部在 1819 年 6 月卡奇沼泽地（Rann of kutch[①]）地震时地面隆起，智利海岸在 1822 年 11 月地震时地势升高，而且地震期间还会有热水、热蒸汽、危害牧群的碳酸气体、泥泞、黑烟，甚至火焰喷出。例如 1818 年的卡塔尼亚地震、1812 年的密西西比河谷地震、1783 年的墨西拿地震以及 1797 年的库马纳地震都印证了这一点。1755 年 11 月 1 日里斯本大地震时，人们看到火焰和烟柱从里斯本附近一个新生成的岩石裂隙中升起，地下的轰隆声越响，烟柱就越浓重。1797 年里奥班巴地震发生的当时，临近的火山并未爆发，却有一种由煤、辉石晶体和纤毛虫硅质外壳混合而成的大量奇异物质从土地中喷发而出，形成一个个圆锥体。1827 年 11 月 16 日新格拉纳达的马格达莱纳河谷爆发地震，地壳裂隙喷发出碳酸气体，导致很多蛇、老鼠和其他栖居在洞穴中的动物窒息死亡。有时候基多、秘鲁发生强烈地震以后，天气会突然转变，雨水不期而至，这对于有着固定降雨时间的热带地区而言非同寻常。这是否因为从地球内部喷出的气体与大气发生混合？还是地震干扰到空气电荷从而影响了天气过程？美洲的某些热带地区

① 洪堡原文用 Cutsch，是德语里的旧称。——译者注

一年当中有十个月滴水不降，当地人会把那些反复出现的地震当作带来丰收和雨水的吉兆，他们自己住在低矮的甘蔗棚，不会受到地震威胁。

所有上述现象之间究竟存在着什么样的内部关联，我们还不得而知。可以肯定的是，地下的弹性流动物质既可以引起地壳持续多日但并无危害的轻微震动，也可以导致地下力量发生强烈爆炸，这种力量爆发时伴有沉闷炸响，情形十分恐怖。1816 年费迪南德火山岛（Ferdinandea）浮出海面之前，西西里岛的夏卡（Scaccia）就曾发生过连续多日的小震。地震的源头，即动力的所在，深藏于地壳之下，至于它究竟藏得有多深，我们并不知道，正如同我们对地下高压蒸汽的化学属性一样知之甚少。我曾驻扎在维苏威火山口边缘，也曾驻扎在皮钦查火山那座宝塔状的岩石之上，该岩石比皮钦查火山骇然恐怖的火山口还要高，在那里我感受到了非常有规律的周期性地震，每次地震都是在火山渣或蒸汽喷发之前的 20 ～ 30 秒。如果喷发开始得晚一些，蒸汽积压的时间更长一些，那么震感就会更加强烈。地震现象的普遍性答案就藏在这一简单经验之中，许多旅行考察者的亲身经历都印证了这一点。对周边地区而言，活火山可被视为一个安全保护阀。当火山口被堵，无法和大气进行自由交换时，地震的风险就会增大。里斯本、加拉加斯、利马、克什米尔（1554 年）都被地震毁于一旦，卡拉布里亚地区、叙利亚以及小亚细亚的很多城市也历经劫难。这些事实告诉我们，破坏力最强的地震大都不发生在活火山附近。

火山活动如果受阻则会引发地震，同样，地震也会对火山现象施以影响。地震发生时地壳产生裂隙，开放的裂隙有利于火山锥抬升，也有利于火山锥与大气层接触时地壳内部发生的各种反应。位于哥伦比亚帕斯托（Pasto）的加勒拉斯火山（Galeras）曾经长达数月喷发烟柱。就在 1797 年 2 月 4 日，当 48 德里以南的厄瓜多尔基多省里奥班巴爆发大地震时，烟柱突然消失得无影无踪。叙利亚、基克拉泽斯群岛（Kykladen[①]）、埃维亚岛（Euböa）的大地也曾经长久晃动。当有一天炙热的岩浆从利兰丁平原哈尔基斯（Chalkida）的地下裂隙中喷薄而出时，大地的摇摆戛然而止。思想深邃的古希腊地理学

① 此中译名是按其希腊语发音而译出的。——译者注

家斯特拉波（Strabon）为我们记录了这一事件，他还说道："埃特纳火山的通道打开以后，火焰飞升，灼热的岩浆与水倾泻而出，自此，沿海地区不再像西西里岛与南意大利分离之前那样频繁地震了，以前那个时候地表通道全都受阻堵塞。"

由此可见，地震反映出地下存在一种经由火山传递和释放的力量。这种力量虽然像地热一样广泛存在，且无处不在自由宣泄，但却很少能够聚集发展到可以喷发的程度，即使有，也只是在个别地点。岩浆通道被从火山内部涌出的晶体（玄武岩、暗玢岩、石灰岩）堵住，逐渐阻碍了蒸汽的自由喷发。在压力的影响下，蒸汽有三种活动方式，它或者引发地壳震动，或者突然抬升地面，或者改变海面和陆地之间的高度差，当然最后一种影响方式只有经过相当长的时间才能察觉到，比如瑞典的很多地区就是这样。

在这幅自然画卷中，我们不仅为地震的细节抛洒笔墨，而且也从普遍的物理成因以及地质状况的角度审视了这种自然现象。在结束有关地震的篇章之前，我们还须探究地震为什么会使人内心产生一种难以言表的深刻且异样的感受。当我们第一次经历地震，即使没有地下的轰隆声相伴，我们也满怀战栗。我相信这种感受并不源自记忆当中那些毁灭性的灾难画面，那是想象力依据历史传说在肆意驰骋。深刻震撼我们的实际上是一种信仰的幻灭，我们与生俱来就坚信脚下的大地固若金汤、稳如泰山。从幼年起我们就知道水与土的对比，一动一静，司空见惯，所有的感性经验也都加强了这种信仰。而当脚下的大地突然开始震动时，一种神秘未知的自然之力横空出世，它可以自主行动，可以动摇大地。这一瞬间摧毁了之前的幻想，原以为我们赖以生存的自然界沉稳静谧，现在倍感失望，仿佛一下来到了由毁灭性力量统治的未知疆域。我们侧耳倾听每一种声音，即使是空气中最微弱的颤动也不漏过。抬脚落步时也不敢相信土地的稳固性。地震也会在动物当中引发同样的恐慌，以猪、狗为最。奥里诺科河中的鳄鱼平时像小蜥蜴一样沉默寡语，一旦地震，它们就会吼叫着，慌张逃离晃动的河床，向森林中奔去。

对人类而言，地震是一种无边无际且无法逃遁的危险。面对正在爆发的火山，面对正向家园袭来的岩浆，我们还可以转身逃跑，但地震的时候，无论逃向哪个方向，我们都仍然被灾难紧握掌中，无法脱身。不过这种来自人类内心深处的自然情绪并不长久。如果一个地区时常发生连续轻震，那么居民的恐惧心理很快就会荡然无存。秘鲁的海岸四季无雨，当地人没有见识过冰雹，没有听到过闷雷，也没有看到过空中的闪电，不过伴随地震的地下轰隆声却取代了云层中的雷鸣。一方面因为那里的地震司空见惯，另一方面也因为一种普遍传播的观点认为破坏性强大的地震每世纪只会发生两到三次，所以当利马的大地轻微摇晃的时候，人们毫不介意，就如同温带地区的人见到冰雹一样淡然。

第4章

地壳活动的伴随产物

· Die das Erdbeben oft begleitende stoffartige Produktion ·

在洞观了地球的内部活动，清晰描述了地热、地磁、极光以及不规律的、反复出现的地壳运动之后，我们即将进入关于物质生成的层面，即地壳内部的化学变化以及大气成分的化学变化，它们同样也是地球运作的结果。

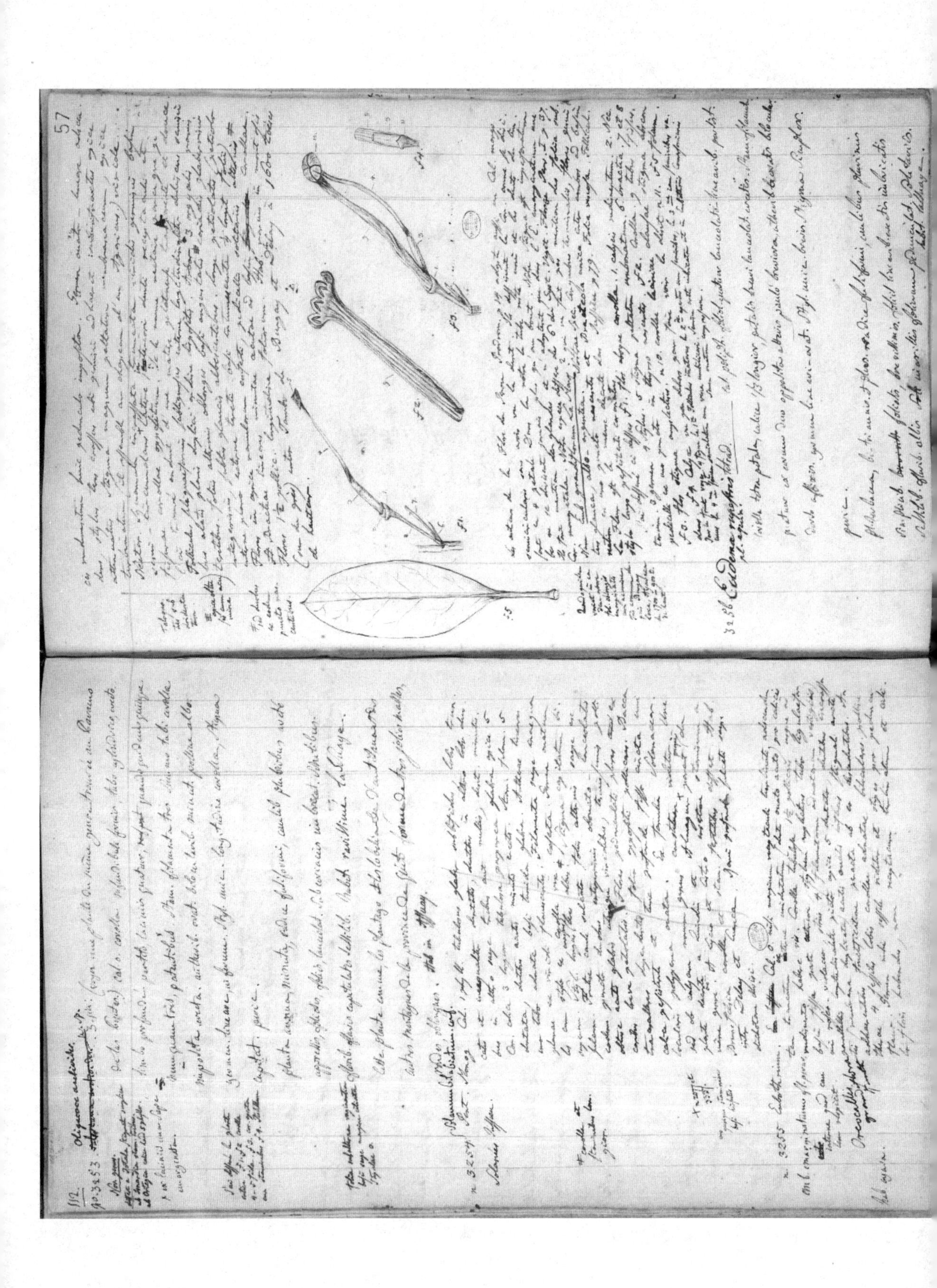

在洞观了地球的内部活动，清晰描述了地热、地磁、极光以及不规律的、反复出现的地壳运动之后，我们即将进入关于物质生成的层面，即地壳内部的化学变化以及大气成分的化学变化，它们同样也是地球运作的结果。有多种不同的物质会从地表涌出：水蒸气；二氧化碳，通常没有混杂氮气；矿坑气，中国的四川几千年来都在使用矿坑气烹饪和照明，近来美国纽约州的一个村庄也开始如法炮制；硫化氢气体和硫黄蒸气；间或也有亚硫酸和盐酸涌出。物质通过地壳裂隙向外逸散的现象说明该地区有活火山或早已熄灭的火山存在，然而并不仅限于此，有些地方并没有粗面岩或其他火成岩裸露在外，但这里偶尔也会见到化学物质逸散的现象。比如在哥伦比亚金迪奥省安第斯山脉上一处海拔 6410 英尺的地方，我曾经看到热硫黄蒸气在片岩中凝聚成硫黄。基多南部卡罗库埃罗（Cerro Cuello）山上的片岩中也隐藏着一个巨大的纯净硫黄晶体矿床，而片岩从前一直都被视为这里最初始的岩石。

在火山喷发的各种气体中，二氧化碳从生成的数量上看至今仍是其中最重要的气体。德国艾费尔山（Eifel）纵深的山谷、拉赫湖（Lacher See）周边、韦尔（Wehr）盆地、波希米亚地区西部，这些地方都是远古时期的火山喷发地，它们都在向我们诉说同一种信息，那就是喷射二氧化碳是火山爆发的最后一次躁动。在远古时代，地球的温度更高，地壳上还有很多裂隙没有被填充，我们此处描述的气体喷发过程要比现在强烈得多，当时有大量的二氧化碳和水蒸气混入大气层。因此新生的植物得以在地球上肆意生长，而且不受地理纬度的限制，它们蓬勃繁茂，盛极一时，植物组织发展到了巅峰状态——法国植物学家布龙尼亚（A. Brongniart）做出如是阐释，开创了精辟的理论。空气持久高温、湿润，充满二氧化碳，在这样的空气笼罩下，植物获取到的养料远远过剩，因此生命力空前旺盛。它们庞大的躯干日后则化作硬煤与褐煤埋藏于地下，数量取之不竭，而我们这些民族正是利用了煤炭能源才得以塑造出强健的体格和富裕的社会。这样的煤矿优先分布在欧洲的某些盆地，主要集中在英国岛屿、比利时、法国、下莱茵河地区和上西里西亚地区。远古时代火山活动频发的同期，地壳还喷发出数量惊人的碳，它是石

◀ 洪堡和邦普兰美洲考察期间的植物学笔记。

灰岩山体的组成部分，析出时与氧分离，呈固体形态，大约占据石灰岩山体体积的八分之一。碱性土地没有吸收的碳酸进入了大气，逐渐被远古时期的植被消耗，大气在经过植物生命过程的净化之后，只保留了少量的二氧化碳，这样的含量对当今的动物组织不会造成危害。频繁喷出的硫酸蒸气造成史前时代内陆水域中的软体动物和大量鱼类灭绝，另外它也导致了石膏矿层的形成，石膏矿层弯曲度大，大概是经常受到地震的影响。

在类似的自然条件下，大地的怀抱可以喷发出气体、液体、淤泥和熔浆，熔浆出自火山锥，火山本身就像是一种间歇泉。所有这些物质的温度与化学属性都受制于它们的产生地。如果水从山上流出，那么源头的平均水温低于发源地的气温，水温随着发源地地层深度的增加而增加。这种温度与深度成正比递增的关系我们之前已经做过介绍。由于来自高山的水和来自地下深层的水混在一起，所以如果只是根据水源的温度来确定等地温线的话，就会让等地温线的位置变得难以确定。我和同行者在北亚所做的观测印证了这一点。最近 50 年以来，水源的温度成为人们进行自然科学试验时热衷关注的对象；不过与雪线高度一样，水源的温度同时受到多种复杂因素的制约。它受到发源地地层温度、土地热容量、降水的数量及其温度的影响，就降水而言，因为产生方式各不相同，它的温度也不同于大气层下部的气温。

当冷泉没有与来自地下深处或高山的水源混合，并且在地下已经上涌了很远的距离时（在温带地区是 40 ～ 60 英尺，根据布珊高的测定，在赤道地区是 1 英尺），只有在这种情况下冷泉才可以体现大气的平均温度。以上数据分别是温带和热带地下恒温带起始的深度，在其之下的地层温度不再受到气温每小时、每天和每月变化的影响。

热泉可以从各种不同类型的岩石中涌出，人们至今发现的以及我自己找到的最热的常流泉全都与火山相距遥远。此处列举我在南美旅行报告中记录的两处热泉：一个是位于委内瑞拉卡贝略港和新巴伦西亚之间的拉斯特林切拉斯（Las Trincheras）热泉，一个是墨西哥瓜纳华托附近的科曼吉拉（Comanjilla）热泉。前者从花岗岩中涌出，水温为 90.3°C，后者从玄武岩中涌出，水温为 96.4°C。根据我们掌握的地球内部热量变化的规律，这种沸泉大概发源于地下 6700 英尺左右的深处。如果热泉和火山的成因都源于地下广泛分布的地热能，那么岩层则只是通过热容量和热传导对泉水产生影响。值得注意的是，最热的常流泉（95 ～ 97°C）也都是最纯净的泉水，水中溶解的矿物质最少，此外它们的温度相对不太稳定。而那些温度在 50 ～ 74°C 之间的热泉则不同，它们的热量和矿物含量都保持在同一水平，至少在欧洲如此，近五六十年以来人们采用精确的温度计进行测试，对水样做过精准的化学分析，结果都印证了这一点。法国化学家布珊高的测试发现，拉斯特林切拉斯热泉在我考察南美之后的 23 年之间（1800—1823）从 90.3°C 上升到了 97°C，这处安静流淌的泉水目前比盖锡尔间歇泉（Geysir）和史托克间歇泉（Strokkur）几乎要高出 7°C，矿业学家尼达（Otto L. K. von Nidda）对后两者最近才做过精确测量。对于热泉的成因，人们有如是解释：降水渗入地下，流淌至火山所在地，受热而形成热泉。墨西哥的霍鲁约火山为这种观点提供了最有力的证据之一，霍鲁约火山形成于 18 世纪我在南美考察之前的时期。1759 年 9 月该火山突然平地拔起，达到 1580 英尺的高度，就在此刻，周边的两条小河（Cuitimba，San Pedro）骤然间消失得无踪无迹，一段时日以后在一次强震爆发之际，这两条小河化作热泉从地面上喷涌而出。1803 年我到达该地对泉水进行了测量，温度是 65.8°C。

希腊的清泉在大地上喷涌倾泻，几千年来没有发生异位。据考证，古希腊时期它们就在同一位置流淌。克法拉利泉（Kefalari）位于乔纳山（Chaon[①]）的山坡上，处在阿尔戈斯（Argos）以南两个小时行程的位置，公元前 5 世纪的史学家希罗多德就曾经提到过这处泉水。在德尔斐（Delphi）我们可以看到卡索提斯（Kassotis）泉，也就是今天的圣尼古拉斯喷泉，它发源于礼堂以南，流淌在阿波罗神庙之下。情形相同的还有位于法德里亚登（Phädriaden）巨岩之下的卡斯塔利亚泉（Kastalia），科林斯卫城（Akrokorinth）附近的普里耶涅（Pirene）泉，以及埃维亚岛（Euböa）艾迪普索斯（Aedepsos）的热泉，古罗马执政者苏拉（Sulla）就曾在米特里达梯战争期间在这里洗浴。我在此不厌其烦地列举这些细节，是因为它们真切让人联想到人类历史相形于地球历史是多么短暂，虽然希腊频繁发生强烈地震，但是地下裂隙纵横交错构成

① Chaon 也写作 Chaonia。——译者注

的分支网络却安然无恙，地下水在其中聚集流淌，抗衡岁月，这里的地层内部构造至少 2000 年来都没有改变。法国加来海峡省利莱尔（Lillers）的喷泉钻探于 1126 年，喷泉到达的高度和出水量至今都与当时一致，数百年来持续未变。水文地理学家蒲福（F. Beaufort）在土耳其南部海岸考察时，在法赛利斯（Phaselis）看到了熊熊火光，那是地下逸散的可燃气体在燃烧，它也正是老普林尼在 1800 年前曾经看到的火焰，而在老普林尼的笔下，那是小亚细亚吕基亚（Lykien）的怪兽在发威喷火。

阿拉戈在 1821 年发现较深的自流井水温也较高，这就为人们日后破解温泉的成因以及发现热地随深度而增加的定律带来了第一缕明亮的曙光。圣帕特里修斯（Patrizius），很可能是布尔萨的主教，在 3 世纪末就从迦太基附近的热泉中领悟到温泉生成的真相，这一事实值得注意，最近才被人们关注到。当时有人问他为什么会有沸腾的水从大地之怀抱喷涌流出，他答道："云层和大地深处都孕育着火焰，正如埃特纳火山和那不勒斯附近的一座山向我们展示的那样。地下水就像是通过虹吸管一样向外喷发出来。远离地下火焰的水，温度较低，而源自火焰近处的水，受热升温，在喷发过程中它会把巨大的热量携带到我们居住的地表。这就是热泉的成因。"

就像地震时经常伴有喷水或者喷气现象一样，在那些单纯喷发泥泞的火山上，人们看到了自然现象之间的一种过渡状态。有时大地喷发蒸汽、温泉，有时火山喷吐岩浆火焰——这当然是一幅有着震慑威力的恐怖景象，而泥火山就处在这两者之间的过渡阶段。如果说火山是熔岩的源泉，可以喷发生成火成岩，那么含有碳酸和硫黄气体的炙热泉水就会不间断地通过沉积作用促生一层一层水平叠压的石灰岩，或是雕塑出圆锥形的山丘——就像在北非阿尔及利亚和秘鲁安第斯山脉西麓的卡哈马卡（Cajamarca）。在澳大利亚塔斯马尼亚州的石灰岩当中，达尔文发现了一种灭绝植物的遗迹。我们能够亲眼见到熔岩和石灰岩持续生成的过程，认识到熔岩和石灰岩是地质学当中的两大对比物。

泥火山理应获得更多的关注，但是地质学家至今都没有足够重视它，因为人们没有看到这种现象的宏大之处。泥火山历经了两种不同阶段，然而地质学著作通常只是描述后一阶段，即相对稳定期，泥火山可以长达数百年都处在这种平静的状态中。但它在生成之际，却也是地动山摇，景象壮观。彼时大地震动，地下发出轰鸣，整块土地抬升，冲天的火焰喷出，尽管喷火的时间短暂。1827 年 11 月 27 日，里海沿岸阿普歇伦半岛巴库（Baku）以东的泥火山开始形成时，喷出的熊熊大火整整燃烧了 3 个小时，火势凶猛直蹿高空，在接下来的 20 个小时中，泥火山隆起的高度却只比火山口高出不足 3 英尺。在巴库以西的一个村庄，火柱擎天，6 德里以外都能看到火光。泥火山爆发之际，地下的力量把巨石从地下深处拔起，远远抛到外面。意大利北部萨索罗附近的蒙特泽比奥（Monte Zebio）泥火山现在虽然清幽静谧，但曾几何时就有过这样的巨石轰然飞落至此。西西里岛上位于阿格里真托镇（Agrigent）的马卡鲁伯泥火山（Macalube）也悄然沉睡了 1500 年，古典时期曾有人描述过它。那里矗立着很多圆锥形的小丘，一个接一个紧密排列成行，有 8 英尺高的、10 英尺高的、30 英尺高的，它们的高度和形状都会改变。小丘上部有很小的凹陷处，注满了水，周期性地流出一股股气体和黏土泥浆。泥火山的泥浆通常是冷的，有时也有热的，比如在爪哇岛的三宝垄（Samarang）。泥火山喷出的气体也是多种多样，有与石脑油混合的氢气，有二氧化碳，有近乎纯净的氮气，帕罗特（G. F. von Parrot）和我在塔曼半岛（Taman）和南美洲的图尔瓦科火山上证实了后者的存在。

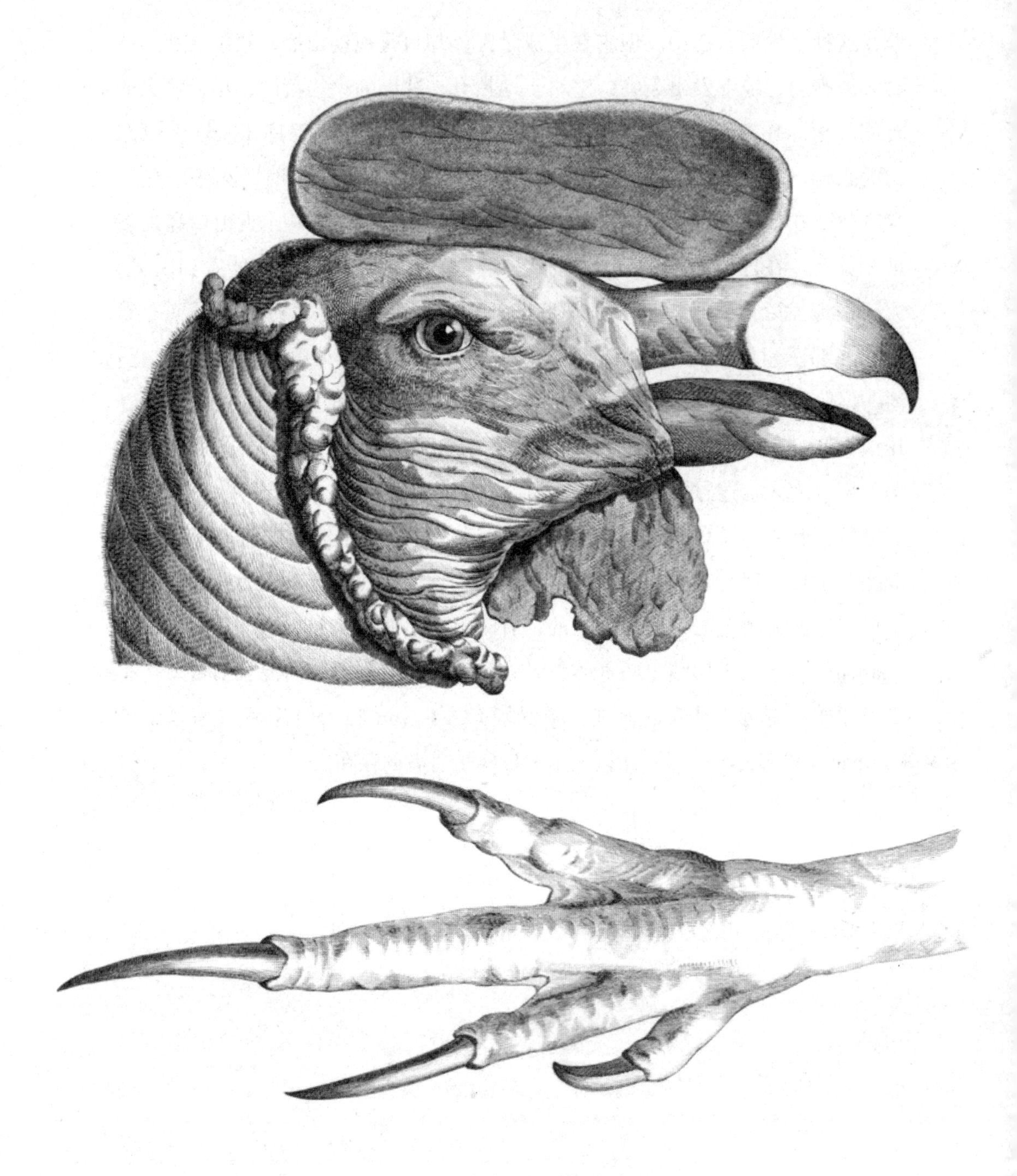

洪堡绘制的安第斯神鹰。

第5章

火山现象

· Feuerspeiende Berge, Erhebungskrater, Verteilung der Vulkane ·

火山是地球内部向局部地表释放的强烈力量所致，地下的弹性蒸汽或者抬升地表的某个区域，使之成为圆顶形没有开口的、富含长石的粗面岩山和辉绿石山，或者突破隆起的地层，使之严重向外倾斜，以至于在其内侧形成一个陡峭的岩石壁。

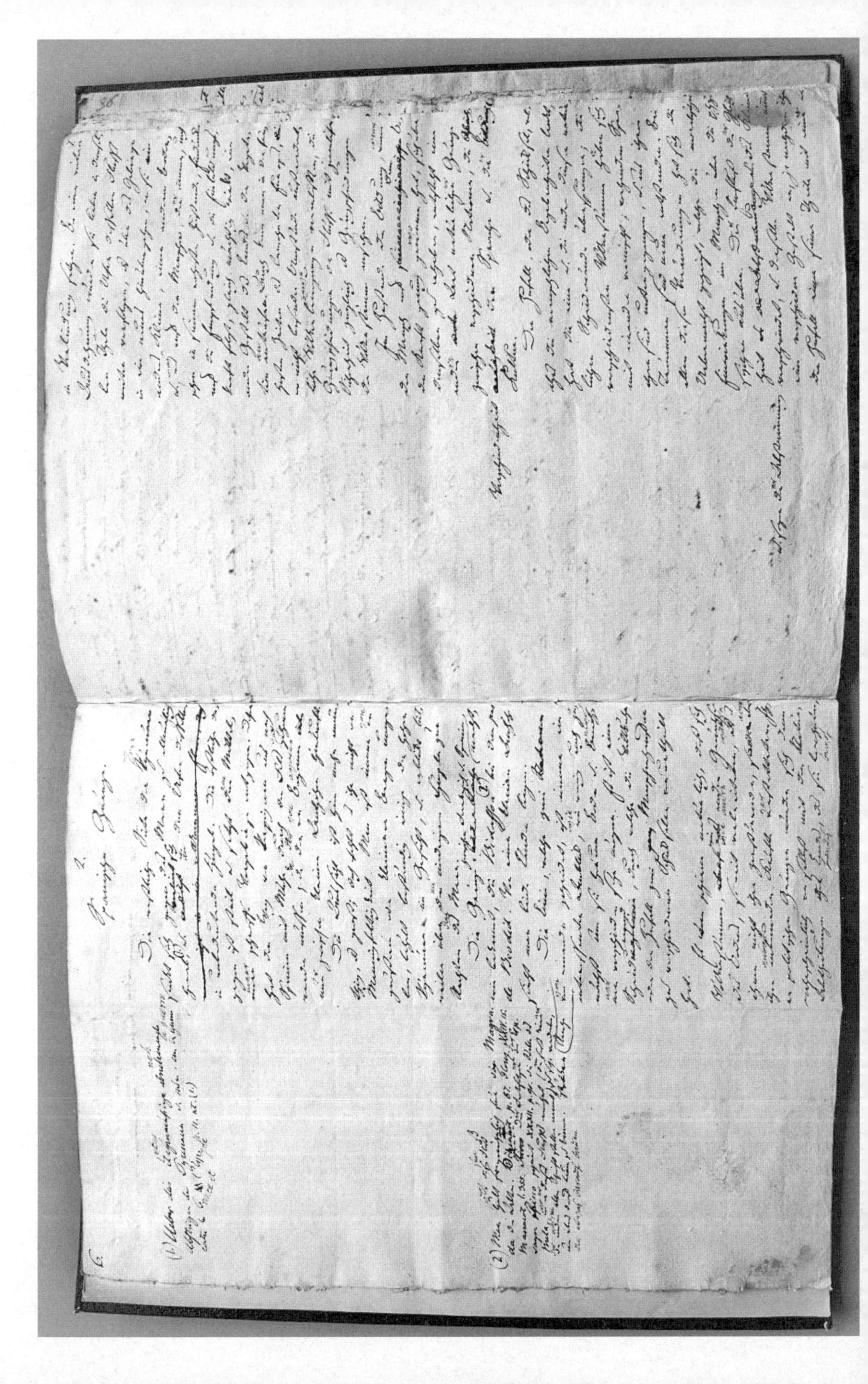

泥火山起初猛烈喷火，强烈程度可能各有不同。此后，泥火山就呈现为一种持续进行的但是较为微弱的地球内部活动。与地下高温深层相通的管道很快又被重新堵住，泥火山喷出的泥泞是凉的，这就告诉我们，稳定期泥火山的泥浆源头距离地表不是很远。而真正意义上的火山则不同，它反映出地球内部向地表施加的作用力非常威猛，这意味着，这些火山与位于地下深处的源头保持着一种持续沟通的状态，或者至少会时不时重新进行沟通。我们必须对所有或强或弱的火山现象逐一加以细致区分：地震、热泉、热气泉、泥火山；地面上隆起的钟形和圆顶形粗面岩山，它们有些没有开口，有些有开口；玄武岩岩层被抬升之后形成的火山口；以及在岩浆喷发口或在之前废墟上隆起的永久火山 —— 以上种种都属于火山现象。永久火山在不同的时期因为爆发的强烈程度和力量不同，会向外喷发水蒸气、酸、闪闪发亮的火山渣，一旦当地下的阻碍被冲破，带状的熔岩火流就会顷刻间喷射而出。

火山是地球内部向局部地表释放的强烈力量所致，地下的弹性蒸汽或者抬升地表的某个区域，使之成为圆顶形没有开口的、富含长石的粗面岩山和辉绿石山，或者突破隆起的地层，使之严重向外倾斜，以至于在其内侧形成一个陡峭的岩石壁。火山口就包围在这个岩石壁之中。如果岩石壁是从海底升起，那么它就决定了火山岛的整体地形，不过也并非总是如此。圆形的拉帕尔马火山岛就是这样产生的，地质学家布赫在书中精确又极有见地地描述过它，爱琴海的尼西罗斯岛亦如是生成。环状岩石壁有时一半受毁，有海水侵入形成海湾，群居的珊瑚虫就在这里建造了它们的由细胞构成的房屋。陆地上的火山口也常常注满了水，它们以其独特的方式美化着周边的景致。

火山的形成与岩石的类型无关，火山可以从玄武岩、粗面岩、白榴石斑岩，或者是从普通辉石与拉长石构成的辉绿石混合体中喷发出来，也正是因为如此，火山口边缘的属性和形状呈现出了千姿百态的样貌。布赫在《加那利群岛》一书中写道："这样的环境不会酝酿出火山爆发，因为以往的火山活动没能打通一个火山与地球内部进行持久交流的管道，在周边地区或是在地面凹穴内部很少发现火山活跃的迹象。一个能够引发如此强烈作用的自然力

◀ 洪堡的笔记中的一页。

量，在它能够冲破压在其上的岩石带来的重重阻碍之前，必须在地球内部得到长时间的积累和强化。在新岛屿生成之际，这种自然之力会把颗粒质地的岩石和布满海洋植物的凝灰岩推举出海平面。因为处在高压之下的蒸汽从地面凹穴泄露，所以这片被抬起的巨大岩层又重新跌落下去，立刻堵住了释放地下力量的专用通道，因而无法形成火山。”

只有当地球内部与大气层进行持久交流的管道得以形成之后，才会产生真正意义上的火山。火山中隐藏的地球内部对地表的作用是长期持续的，以维苏威火山为例，这种作用曾经中断过数百年，之后又开始重新运作。公元一世纪尼禄皇帝在位时罗马人就倾向于把埃特纳火山归入行将熄灭的火山之列。之后的罗马历史学家埃里亚努斯（Aelianus）甚至表示：水手们以前在很远的海面上就可以看到埃特纳火山的顶峰，但是由于顶峰下沉，现在已经不能从那么远的海上看到它了。埃特纳火山第一次爆发时留下了一个保存完整的古老构架，在那里，火山从喷发口跃然升起，高耸的岩石壁环绕着这座孤立的锥形火山——如同古典竞技场一般，那一圈岩石壁是由陡峭挺立的岩层构成。有些情况下外围的岩石圈会消失得荡然无存，而火山也并不总是锥形山的模样，它亦会直接从高原上隆起，化作绵长的山脊，就像基多城依偎的皮钦查火山。

花岗岩、片麻岩、云母片岩、粗面岩、玄武岩、辉绿石等都是由简单的矿物质聚合而成，这是岩石的属性，其形成不受当前气候带的影响，任何地带的岩石都是如此。所以，我们在无机的自然界也能随处看到同样的创造法则，地壳中的各个岩层都依照这些法则相互承载。它们延伸开去，像矿道一样穿透彼此。它们也通过具有弹性的力量相互托举彼此擎起。不同的火山全都反映出同样的自然现象，相似之处随处可见，这一点非常醒目。当水手远离家乡，当照耀在他头顶的不再是那些熟知的星辰，他站在遥远海域的岛屿之上，被棕榈树和奇花异草所环绕，放眼眺望，当地的地貌尽收眼底，但在这种种细节当中，他恍惚间仿佛看到了熟悉的画面，维苏威火山、奥弗涅的圆顶山、加那利群岛和亚速尔群岛的火山口、冰岛的火山裂隙，全都一一重现眼前。举头望月，眼中看到的是我们这个星球的陪伴者，月球上的景象同样印证了这里提出的火山形态相似性的规律。月球上没有空气，没有水，在借助高倍望远镜绘制的月球地图上我们看到了雄伟的火山口，它们有时环绕着锥形山，有时用环形岩壁托举起锥形山。毫无疑问，这些火山口源自月球内部对月球表面施加的作用，月球上重力较小，该作用更易进行。

尽管在许多语言当中火山都被称为喷火之山，但这并不意味着火山是由喷出的岩浆逐渐堆积而成。火山似乎更像是粗面岩黏稠物质或是含有拉长石的普通辉石的黏稠物质突然抬升后形成的。抬升力量的强弱体现在火山的高度上，火山有高有低，有些是低矮的山丘，有些是高达18000英尺的锥形山。我发觉火山高度对火山爆发的频率很有影响，低矮火山的爆发频率远大于较高的火山。这里按照高度依次列举几座火山：斯特龙博利火山（2175英尺），瓜纳卡玛约（Guacamayo）火山——几乎每天都发作，我常在距离基多城22德里以外的地方就能听到它的轰隆声，维苏威火山（3637英尺），埃特纳火山（10200英尺），泰德峰（11424英尺），科托帕希火山（17892英尺）。如果说这些火山的源头都处在地下同一深度，那么要把岩浆推举到相当于源头深度6～8倍的高度，就需要巨大的爆发力。低矮的斯特龙博利火山日夜不息地喷发，至少从荷马史诗时期开始它就是意大利第勒尼安海的一座灯塔，火山的浓烟与火光指引水手找到归家的方向。然而较高的火山却并不如此，它们在爆发之前会经历一段长时间的稳定期。火山峰盘踞在安第斯山脉之上，巍峨雄浑，它们的爆发几乎全都相隔一个世纪。这种规律也有例外的时候，我之前也早就提到过，因为就人们关注的那些火山而言，位于火山源头和火山口之间的通道并不总是同等程度地持续通畅。有些低矮火山的岩浆通道可能有一段时间被堵塞，因而导致爆发频率减少，但这并不意味着它们行将熄灭。

火山的绝对高度和爆发频率之间存在关联，而这种关联也跟岩浆的喷发地点确切相关。火山爆发时岩浆很少直接从火山口喷出，通常都是从火山裂隙中喷发而出，这里是火山隆起时形成的崖壁，因受其形状和位置的影响，此处能够施以的阻力最小。历史学家本博（P. Bembo）少年时期在埃特纳火山16世纪的一次爆发中就发现了这一点。火山裂隙上有时会形成火山喷发物堆起的锥形山，有的体积很大，人们错误地将之称为“新火山”，它们成行排列，显示出一条裂隙的走向，这条裂隙不久后又重新合上；有的喷发物锥形山体积较小，它们聚集成群，布满整片地域，形状宛若铜钟或蜂箱。霍鲁约山的众多火山锥、维苏威火山1822年10月爆发时形成的火山锥、勘察加半岛上的阿瓦恰火山［据波斯特尔（A. Postels）所言］以及半岛上Baidaren山附近的熔岩地（据埃尔曼所言）都属于后者。

如果火山不是孤零零地矗立在平原之上，如果火山是被一座海拔9000～12000英尺高的高原所环绕——就像安第斯山脉在基多的这一段双排山，那么这种情况下，火山即使是爆发得非常猛烈，喷吐着炙热的火山渣，发出几百德里以外都能听到的爆破巨响，也不会有岩浆流产生。波帕扬的火山、帕斯托高原的火山以及基多安第斯山脉的火山都是如此，后者当中可能只有安蒂萨纳火山例外。

火山灰锥有一定的高度，火山口也有一定的大小与形状，这些元素塑造了火山的独特风貌，但火山灰锥以及火山口的状况与整个火山的规模完全没有关系。维苏威火山的高度虽不及泰德峰的1/3，但它的火山灰锥却占火山全部高度的1/3，而泰德峰的火山灰锥却只有全部高度的1/22。皮钦查火山比泰德峰高得多，它的火山灰锥也是全部高度的1/3，与维苏威火山相似。我在南北两个半球见到的火山当中，科托帕希火山的锥形构造最完美最规则。如果它火山灰锥上的皑皑积雪突然融化，这就意味着火山即将爆发。科托帕希火山的顶峰和火山口高耸入云，被稀薄的空气笼罩着，在还未看到浓烟之前，火山灰锥的崖壁就已经开始从内熊熊燃烧，整个火山幻化成一片漆黑，那是一幅极为恐怖的景象，预示着灾难就要降临。

除了个别特例以外，火山口总是位于火山峰的顶部，它是一个深邃的、多数情况下可以走入的盆地，火山口的底部永远都处在变化中。对很多火山而言，火山口的深度变幻莫测，时深时浅，而这也是火山或早或晚将要爆发的迹象。火山口的盆地里有时有喷吐着水蒸气的狭长裂隙，有时有注满了熔岩的圆形岩浆通道，它们开开合合，在时间的流淌中持续更替着。盆地底部的地势有时升有时降，火山渣丘和火山灰锥在此隆起形成，其高度有时超过了火山口边缘，它们常年都赋予火山一种非常独特的奇异景象，但当火山再一次爆发之时，它们却会突然断裂坍塌、消失匿迹。火山口底部隆起的火山渣锥形山也有开口，它被火山口环绕着，人们常把火山渣锥形山和火山口混淆起来，事实上两者有别，不应被混为一谈。当火山口深不可测、内部岩壁垂直陡峭、不可进入的时候——如同皮钦查火山，那么想要看到火山的顶峰就需要站在火山口边缘，放眼望去，只见锥形山从盆地底部拔地而起，顶峰高耸，气势雄伟，盆地中的硫黄蒸气蒸腾着弥漫开来，雾气氤氲。我从未见过比这更加奇妙壮观的自然景象。在两次爆发之间，火山口不会喷吐火焰，那里只有开放的裂隙，喷发着水蒸气。有时火山口底部会形成圆形的火山渣锥形山，它几乎没有热度，可以毫无危险地走近。火焰般炙热的岩浆从火山渣锥形山中喷出，流淌到锥形山的边缘，地质学家行走其中，安然无损，心旌荡漾，局部微震总能提前预告岩浆将要喷发。岩浆从火山口中的开放裂隙和岩浆通道流出，不会突破火山口边缘流溢而出。一旦岩浆冲破火山口的岩壁，那么它就会沿着特定的路线安静流淌，所以即使在此火山爆发期间也可以安全进入火山口盆地。

长久以来，人们都通过臆想来描述火山现象，很多诸如“火山口”“火山灰锥形山”“火山”这样的概念都具有多重含义，也更是被滥用混用，因此火山的真相被扭曲，如果不精确描述火山的样貌及其正常结构，那么读者就无法正确理解火山的多种现象。有时候火山口边缘的岩壁比人们想象的要更加稳定。地质学家索绪尔（H. de Saussure）在 1773 年对维苏威火山进行过测量，时隔 49 年，我在 1822 年也对其做了测量，两者比较的结果显示：在测量允许的误差范围内，维苏威火山西北边缘的高度这些年间几乎丝毫未变。

有些火山的顶峰远远高过雪线，这是一幅独特而壮观的景象，安第斯山脉上的火山皆是如此。火山爆发之时，积雪突然融化，继而引发洪水泛滥，厚重的雪块驮着掉落其上的火山渣，在水流中漂移，一路喷吐着蒸汽，烟雾缭绕。此外，积水的作用是持续不断的，当火山平静以后，积水也会渗透到粗面岩的裂隙之中。坐落在火山山坡上或山脚下的山洞就这样逐渐演化为地下的容水器，狭小的孔洞将它们与基多高原上的溪流连通起来，水与水之间得以循环交流，吐纳更新。溪流中的鱼类更愿意在注满水的黑暗山洞里繁衍后代。在安第斯山脉，火山每次爆发之前都有地震发生，当地震席卷振荡了整个火山，地下的穹顶洞穴顷刻间就会被震开，水、鱼、凝灰岩状的泥泞继而奔涌着从中倾泻而出。这就是基多高原居民看到的火山喷发鲇鱼的奇异景象。1698 年 6 月 19 日晚间至 20 日凌晨，海拔 18000 英尺的卡里瓦伊拉索火山（Carihuairazo）的顶峰突然坍塌，火山口边缘的圆形岩壁仅剩下两根巨大的岩柱，液状的凝灰岩和导致土壤贫瘠的陶土泥泞裹挟着成群的死鱼，淹没了将近两平方德里的良田。而在 1691 年，基多北部的山城伊瓦拉（Ibarra）爆发斑疹伤寒，这是因巴布拉火山（Imbabura）喷发出的鱼类所致。

安第斯山脉的火山在爆发时会喷发水和泥泞，但它们不是出自火山口，而是发源于火山山体的粗面岩洞穴，所以从狭义上讲它们不属于火山现象。它们只是和火山活动有间接关系，在与火山的相关程度上等同于我在以前的著作中称为“火山暴雨”的奇特天气现象。火山爆发时火山口喷出的水蒸气上升，注入大气层，冷却时形成云团，云团包围着数千英尺高的由火和火山灰纠缠混合而成的擎天火柱。水蒸气急速冷却，产生面积巨大的云层，此时空气中的电压升高——盖 - 吕萨克（Gay-Lussac）的测量证实了这一点。随后霹雳闪电从火山灰柱中蜿蜒射出，人们能够清楚地分辨出火山暴雨的轰隆雷声和火山爆发的爆裂声，1822 年 10 月底维苏威火山爆发时就上演了此番景象。根据冰岛自然学者欧拉夫（E. Olafsson）的记载，在冰岛卡特拉（Katlagia）火山 1755 年 10 月 17 日的爆发中，火山蒸气云中发出的闪电就曾经劈死过十一匹马和两个人。

以上我们在这幅自然画卷中描绘了火山的结构及活动，现在我们还需审视火山生成物之间的区别。地下力量使得原有的物质组合分解，继而导致新的物质生成，只要这种新物质还处在受热熔化、可以流动的状态，就都会受到地下力量的推动。究竟是形成侵入岩还是喷出岩，看似主要取决于黏稠物质或液态物质凝固时所遇压力的大小。火山岩浆流过之处形成一条狭长地带，这里的岩石叫作熔岩。当许多条岩浆流交汇、碰撞、彼此阻挡时，它们就会横向扩展，注满盆地，凝固后形成层层堆积的岩石层。这简短几句话就概括了火山创造性活动的普遍规律。

火山在爆发时冲击岩层，被击破的岩石常常包裹在火山产物中。我在墨西哥霍鲁约火山上看到过黑色辉石里镶嵌着尖锐的正长岩岩块。那些含有美丽化石晶簇的白云岩和粗颗粒石灰岩并不是维苏威火山的喷发物。布赫写道：

“它们实际上属于一种广泛分布的凝灰岩岩层，该岩层比索马火山和维苏威火山的隆起还要古老，很可能是深藏于海底的火山作用的产物。”现有火山的产物中有五种金属：铁、铜、铅、砷以及化学家施特罗迈尔（F. Stromeyer）在火山口发现的硒[①]。火山爆发时，氯化铁、氯化铜、氯化铅、氯化铵发生升华，通过火山喷气孔喷出。赤铁矿和氯化钠会作为细脉出现在新喷出的岩浆流中或是火山口边缘新生的裂隙上。

岩浆的矿物成分各有不同，这取决于构成火山的岩石晶体的属性，取决于岩浆从什么高度上喷发出来（是山脚还是接近火山口），取决于火山内部的温度状况。有一些火山不会产生如黑曜岩、珍珠石这样的玻璃状火山生成物或是浮岩，而另一些火山却蕴藏着这些产物，它们都是从火山口或者至少是从可观的高度喷发而出的。我们只有通过精确的结晶学研究和化学分析才能了解这些重要且复杂的变化过程的根源所在。各种各样的火成岩在地壳上铺陈开来，宛若一张密集编织的地毯，静默在大地的各个角落，神秘莫测。我的西伯利亚考察同行者古斯塔夫・罗泽和地质学家阿比希（H. von Abich）都拥有敏锐的洞察力，他们的研究进展顺利，逐渐照亮了这片深奥的地质学领域。

火山喷发时产生的蒸汽大都是水蒸气，水蒸气冷凝以后成为泉水，意大利潘泰莱里亚岛（Pantelleria）上的牧羊人就饮用这样的泉水。1822 年 10 月 26 日维苏威火山爆发时，有一种物质从火山口的裂隙中喷出，很长时间以来人们都认为那是沸腾的水，火山学家蒙蒂塞利（T. Monticelli）经过仔细研究后确认这种物质是干燥的火山灰，一种通过摩擦力分解为尘土的熔岩，轻盈细滑就像流沙一般落下。火山灰喷发时，粗壮的烟柱腾空升起，火山灰被蒸汽托举着，弥漫在空气中，天色因之变得黯淡，持续时间长达数小时或者数天，而后它飘然坠落，落在树叶上，毁坏了葡萄园和橄榄树。火山灰的出现标志着火山爆发即将结束。这就是当年小普林尼（Pliny the Younger）在维苏威火山看到的壮观景象，他在那封给塔西陀（Tacitus）的著名信件中把火山灰柱比喻为一棵站在荫翳中高擎着树冠的松树。人们在火山渣喷发时看到的

① 在洪堡时代，硒被列入类金属。——译者注

火光，还有火山口上飘浮着的火海般的红云，都确定不是氢气燃烧所致。那是抛向高空的岩浆发出的反射光，也有一部分反射光来自地下深处，照亮了喷薄而出的蒸汽。海岸沿线的火山在爆发之际或是火山岛从深海隆起之前，会有冲天的火焰燃烧，从古希腊地理学家斯特拉波时代至今都是如此。至于其中的缘由，目前我们还无法解释。

火山中燃烧的究竟是什么？地下的热量因何而生？是什么把土壤和金属熔化了混合在一起？又是什么让稠密的岩浆常年保持高温？这样的发问都有一个前提，那就是认定火山中必然存在可燃物质，就像有时大地某处燃烧是因为硬煤层的存在。在化学发展的不同阶段，人们对火山现象成因的认知也各有不同，人们时而认为火山爆发是因为沥青，时而认为是因为黄铁矿，时而认为是因为硫黄和铁在潮湿环境下接触，时而认为是因为自燃物质，时而又认为是因为碱性金属和土壤。戴维是一位杰出的化学家，我们对易燃金属物质的了解全都归功于他，他最后的著作《旅行中的慰藉和一位哲学家最后的时光》令人无限伤感，在此他主动放弃了曾经做出的大胆的化学假设。戴维和安培早期的推测与许多化学事实相矛盾，比如，和钾（0.865）、钠（0.972）、硼族元素（1.2）的特殊重量相比，地球球体的平均密度相当大（5.44）；又比如，从火山口裂隙和没有冷却的岩浆中散发出来的气体并不含氢。如果说岩浆爆发时有氢产生，那么在爆发强烈的情况下将会有多少氢生成！冰岛的斯卡夫塔山（Skaptar）冰川火山于1783年6月11日至8月3日期间喷发，因为岩浆爆发地的地势较为低矮，流出的岩浆覆盖了很多平方德里的土地，倘若用水坝把岩浆拦起来，岩浆就有几百英尺的深度，马肯泽（Mackenzie）和马格努森（S. Magnussen）对此次爆发做了详细的描述。假设火山爆发时有空气进入火山口，就好像地球吸入了大气，那么就该有大量氮气存在才是，但实际上岩浆爆发时溢出的氮气很少，这说明此类假设与事实相悖。像火山这样如此普遍、影响深远且在地球内部远距离传播的地球活动，它的产生根源不可能在于化学因素，不可能在于某些局部存在的物质间的接触反应。

近年来地质学更愿意在地球深处猛烈而浩瀚的热量中寻找火山的根源，无论在任何纬度地区，地下的热量都随着深度而递增。在那不可思量的久远时代，旋转于椭圆轨道上的云雾状物质逐渐收缩成球体，那是地球第一次凝固下来，在宇宙中成形，凝固的地表随之把巨大的热能包裹聚拢在地球内部。

研究自然科学除了需要确切的“知识”以外，还需要“猜测”和“判断”。哲学意味的自然宇宙学意欲超越单纯描述自然的狭隘需求，它并不志在一味地堆积孤立的事实，这一点我已多次提到过。人类的精神生动活泼充满好奇，它可以在瞬间从当代漫游到太初，可以感知和遐想未知的事物。当人类听到那些以多种形式一再出现的古老的地质神话时，会感到发自内心的愉悦。这些自然的人类反应都应当是允许的。

我们可以把火山看作是不规律的间歇泉，它时不时喷发出一种由氧化金属、碱和土壤组成的液态混合物，这些混合物被喷出之前在地下安静和缓地流淌，因为受到蒸汽巨大力量的推举，它们会在适当的地点找到出口喷发而出。这样一来我们不禁联想到柏拉图的地质学想象，按照他天马行空的描绘，地球上那些炙热的泉水以及所有火山喷出的火流都是地下火焰河的出口，他认为地球深处蕴藏着一条火焰河，流淌于我们脚下，无所不在。

火山在地表上的分布呈现为两种，一种是中心式火山，一种是行列式火山，它们都有各自的典型特征，其分布不受气候带影响。地质学家布赫写道：“如果火山均匀作用到周边所有方向，并构成一个中心，这样的火山就是中心式火山。如果火山群朝向一个特定方向，且彼此相距不远，这样的火山就是行列式火山，如德国的埃森就位于一条狭长的裂隙上。行列式火山又分为两种，其中一种从海底隆起，形成锥形岛，通常还有一座同一走向的原始山脉在其一侧延伸，行列式火山看起来就像是这条山脉的山脚；另一种行列式火山则坐落在这条山脉最高的山脊上，构成它的顶峰。”例如，特内里费岛的泰德峰就是一座中心式火山，它是火山群岛的主体，拉帕尔马岛（La Palma）和兰萨罗特岛（Lanzarote）的火山爆发皆出于此。安第斯山脉绵延万里，铜墙铁壁般矗立在美洲大陆的边缘，时而是单排，时而是两排或三排的平行山系，通过狭窄的山隘彼此相连，从智利南部一直延伸到美国的西北海岸，地球上最雄伟壮观的大陆行列式火山就坐落在这里。行走攀缘在其中，如果出其不意地看到某些岩石（辉绿岩、暗玢岩、粗面岩、安山岩、闪长斑岩）出现，就意味着临近有活火山存在。这些岩石突然切断了所谓的原始岩层，也切断了板岩与砂岩类过渡岩层及矿层。此番景象一再出现，以至于我很早就相信那些零星分布的岩石就是火山现象的表现，相信它们的生成是火山喷发所致。我在佩尼佩（Penipe），巍峨的通古拉瓦火山的山脚下，第一次真切地看到了一块压在花岗岩上的片岩，那是岩浆喷发冲破片岩层所致。

美洲的行列式火山如果彼此相距不远的话，有时也会彼此影响。人们发现，火山活动几百年来始终是沿着特定的方向逐渐前移，例如基多省的火山就是由北向南依次爆发。火山的发源地深藏在整个基多高原之下，它与大气层的连接通道就是那些被我们赋予了特殊名称的皮钦查火山、科托帕希火山、通古拉瓦火山，它们横亘交错，巍峨高峻，形态千变万化，那是一幅何等庄严神圣又风光旖旎的画面，其他的火山地貌全都望尘莫及。行列式火山群最外围的部分也是通过地下通道彼此相连，而且一再被经验证实，所以这一事实让我们联想到古罗马哲学家塞内卡（Seneca）古老而真实的名言——“火山只是地下火山力量的通道”。墨西哥高原上火山林立，我曾经对它们进行过研究测量，结果证实：奥里萨巴火山（Orizaba）、波波卡特佩特火山（Popocatepetl）、霍鲁约火山以及科利马火山（Colima）的走向相同，且都位于北纬 18° 59′～19° 12′之间，这些火山暗示着地下有一条从墨西哥湾海延伸到太平洋的横向裂隙，而火山之间也是相互制约彼此影响。1759 年 9 月 29 日霍鲁约火山正是沿此方向在裂隙处爆发，继而形成一座高度为 1580 英尺的火山，突兀地矗立于周边的平原之上，它只喷发过一次岩浆；就像伊斯基亚岛上的埃波梅奥尔火山（Epomeo）一样，该火山仅在 1302 年喷发过。

虽然霍鲁约火山与所有其他的活火山相距 20 德里，从本来意义上讲是一座新生的火山，但是我们不能把它与意大利那不勒斯附近的新山（Monte Nuovo）混为一谈，新山生成于 1538 年 9 月 19 日火山爆发期间，属于隆起式火山口。我以前就曾很自然地把霍鲁约火山的爆发与希腊迈萨纳岛（Methana）火山丘的隆起进行过比较。这个火山丘的诞生不仅吸引了古希腊地理学家斯特拉波和保萨尼亚斯（Pausanias）的关注，而且也让想象力天马行空的古罗马诗人奥维德（Ovid）心心念念，领悟到符合当今地质学观点的火山玄机，这实在令后人深感惊讶。他写道：“特洛艾森（Troizen）乍现一座孤冢，陡峭险峻，突兀无树；昔日的平原化作现在的山丘。黑暗无边的洞穴锁住了蒸汽，蒸汽找寻着地面裂隙，企图逃脱，却徒劳无果。被囚禁的蒸汽愤然发力，大地拉伸，膨胀，像充满了气的囊，像两角公羊发胀的毛皮。终于，大地在此隆起，山丘昂然高耸。日月如梭光阴如水，山丘越发坚硬，化作裸露的巨大磐石。”奥维德如此富有诗意，又如此真实地刻画了一场自然的造化，类似的自然事件让我们有理由相信他。奥维德描述的火山爆发于特洛艾森与埃皮达鲁斯（Epidauros）之间，地理学家罗斯格（J. Russegger）曾在那里找到了粗面岩裂口；爆发的时间是公元前282年，也就是圣托里尼岛（Santorin）和锡拉夏岛（Thirasia）因火山爆发而分离的45年之前。

在行列式火山岛中，圣托里尼岛最为重要。布赫写道："圣托里尼岛汇聚了火山岛全部的发展史于一身。整整2000年来，但凡历史记载所及之处，我们都可以看到，大自然从未停止过在这座隆起的岛屿中央创造一座火山。"类似的岛屿抬升现象还出现在亚速尔群岛的圣米格尔岛（São Miguel）周边，那里几乎每隔80～90年就会出现新的岛屿，不过它们并不是在海底的同一地点隆起抬升。"萨布利娜"号航轮的船长提拉德（Tillard）就曾经目睹了一个岛屿的生成（1811年1月30日），并将之命名为萨布利娜岛，可惜当时西方航海民族的政治局势不允许科学机构关注这一事件。1831年6月2日，在位于夏卡（Sciacca）的石灰岩海岸和潘泰莱里亚火山岛（Pantelleria）之间的西西里岛海域，突然新生了一座火山岛——费迪南德岛（Ferdinandea），人们对此予以极大关注，但是由于受到海水侵蚀，该岛很快再次塌陷又从水面消失匿迹。

历史上曾经活跃过的火山很多都分布在海岸边缘或是海岛之上，海底火山至今也时有喷发，尽管历时较为短暂，这让人类很早就认为火山活动与海洋有关，仿佛火山若是没有临近的海洋就无法持续喷发。古罗马历史学家查士丁（M. J. Justinus）转述前辈特洛古斯（P. Trogus）所言写道："埃特纳火山和埃奥利群岛（Isole Eolie）已经燃烧了几百年。如果没有海洋给大火提供燃料，火焰怎么可能持续那么久？"为了解释火山分布临近海洋的现象，甚至在近代也有人提出海水进入深藏地下的火山源头的假设。如果我在此汇总自己通过探索以及辛勤采集到的事实所得出的领悟，那么我认为人们对火山与海洋的关系这个复杂议题的研究全部基于以下提问：第一，火山喷发的水蒸气不可计量，即使在休眠期也如此，这是不可否认的事实，这些水汽是否源自含有盐类的海水？还是更多来源于天气降水？第二，火山源头的深度不同，例如当火山源头位于地下 88000 英尺的深度时，水蒸气的膨胀力就会达到 2800 个大气压，在这种情况下，火山爆发时产生的水蒸气的膨胀力是否可以抗衡海洋的静水压力，是否会允许海水在某些条件下涌入火山源头？第三，火山爆发时有金属氯化物出现，有氯化钠在火山裂隙中生成，水蒸气中也时常混有盐酸，这些物质的存在是否一定能够说明海水进入火山源头？第四，火山休眠——无论是暂时性的还是永久性的——是否因为火山内部的输入海水或天气降水的管道发生堵塞？第五，有时火山爆发不会产生火焰，喷出物中也没有氢，这与火山中存在大量被分解的海水的假设是否明显矛盾？

我们无意在这幅自然画卷中解答以上重要问题，让我们在此细数地球上的火山，道出当前的活火山究竟地处何方。例如位于美洲新大陆的霍鲁约火山、波波卡特佩特火山以及位于哥伦比亚的一条名叫 Rio Fragua 的小河源头的火山，它们到海岸的距离分别为 20，30 和 39 地理里。在中亚地区有一组巨型的火山山系，法国汉学家雷暮沙（Abel-Rémusat）首先将这一情况告诉了西方的地质学家，该火山山系由喷吐岩浆的天山、乌鲁木齐的火山喷气口以及吐鲁番火焰山的火山喷气孔组成，这些火山与北冰洋海岸和印度洋海岸的距离大致相同（370 ～ 382 地理里）。天山距离里海整整 340 地理里，与亚洲内流大湖伊塞克湖（Issyk-Kul）和巴尔喀什湖（Balchaschsee）也分别相距 43 和 52 地理里。四大平行山系——阿尔泰山、天山、昆仑山、喜马拉雅山——从东向西穿过亚洲内陆，蜿蜒连绵。奇怪的是，并不是距离海洋更近的喜马拉雅山，而是位于内陆的天山和昆仑山喷吐着火焰，如埃特纳火山和维苏威火山；释放着氨气，如危地马拉的火山。公元 1 世纪和 7 世纪，天山火山爆发、喷烟吐火，对周边地区造成严重危害，中国的文学家详尽地描述了当时长达 10 里的岩浆流。他们写道："岩石燃烧成浆，像融化的油脂一样流淌。"这里汇集的事实至今没有得到足够重视，但它们足以说明：临近海洋以及海水进入火山源头并非火山喷发的必要条件；海岸之所以多有火山爆发，也只是因为海岸构成了海底盆地的边缘，海岸被浅水覆盖，与内陆高地相比，海滨的地势低几千英尺，能够施与的阻力因而也小得多。

当前的活火山通过永久性的火山口与地球内部和大气层同时交流，由此保持活跃，它们形成的地质年代非常晚，当时最上层的白垩岩和第三纪的地质产物都已经存在。岩浆喷发后形成的粗面岩以及玄武岩都可以证实这一点，它们常常构成火山口的岩壁。暗玢岩的形成可以追溯到第三纪中期，但它在侏罗纪就已经冲破彩色砂岩，开始逐渐显现。在古老的古生代地层中，曾经有岩浆从开放的矿道中喷射而出，形成了花岗岩、石英斑岩、糟化辉长岩，这些矿道在开放一段时间后很快又闭合上。这种情形与今天的经由火山口喷发的活火山不同，不能混为一谈。

火山熄灭有两种方式，一种是局部熄灭，地下的炙热岩浆还将在同一山系的其他地方寻找突破口，一种是彻底熄灭，就像法国奥弗涅地区的火山。对于较晚出现的火山熄灭的现象，人类的史料都做了相关记载。位于希腊爱琴海利姆诺斯岛（Lemnos）上的莫索克洛斯山（Mosychlos）就是这样一座逐渐失去了活力的火山，而利姆诺斯岛正是由于之上存在的火山而被供奉给火神赫淮斯托斯（Hephaistos），公元前 5 世纪的古希腊诗人索福克勒斯（Sophokles）还曾经看到那里的火山喷出“冲天的火光”。根据旅行探险者布哈特（J. L. Burckhardt）的讲述，沙特阿拉伯麦地那（Medina）的火山 1276 年 11 月 2 日还曾喷发过岩浆。火山从最初蠢蠢欲动到最终熄灭的每一个阶段都有自己独特的标志性产物：开始时先是喷发灼热的火山渣，粗面岩、辉石、黑曜岩形成的岩浆流，以及与大量纯净水蒸气一起出现的火山砾和凝灰岩灰。之后火山变成喷气孔，喷出混有硫化氢和二氧化碳的水蒸气。最终火山完全冷却，此时喷发二氧化碳。还有一类火山，喷发的不是岩浆，而是具有严重危害的炙热水流，其中混合着燃烧的硫黄和已经分解为粉末的岩石（如爪哇岛上的加隆贡火山），要判断这种状态是一座火山的常态还是火山历程中的一个暂时阶段，就必须得等待具备当代化学知识的地质学家前来考察评定，否则难有定论。

火山是一种非常重要的地球内部的活动，它的存在跨越时空，变化不息。以上是我在这幅自然画卷中试图展开的关于火山的一般性描述，我的叙述中有一部分是建立在自己的观察之上，但是对火山的总体概述却出自我多年好友布赫的研究成果。布赫是当代最伟大的地质学家，他依据火山的作用方式和空间分布，最先认识到火山现象的内在关联，洞察到火山之间相互依赖彼此影响的关系。

第6章
岩　石

· Gebirgsarten ·

直到最近人们才开始领悟，火山力量既可以生成新的岩石，也可以改变旧有的岩石，这一认识为建立在自然相似性基础上的地质学带来了极大的发展。

长期以来，地球内部向地壳和地表施加的作用都被视为一个孤立的现象，人们知道地下深处的黑暗中隐藏着一种汹涌的暴力，也观察到了这种力量带来的毁灭性影响。直到最近人们才开始领悟，火山力量既可以生成新的岩石，也可以改变旧有的岩石，这一认识为建立在自然相似性基础上的地质学带来了极大的发展。对于火山的深入研究就在这一点上把我们分别引向了两条并行的分支，带领我们徜徉在这幅自然的画卷中，一个是地质学的矿物学部分，研究地层的结构组织及历史顺序；一个是地理学中的地形学，研究突出于海面的大陆以及岛屿的形态和轮廓。那些严肃的地质学研究正是因为普遍选择了哲学性的方向，才洞察到各种现象间的复杂关联。重要的学科在形成以后能够统一之前长期割裂的各个知识点，正如人类历史上强悍的政权可以横扫天下一般。

如果对岩石按照形状和排列方式进行分类，那么岩石可以分为“层状构造的岩石”“未含层状构造的岩石”“页岩状岩石”“整体岩石”“规则岩石”“不规则岩石”。但倘如我们不这样分类，而是对岩石目前仍在持续的形成和变化过程进行探究的话，我们就会发现岩石生成有四种方式：（1）地球内部的熔融物质或者是软且黏稠的物质，在火山作用下从地下喷出，形成岩浆岩；（2）分解或飘浮在液体中的碎屑物质降落在地壳表面，沉淀之后形成沉积岩（大部分矿层和第三纪岩石）；（3）原有岩石由于临近或接触到火成岩，更多的则是因为受到了某些火山熔融物质喷发时伴有的升华作用的影响，致使原有岩石的内部组织和构造发生改变，形成一种新的岩石——变质岩；（4）砾岩，即颗粒粗细不一的砂岩或岩石碎块，由以上三种岩石出于机械原因崩解而产生的岩屑胶合而成。

岩石的这四种生成方式至今仍在继续：火山熔融物质喷发成细长的岩浆流，冷却凝结后成为岩浆岩；岩浆的喷发物影响并演化之前已经硬化成形的岩石；机械的分离作用以及含有碳酸的液态物质的化学沉淀都能促成岩石的产生；最后，不同类的岩屑胶合成新的岩石。但是和混沌时期地球的强烈活动相比，岩石现在的这种演变显然是相形见绌，只能被视为冥古时代的地球

◀ 洪堡在南美洲奥里诺科河流域考察过夜的情景（Gottlieb Schick 绘于 1807 年）。

剧变投射出的点点余辉。当时的地球裂变发生在完全不同的条件之下，不仅整个地壳的压力和温度与当今状况迥异，而且大气层也是如此，当时的大气层更为广阔，充满了水蒸气，其压力和温度也都与现在不同。现在我们脚下踩的是坚实大地，然而在太初之时，地面上却布满了开放的巨型裂隙，后来这些裂隙处或者隆起了巍峨的山脉，或者被连绵侵入的火成岩重重填满并堵塞，以致幅员辽阔的欧洲现在只剩下不到四个可以喷发岩浆和岩屑的通道（火山）。但在冥古时期，地壳割裂如网，它比现在薄，上下波动宛若浮冰，地壳上几乎到处都是连接地下熔浆和大气层的通道。地面喷发的气体出自地下不同的深度，因而含有不同的化学成分，它们影响着侵入岩的形成和变化。在罗马和澳大利亚的霍巴特有一种石灰华（Travertin）岩层，我们看着它在冰凉的河水和温泉中一天天形成，不过这样由液体物质沉淀而成的沉积岩地层也只能在一个小范围内依稀反映出矿层的生成过程。海洋通过沉淀、冲积和胶合作用，日复一日建造起一座座小型的石灰岩沙洲［如西西里岛海岸、阿森松岛（Ascension）、澳大利亚乔治王湾（King George Sound）］，这些沙洲有些地方的硬度几乎与意大利卡拉拉（Carrara）的大理石相当，至于海洋造岩的具体进程如何，目前尚无定论，我们还未就此展开过普遍且足够精确的研究。大西洋在安的列斯群岛海岸建造的石灰岩中就包含有陶器——这是人类艺术创造的产物，瓜德罗普（Guadeloupe）的石灰岩中甚至还发现了加勒比土著人（Caraiben）的白骨。法属殖民地的黑人把这种岩层称为“上帝砌的砖墙”。加那利群岛的兰萨罗特岛上有一片鲕粒灰岩层（Oolite），尽管成形于近代，但它与侏罗纪的石灰岩相似，鲕粒灰岩被认为是海洋和海上风暴生成的产物。

这类聚合而成的岩石是由某些单一矿物化石（长石、云母、固体硅酸、辉石、霞石）构成的特定组合体。火山作用可以在我们眼前创造出与之非常相像的岩石，它们由同样的元素构成，只是元素的排列方式不同，这一过程仿佛再现了地球太初时的开天辟地。岩石的形成完全不受地理空间位置的影响，以前提到过，无论在赤道南北两侧多么遥远的地方，地质学家都能看到同样的景象：他发现与家乡岩石面貌相同的岩石，觉察到志留纪地层顺序的细微特征可以出现在世界的任何角落，目睹到其他岩石在与辉石接触后产生的同样的效应，所有这一切都让他惊诧而感慨。

地壳中有的部分具有层状结构，有的部分没有层状结构，岩石可以显示地壳的状况。当我们深入审视并领悟了有关岩石四种生成方式（生成的四个阶段）的理论时，我们就会把下列岩石视为火成岩的主要类型，它们是地下火山力量生成的直接产物：

1. 不同年代生成的花岗岩和正长岩。常见的是生成较晚的花岗岩，它像矿脉一样遍布在正长岩中，可见花岗岩是那个抬升其他岩石的主动力量。布赫写道："无论是在德国的哈茨山、在印度的迈索尔，还是在秘鲁南部，如果有一大片花岗岩突然如岛屿一般凸显于地表，并有着和缓隆起的椭圆表面，那么我们会发现这样的花岗岩全都被一层崩裂成大石块的表壳所覆盖。在花岗岩开始形成之际，岩浆从地面上涌，占地面积广大，岩浆表面呈拱形，后来岩浆表面冷却、收缩、炸裂，形成了这样的'岩石海'。"我在亚洲北部，也就是阿尔泰山西北山麓克里维安湖（Kolyvan-See）美妙浪漫的周边地区，也在加拉加斯的海岸山坡，看到过如沙洲般分布的花岗岩群组，它们的形成大概也是因为岩石表面发生收缩，不过收缩的方向是向内。在克里维安湖以南接近中国边境伊犁的地方，有一片花岗岩，完全未混有片麻岩，其形状比我在世界任何其他地方看到的花岗岩都奇特。它们散落在荒原上，表面有壳，表层有板块状的析出物，有的隆起为6～8英尺高的半球形小丘，有的隆起为类似玄武岩的圆顶山，这些圆顶形花岗岩的底部在相对的两面呈现为两道窄墙的形状。我曾在奥里诺科河瀑布，在菲希特尔山脉（Seißen），在加利西亚（Galicien），在太平洋和墨西哥高原之间，看到过顶部有些扁平的球形花岗岩群，它们分裂成许多同心的圆球，就像玄武岩一样。在位于布赫塔明斯克（Buchtarminsk）与奥斯卡曼（Öskemen）之间的额尔齐斯河谷，有一条覆盖着古生代厚层泥岩的花岗岩带，长度为1德里，花岗岩从上面侵入厚层泥岩，形成了有很多分支、末端逐渐狭缩的细小矿脉。我在此之所以列举这些细节，是为了以广泛分布的花岗岩为例，表现火成岩独有的特性。西伯利亚和法国菲尼斯泰尔（Finistère）的花岗岩覆盖着板岩，法国瓦桑（Oisans）山中的花岗岩覆盖着侏罗纪石灰岩，萨克森［魏恩伯拉（Weinböhla）］的花岗岩覆盖着正长岩，而正长岩下面又压着石灰岩。穆尔津卡（Murzinka）乌拉尔山的花岗岩有晶洞，与新生火成岩的裂隙和晶洞一样，它们是许多美丽晶体形成的所在，尤其是绿柱石和黄玉。

2. 石英斑岩，它们因为受到分布状况影响而常以矿脉状出现。石英斑岩的岩石基体通常具有细致的颗粒，它所含的矿物元素与长在基体中的晶体所含的矿物元素相同。花岗岩状斑岩含有的石英很少，它的类似长石的岩石基体几乎呈现出颗粒样的层理。

3. 辉绿岩。辉绿岩是白色钠长石与黑绿色角闪石的集合体，颗粒粗大，如果它的基体较为致密且有晶体析出，就会形成辉绿玢岩。这些辉绿岩有的是纯净的，有的含有异剥石（Diallage），因而渐变为蛇纹石。从分布上看，辉绿岩有时会在绿色厚层泥岩原有的岩层接缝处侵入绿色厚层泥岩，更多的时候则是像矿脉一样遍布在绿色厚层泥岩中。辉绿岩也作为球体出现，与玄武岩球体和斑岩球体完全类似。

4. 普通辉石和辉长岩，是由拉长石和紫苏辉石构成的颗粒粗大的集合体。

5. 钠黝帘石与蛇纹石，它们不含异剥石，有时含有普通辉石和纤闪辉绿岩晶体，因而与另一种更常出现也更为活跃的火成岩即辉石斑岩同属一类。

6. 暗玢岩、普通辉石、纤闪辉绿岩和奥长石斑岩。用于艺术创作的著名的绿色角砾岩就属于奥长石斑岩。

7. 含有橄榄石以及某些遇酸即发生胶凝现象的成分的玄武岩、响岩、粗面岩和辉绿岩。响岩总是解理为薄板，而上述的玄武岩只有一部分会解理为薄板，所以当它们大面积出现时会呈现出层理样貌。矿物学家吉拉德（Heinrich Girard）认为玄武岩内部的重要组成部分是钠沸石和霞石。玄武岩中的霞石让地质学家古斯塔夫·罗泽想到乌拉尔山脉伊尔门山（Ilmengebirge）的正长岩，该岩石有时也含有锆石，与花岗岩极易混淆；也让他联想起古姆普莱希特（Gumprecht）在德国勒包

（Löbau）和开姆尼茨（Chemnitz）发现的辉石霞石混合体。

沉积岩是以第二种方式形成的岩石，被人们称为“古生代”“第二纪”“第三纪”地层中的大部分地层都属于沉积岩，以上这些名称都是旧称，具有系统性，但是并不正确。如果岩浆岩没有对沉积岩层予以抬升，或者在抬升的同时没有对沉积层施以“震动”，那么地球表面将会由沿着水平方向层层叠压的同一地层组成。在我们的地球上，巍峨雄壮的山脉在地表绵延起伏，横亘在每一片大陆，山麓上植被茂密旺盛，不同的物种生长在不同的高度，显示出明显的分层，山体的整个植被就像一幅展开的美丽图画，再现出一个海拔越高气温越低的气温标度尺。但是，假如所有的山脉都从地表消失，地球表面只剩下了因为侵蚀作用导致的沟壑或是由于淡水河流搬运造成的瓦砾堆，而仅仅显示出一些和缓的起伏，那么普天之下，从北极到南极的所有陆地都将呈现出南美洲洛斯亚诺斯草原或北亚草原的单一风貌。如果是这样的话，当我们眺望远方的时候，就会觉得天穹是笼罩在茫茫无尽的平原之上，点点星辰就好像是从海上冉冉升起——在南美和北亚草原的大部分地区都会看到此番情景。不过这样的情景即使在太古时代也不可能长久，更不可能广泛分布，因为地下的力量无论在任何自然时期都会奋力改变地表的状态。

沉积岩地层是由液体中的物质沉淀或沉降而成，至于究竟是沉淀还是沉降，要看在演化成岩石之前这种物质是否已经化学溶解还是悬浮或掺杂在液体当中，无论石灰岩还是板岩的形成都是如此。即使构成岩石的物质从碳酸液体中沉淀而出，该物质在地层中的下沉与堆积也仍可被视为岩石形成过程中的机械作用。这一观点对理解有机生物躯体被包裹进石灰岩地层形成化石的过程颇为重要。古生代和第二纪地质时期最古老的沉积岩很可能都是在高温液体中产生，当时地壳上部的热量仍然相当可观。从这个角度而言，沉积岩，尤其是最古老的沉积岩，在某种程度上也经历过火成作用，但这种岩层好像是泥状沉积物在巨大压力之下形成的，具有层理结构，不同于地球内部喷发的火成岩（花岗岩、斑岩、玄武岩），火成岩是通过冷却而凝结变硬。那些初始的地下液体逐渐降温，开始从饱含水汽和二氧化碳的大气层中吸收充足的二氧化碳，此时的地下液体溶解了大量的氧化钙。

沉积岩层包括以下类型，所有其他外成的、单纯由机械原因产生的砂岩或碎屑岩除外：

（1）古生代地层中的板岩，由志留纪和泥盆纪地层组成，从志留纪地层下部开始，向上延伸到老红砂岩的最上层或是泥盆纪地层。

（2）硬煤沉积层。

（3）埋藏在古生代地层和煤矿沉积层中的石灰岩，白云石，壳灰岩，侏罗纪地层和白垩岩，以及第三纪地层中除砂岩和集块岩以外的部分。

（4）石灰华，热泉中生成的硅藻土，这些产物不是在深海的重压之下生成，而是在几乎裸露于空气中的浅显沼泽和溪流中形成。

（5）纤毛虫岩层，这是一种地质现象，反映出有机生物活动对地球固体部分的作用，埃伦伯格（C.Ehrenberg）最近才发现了这一现象的影响和深远意义，他是一位自然科学家，思想深邃、学识广博，是我的好友，也是我探险途中的同伴。

这里简要概述了地壳的矿物部分，在介绍过单纯的沉积岩之后，我没有紧接着把集块岩和砂岩罗列在此，虽然集块岩与砂岩也是部分通过液体的沉积作用形成，它们埋藏在矿层和古生代岩层中，以多种多样的形式嵌在板岩和石灰岩中。之所以将其排除在外，只是因为它们除了含有火成岩和沉积岩的碎屑以外，还含有片麻岩、片岩和其他变质岩的岩屑。在此，神秘的矿物变质作用及其影响就构成了岩石的第三种生成方式。

之前多次提到过，内生的火成岩（花岗岩、斑岩、暗玢岩）不仅通过震动、抬升这样的动力作用对地层发生影响，使得地层竖起或者发生平移，它们的出现也会改变物质的化学成分以及地层内部组织的属性，由此而产生新的岩石，如片麻岩、片岩和大颗粒的石灰岩［卡拉拉（Carrara）和帕罗斯岛（Paros）的大理石］。古老的志留纪或泥盆纪板岩、法国塔朗泰斯（Tarentaise）的箭石类动物石灰岩，以及亚平宁山脉北部不起眼的富含海藻的灰色岩块（石灰砂岩）在经历过变质作用以后都换上了一件闪闪发亮的新外套，让我们难以再辨识出其旧有的容颜。人们探究变质作用各个阶段的细节，设置了不同的熔点、压力和冷却时间，进行直接的化学实验，这些研究取得了成功，并且证实了之前所做的归纳性结论，此后人们才确认了变质作用的存在。化学界的主导理论扩展了人们对化合物的认识和研究，以至于从狭小的实验室里也能透出一道明亮的光芒，照亮地质学的广阔原野，照亮制造和演化岩石的地下自然化工厂。

大自然纷繁复杂，拥有不可估计的力量，在太古时期，这些自然力量尤其强烈地影响了我们已知的单个物质之间相互施以的作用。如果一个具有哲学思想的自然研究者始终把这种复杂性铭记于心，那么他就会逃脱物质之间表面上的相似性带来的欺骗，因为依循这种相似性去理解事物只是一种狭隘的观察视角。未被分解的岩石基体亘古以来都受到万有引力的控制，这是毫无疑问的。当自然事实与研究理论之间出现矛盾的时候，化学家通常会发现矛盾的根源就在于实验条件，这是因为实验条件未能达到大自然的真实条件。对此我深信不疑。

在对绵延广阔的山脉做过精确考察之后，我们可以证实，火成岩并非一种杂乱无章、无规律可循的自然产物。无论在多么偏僻遥远的地方，我们常常都能看到花岗岩、玄武岩、闪长岩对板岩、致密的石灰岩以及砂岩的石英颗粒施加演化作用，这种作用均匀渗透到细枝末节。同一种火成岩无论在任何地方都发挥同样的演变作用，但是不同种类的火成岩却有着各自迥异的特点。当然，所有的火成岩都曾经历过强热的作用，但其熔融物质的流动性却不一样，花岗岩和玄武岩熔融物质的流动性就非常不同。当岩浆从地下喷发出来形成花岗岩、玄武岩、辉绿斑岩或蛇纹石的同时，也还有其他的以及溶解在蒸汽中的物质从地球内部扬升出来，这种状况贯穿了不同的地质时代。这里我们要再次提醒读者，根据当代地质学缜密的观点，岩石的变质作用并不单单发生在两种岩石接触时或是同处一地时，变质作用能够从原因上解释火成岩出现后在周边引发的所有现象。即使火成岩并没有直接接触到其他岩体，其他岩体也会因为靠近火成岩而发生硬化、石化，形成颗粒以及晶体。

火成岩侵入沉积岩层或是其他的同样是内生的岩体，在岩体内部形成分支交错的矿脉。深成岩（花岗岩、斑岩、蛇纹岩）和狭义上的喷出岩（粗面岩、玄武岩、熔岩）之间的区别具有重大意义。地球上的火山活动当前已经所剩不多，这些火山活动生成的岩石很多都呈现为岩浆流的带状，但是如果有许多条岩浆流汇入盆地，那里也可能形成一片宽阔的岩层。地质学家深入考察过某些玄武岩当初喷发时的状况，在考察地多次见到岩层末端形成的细小栓塞。玄武岩在形成之际，岩浆从狭窄的开口涌出，冲破彩色砂岩和杂砂岩板岩，向上扩展形成圆顶，就像蘑菇的菌盖，这些圆顶有时分裂成一组组柱子，有时分为薄层，层层堆积起来。我在此只列举三个德国的实例，马克苏尔（Marksuhl）的采石场、埃施韦格（Eschwege）的蓝色圆顶石、霍勒茨楚格矿区（Hollertszug）的锥形玄武岩都是如此。但是与玄武岩相比，花岗岩、正长岩、石英斑岩、蛇纹岩以及一系列没有层理结构的巨石却都有着迥然不同的形成过程。出于对神话名称的偏爱，这些巨石被称为“地下冥王普路托”岩石（意指深成岩）。除个别岩脉以外，上述岩石在形成时均未熔化，而只是变软变黏稠，它们不是发自狭窄的裂隙，而是发自宽阔的峡谷和绵长的深沟；它们不是自动涌出，而是被托举而出；它们不以岩浆流的样貌呈现，而是以不成形的巨大熔岩物质团在地面蔓延扩散。有几种辉绿岩和粗面岩的岩浆的流动性类似于玄武岩岩浆，而其他粗面岩在膨胀以后形成巨大的钟形和没有凹陷的背斜，它们在涌出时看来只是黏软的。还有一些粗面岩，例如安第斯山脉的粗面岩，它们的分布方式与花岗岩和石英斑岩相同。在我看来，安第斯山脉的粗面岩时常与富含银矿、不含石英的辉绿斑岩和正长斑岩十分相像。

当岩石被火烧时，它的内部组织和化学性质会发生什么样的变化？地质学家对此做过大量实验，实验结果告诉我们：火山喷发物（闪长岩、普通辉石斑岩、玄武岩、埃特纳火山熔岩）熔化时由于压力条件不同、冷却过程的时长不同，所以生成的产物也千差万别。当它们快速冷却时，形成的是具有匀质断层的黑色玻璃样矿石，当它们缓慢冷却时，形成的是具有颗粒和晶体构造的岩石。一部分晶体生长在孔洞中，一部分晶体被包裹在岩石基体内。同样的矿物元素造就了完全不同的产物，这种见解对于认识火成岩的属性及其引起的变质作用具有重要意义。碳酸钙在高压下熔化时不会失去所含的碳酸，冷却后成为有颗粒的石灰岩，即白色大理石，这是干燥环境下的结晶过程。如果是在潮湿环境，碳酸钙在高压熔化和冷却之后生成方解石或霰石，温度较低时生成方解石，温度较高时生成霰石。温度条件不同，结晶时这些固结物排列的方向也就不同，就连晶体的形状也会随温度变化。某些情况下，固结物虽然没有呈现为液状，但其最小的组成部分却会因为光学作用而显示出一种“可移动性”。我们在脱玻作用中、在水泥和铸钢的制造过程中、在铁的变化中看到了种种变异现象，例如通过升高温度，甚至只是通过微小但却长时间延续的均匀震动，铁的纤维状组织就会转化为颗粒状组织。这些现象同样也为我们理解地质学中的变质作用带来了启示。热量甚至可以在晶体中同时引发相反的作用。化学家米希尔里希（E. Mitscherlich）做过多次精妙的实验，他发现一个事实，方解石在没有被改变物质状态的情况下，会沿着一条轴线的方向扩展，然而同时也会沿着另一条轴线的方向收缩。

在对变质岩做过概述之后，我们转入具体实例。首先来看板岩，当板岩临近深成岩时，它就会被演化为黑青色闪亮的厚层泥岩。厚层泥岩的节理被另一个系统的劈理打断，该劈理几乎是垂直切断了厚层泥岩的节理，这一现象是后来出现的地质作用。厚层泥岩由于受到硅酸的侵入因而布满了石英碎屑，它被部分演变为某种特殊的粗粒泥岩（Wetzschiefer）和硅板岩（Kieselschiefer）。石化程度最高的板岩是一种珍贵的宝石，被称为铁石英。例如乌拉尔山脉一带就盛产这种宝石：奥尔斯克（Orsk）有辉石斑岩，奥什库尔（Auschkul）有闪长斑岩，卡尔平斯克（Bogoslowsk）有凝结成球状的紫苏辉石，当这些火成岩接触到板岩后，板岩就会变质为铁石英。根据地质学家霍夫曼（F. Hoffmann）的观点，意大利厄尔巴岛（Elba）的铁石英就是板岩在与辉长岩和蛇纹岩接触之后形成的，而意大利托斯卡纳的铁石英在化学家布隆尼亚尔（A. Brongniart）看来也是这样形成的。

花岗岩接触到板岩以后，会对其施加火成作用，厚层泥岩因而变成颗粒结构，逐渐演化为类似花岗岩的岩体（长石、云母的集结体，含有较大的云母片），古斯塔夫·罗泽和我在阿尔泰山亲眼见到了这样的情景。布赫写道：“北冰洋与芬兰海湾之间所有产生于古生代志留纪地层的片麻岩均是通过花岗岩的作用而产生和变质形成的。当前所有的地质学家都知道这一观点，其中绝大多数都认为这是一个被证实的假设。阿尔卑斯山脉哥达山（Gotthardmassiv）的泥灰岩同样也是因为花岗岩的影响首先变成了片岩，接着又变成了片麻岩。”经由花岗岩作用而形成片麻岩和片岩的类似现象多有出现，例如法国塔朗泰斯的鲕粒灰岩，该地区的鲕粒灰岩中含有箭石类动物化石（Belemniten），而这些鲕粒灰岩本身就已经可以称得上是片岩；还有厄尔巴岛西部距离卡拉米塔山（Calamita）不远的板岩群，以及菲希特尔山脉在拜罗伊特（Bayreuth）这一段的板岩群，它们的形成都是如此。

铁石英是沉积岩在辉石斑岩施加的火成作用下演化而成，古希腊人和古罗马人无缘大量见到这样的宝石，不过他们却懂得精妙地使用另一种珍贵石材——白色大理石。白色大理石同样也是沉积层在受到地下热量和临近的火成岩施以的影响下产生的。一方面人们仔细观察过岩石在相互接触之后发生的反应，另一方面地质学家霍尔（J. Hall）在 50 多年前也做过很多奇特的熔化实验。霍尔的实验和地质学家对花岗岩矿脉的严谨研究在早期共同为诠释当前的地质学做出了最重要的贡献。所有上述研究成果都证实了母岩经过变质作用后形成变质岩的观点。有时候火成岩只是把一片质地致密的石灰岩临近火成岩的那一部分演化为颗粒质地的石灰岩。由此就出现了岩石部分变质的现象，仿佛岩石处在半个阴影当中：例如，在爱尔兰的贝尔法斯特有一处地方，那里的玄武岩矿脉遍布在白垩岩中；在蒂罗尔区（Tirol）也有两处发生部分变质的变质岩，一处在博斯卡姆普（Boscampo）桥边，一处在堪萨库利（Canzacoli）瀑布，两地均出现类似正长岩的花岗岩碰触到致密的阿尔卑斯山石灰岩的现象，那里的地层有一部分呈现弯曲状。此外还存在一种变质方式，就是致密石灰岩的所有层理全部受到花岗岩、正长岩或闪长斑岩的影响而变质为颗粒质地的石灰岩。

在此，我还要特别提到帕罗斯岛大理石和卡拉拉大理石，它们对于雕塑艺术非常重要，杰出的作品都是由这些石材雕刻而成。长久以来地质学家都把这两种大理石当作原始石灰岩的主要类型。在大理石的形成过程中，花岗岩对石灰岩有两种作用方式：一是通过彼此直接碰触，就像在比利牛斯山，二是通过穿透片麻岩或片岩构成的中间层而间接施加影响，就像在希腊大陆和爱琴海的一系列岛屿。这两种情形引起的变质作用同时发生，但是进程不同。无论是在希腊的阿提卡，还是在希腊的埃维亚岛和伯罗奔尼撒岛，人们都说："如果片岩越纯净，也就是所含的土质越少，那么处于片岩之上的石灰岩就会变得越绚丽，结晶程度越高。"按照布赫的判断，帕罗斯岛和安提帕罗斯岛很多地方的地下深处都分布着片岩和片麻岩层。古老的伊利亚学派哲学家色诺芬尼认为整个地壳都曾被海水覆盖，一段由基督教神学家俄利根（Origenes）保存下来的色诺芬尼关于科洛封（Kolophon）古城的记载说道：人们在锡拉库萨的采石场发现了海洋生物化石，在帕罗斯岛地下最深的岩石中发现了欧洲鳀的遗迹化石。如此说来，我们相信那里的矿层没有全部经受变质作用的影响，而是部分保留了下来。卡拉拉大理石在奥古斯都大帝时代之前就已经开始被使用，只要帕罗斯岛的采石场没有重新开放，卡拉拉大理石就是雕塑艺术的主要原料。卡拉拉大理石是白垩纪砂岩经过火成作用变质而成的那一层，同样的白垩纪砂岩也出现在意大利的阿普亚内山（Alpi Apuane），这座山像海岛一样突兀地从陆地上升起，白垩纪砂岩就处在类似片麻岩的云母片岩和皂石之间。地球内部的某些位置是否也会生成颗粒结构的石灰石，像矿脉一样填满地层裂隙，并且因为受到片麻岩和正长石的推挤而涌出地表？对此我尚未形成自己的观点，故无从判断。

布赫敏锐地发现，火成岩对致密的石灰岩施加影响，引起岩石变质，其中白云岩的变质过程最为奇特，尤其是在南蒂罗尔地区和意大利阿尔卑斯山的山麓。石灰岩的这种变质作用起始于岩体上布满的向各个方向延伸的裂隙。岩体中的孔洞全部被菱镁矿菱面体所覆盖，整个岩体只是单纯由白云岩菱面体颗粒堆积而成，没有了石灰岩变质之前所含的层理和生物化石。一些滑石片零散地嵌在新生岩体中，蛇纹岩碎屑也遍布其中。意大利特伦托（Trento）法萨山谷（Fassatal）的白云岩拔地而起，岩壁与地面垂直，高达数千英尺，山势异常陡峭，岩体光滑，洁白得令人无法睁开双眼。白云岩在这里构成很多锥形山，它们分布成阵，彼此没有连接。锥形山的样貌不禁让人联想起达·芬奇的画作《蒙娜丽莎的微笑》，画面上那迷人的微笑背后就掩藏着这样一幅秀美而又魔幻的山景。

这里描述的地质现象不仅可以激发想象力，让人们在想象中肆意驰骋，也可以诱导人们进一步深入思考。我们看到的这些山石异象事实上是辉石斑岩完成的杰作，它从地下抬升隆起，击碎了位于其上的石灰岩，并对石灰岩施以演化作用。布赫是历史上第一位意识到石灰岩“白云岩化”现象的地质学家，他并没有简单地把这种现象理解为黑色斑岩中所含的氧化镁起到的作用，而是睿智地洞察到，只要有火成岩从充满蒸汽的宽阔地层裂隙中隆起，

“白云岩化”现象就会伴随着火成岩的出现同时发生。如果白云岩层嵌在石灰岩层中间，也就是部分沉积岩并未直接碰触到火成岩时，变质作用是如何进行的？那些用以输入火成作用的管道又掩藏在何处？这些疑问我们需要交给未来的研究来解答。有一句古老的罗马名言说道：“自然当中许多相同的事物都是经由不同的途径形成”，我想这里我们还不需要在这句话中寻找慰藉。如果说在一片幅员辽阔的土地上，一边是暗玢岩的存在，另一边是致密石灰岩的结晶构造与化学成分发生改变，这两种总是同时出现的现象休戚相关，那么当后者在前者不可见的情况下仍然出现，由此显示出一种表面上的矛盾时，我们有理由猜测：变质作用的发起者在这里隐匿了起来，伴随发起者的某些条件没有得到满足。我们偶尔也见到过某些硬煤沉积层、砂岩或白垩岩中布满了玄武岩矿脉，但是玄武岩并没有夺走煤层中的燃料，未对砂岩产生熔结作用、使之结渣，也没有把白垩岩演变为颗粒结构的大理石。当个别这样的情况出现时，我们难道要怀疑玄武岩作为火成岩的特性以及岩浆的威力吗？

岩石究竟是怎样形成的？这是一个神秘的、充满未知的领域，当一点微光，一条主线出现在这片暗黑之中时，我们不能因为自然当中还存在某些未解的现象就毫无谢意地摒弃这道光和这条线索。我们现在还无法全部解释岩层过渡区的某些具体状况，也无法解释为什么有个别火成岩会孤立镶嵌于未经变质的岩层之间的现象。

如上所述，致密的石灰岩在经过变质作用以后，可以演化为颗粒质地的石灰岩或白云石，这里我们还要提到石灰岩的第三种变质产物，也就是石膏，它是太古时期火山爆发时喷出的硫黄蒸气所致。这种让石灰岩转化为石膏的变质作用，与岩盐以及硫黄侵入石灰岩后所发生的反应类似。哥伦比亚金迪奥省（Quindio）的安第斯山脉高耸入云，它与所有的火山都相距遥远，就在那里，我在片麻岩的裂隙中看到了硫黄沉积物，而在西西里岛，硫黄、石膏和岩盐都属于中生代白垩纪的产物。维苏威火山口边缘的裂隙中含有大量岩盐，这是我亲眼所见，那里的岩盐含量非常丰富，因而有时也推动了相关的非法交易。比利牛斯山的两边山麓上分布着白云岩、石膏和岩盐，它们的出现与闪长岩息息相关，这一点不容置疑。所有这里描述的现象都宣告着地下力量对古老海洋沉积层施以的影响。

南美洲安第斯山脉分布着大量纯净的巨型石英矿，是当地典型的地质风貌。我当年从卡哈马卡（Caxamarca）经古安卡马卡（Guangamarca）山谷下山抵达南太平洋的时候，在途中发现了很多高达7000～8000英尺的石英晶体，它们有时位于不含石英的斑岩上，有时挺立在闪长岩上，这种纯净石英矿的生成委实是一个谜团。它们是砂岩变质而成吗？就像地理学家博蒙（L. É. de Beaumont）对法国拉泊索尼埃山口（col de la poissonnière）地区的石英层所做的猜测那样？在巴西米纳斯吉拉斯州（Minas Gerais）和圣保罗群岩（St.Paul）的金刚石产区，火成岩对沉积岩施以的变质作用生成了不同的产物，闪长岩的矿脉上生出了普通云母，石英砂岩上生出了赤铁矿。地理学家克劳森（Clausen）最近刚在那里做过细致的考察。巴西格拉玛山（Grammagoa）一地的金刚石隐藏在坚硬的硅酸层中，有时它们也被云母片包裹，完全类同于片岩包裹石榴石的情形。

1829年以来，人们在北纬58°以南的乌拉尔山脉的欧洲山麓发现了一些金刚石，其中位置最靠北的金刚石与阿道夫斯科伊（Adolfskoi）峡谷的黑色含碳白云石和辉石斑岩存在着地质成因上的关系，但是对于其具体细节，目前所做的精确观察还不足以作出全面解释。

当厚层泥岩接触到玄武岩和辉绿岩时，厚层泥岩中会形成石榴石，譬如在英国的诺森伯兰郡和安格尔西岛就有如此产生的石榴石。在火成岩与沉积岩的接触面，在二长岩与白云石或致密石灰岩的接触面，都会生成大量不同种类的绚丽晶体，例如石榴石、符山石、普通辉石和尖晶石，这些都属于变质作用中值得令人深思的接触现象。意大利厄尔巴岛的蛇纹岩可能比其他任何地方的蛇纹岩都更能体现火成岩的特质，在蛇纹岩的作用下，白垩纪砂岩的裂隙中有赤铁矿凝华而成。如果站在斯特龙博利火山、维苏威火山或是埃特纳火山的火山口，看着新鲜的岩浆流喷涌而出，那么我们随时都可以在矿脉裂隙的岩壁上看到同样的赤铁矿从气体凝华而成。这边的熔岩物质通过火山作用正在形成中，那边的围岩就已经凝固成形，一幅神奇的图景就这样展现在我们眼前。在地球演化史的早期，岩石和矿道就是以类似的方式在地球各处产生。那时地壳虽已坚硬，但尚为薄弱，且经常受到地震的冲击，地壳冷却时收缩，继而发生断裂，于是乎地球上千疮百孔，沟壑纵横。这些沟壑就是开放的管道，它们确保了地表与地球内部的交流，那些夹杂着土壤元素和金属元素的气体也经此散逸到空中。层状排列的矿物与脉壁带平行，同样的层理规律地反复出现在上盘和下盘，岩体中间存在长形晶洞——这些迹象都直接证实了火成岩的影响。正因为如此，矿道中经常会有矿物凝华而成。因为侵入其他岩石的岩石比被侵入者形成要晚，所以我们通过斑岩层理与银矿层理之间的关系可以清楚了解到：在德国矿藏蕴含最丰富的厄尔士山脉，其银矿至少要比硬煤矿层和赤底统中所含的树木出现得晚。

有一天人们灵光乍现，开始对熔炉中熔渣的形成过程与天然矿物的生成过程进行比较，而后又利用化学元素人工制成了这些矿物。该工艺过程出其不意地清楚诠释了我们关于地壳形成和岩石变质作用的一切猜想。所有的实验都表明：无论是在实验室还是在大地的怀抱，这些元素都显示出相同的化学亲和力，这种亲和力决定了化合物的组成。广泛分布的火成岩（深成岩和火山岩）以及因为火成作用生成的变质岩都是由简单的矿物构成，其中最重要的部分都是结晶体，而我们在人工合成的矿物中也找到了与之完全相同的矿物晶体。我们把人工合成的矿物分为两类，一类是熔渣中偶然产生的矿物，一类是化学家特意制造的矿物。长石、云母、普通辉石、橄榄石、闪矿、赤铁矿、磁铁矿正八面体、金属钛属于前者，石榴石、符山石、红宝石、橄榄石、普通辉石属于后者。这些矿物都是花岗岩、片麻岩、片岩、玄武岩、辉绿石以及多种斑岩的主要成分。人工制造长石和云母的过程，从地质学上来看，对于厚层泥岩通过变质作用演化为片麻岩的理论具有重要意义。片麻岩含有构成花岗岩的矿物成分，不排除也含有钾盐。睿智的地质学家冯·德兴（E. H. von Dechen）曾经说过，如果有朝一日在厚层泥岩或杂砂岩制成的熔炉壁上发现有片麻岩碎片生成，那么我们也不会太过感到意外。

我们对固体地壳做了概述，细数了岩石生成的三种类型（火成岩、沉积岩、变质岩），这里我们还将介绍第四类岩石——集块岩或砾岩——的生成方式。只是听到这个名称，我们就会联想到地壳在地球演化史中经受的种种破坏，联想到这些岩石在形成过程中经历过的胶合作用，那些或圆或尖的岩屑被氧化铁和土质或石灰质黏合剂重新连接起来成为新的岩石。集块岩和砾岩从广义上讲反映出两种形成方式。那些被机械粘连在一起的岩屑并不单纯是由海浪或河水的冲击带来，有些砾岩的生成与水的冲击毫无关联。布赫写道："如果地层裂隙上有玄武岩岛或粗面岩山隆起，那么上升的岩层在隆起时会与裂隙的岩壁产生摩擦，从而发生碎裂，导致玄武岩和粗面岩被它们自身的岩屑包围。许多地层都含有砂岩，组成砂岩的岩屑更多是因为火山岩或侵入岩被摩擦力击碎后形成的，而不太是被临近的海浪冲刷而来。这种因摩擦与黏合而成的砾岩本身就证明了火成岩从地球内部抬升时对地表的冲击力度是何其强大。流水裹挟着四散分离的岩屑，带着它们分散开来，岩屑在水底形成沉积层。"从古生代志留纪早期到中生代白垩纪的所有地层都含有砂岩。无论是在美洲新大陆的热带地区还是在非热带地区，那里无边无际的原野尽头都是矗立海岸的砂岩，它们宛若一道围墙，标示出古老海岸的所在，汹涌的海涛拍击着砂岩，一浪紧跟一浪，无始无终，水面上的白沫袭来又退去，退去又袭来。

就人类可以观察到的地壳部分而言，如果去探究岩石的地理分布和它们在空间上占有的体积，我们就会发现，分布最广泛的化学物质是硅酸，它通常为不透明状态，被染成多种颜色。排列在固体硅酸之后的首先是碳酸钙，其次是硅酸与氧化铝、钾盐、碳酸氢钠、氧化钙、镁、氧化铁的化合物。虽然我们说的岩石是少数矿物质组成的集合体，但也还有一些其他特定的矿物像寄生物一样附着在这个集合体上；虽然构成花岗岩的主要矿物是石英、长石和云母，但这些矿物也会单独或成对地进入其他地层。矿物含量的比例不同，岩石的种类就会不同，例如，长石与另一种富含云母的岩石的区别就在于它们所含矿物的数量比例有异。据矿物学家米希尔里希所言，如果给长石再加入是其自身三倍的氧化铝和三分之一倍的硅酸，就得到了云母的化学成分。两者都含有钾盐，许多岩石都含钾盐，钾盐的形成时间大概要比地球上的植物起源要早。

要鉴别不同地层的顺序和年代，我们可以通过分析沉积岩、变质岩、集块岩彼此垒压的状况，或是通过研究火成岩隆起后形成的地貌特性进行判断，但最准确的方法就是根据有机物遗迹的存在和它们的不同构造来确定地层形成的时间。使用动植物名称来确定岩石的年代，这是地壳地质年代的计时法，伟大的博物学家罗伯特·胡克（Robert Hooke）就已经预知到生物化石对地质学的重要意义。地质年代计时法的出现标志着地质学最杰出的时代之一的来临，至少在欧洲大陆上，地质学终于得以摆脱闪米特一神诸教的影响，现代地质学自此登上舞台。古生物学就好像透过一阵灵动的轻风，为专注研究僵硬岩层的地质学赋予了一种优美和变化。

亿万年前曾经活过的动植物，深埋在地下墓穴，它们的遗体躲过了时光的肆虐，得以保存下来。翻开地层这部地球历史之书，动植物的化石遗迹即一一展现在我们眼前。我们探究地层的层理结构，一层一层向下深入，而实际上却是逆着时光上溯，寻找地球初始的模样。早已消逝的动植物随即映入眼帘。地球无处不在演化，山脉隆起，地貌变迁，我们可以确定山脉形成的相对时间。这些沧海桑田之变记录了物种的更替，旧的有机物消亡，新的有机物出现。某些个别的旧生物在新生物产生后还存活了一段时间。我们对生物的起源和发展所知有限，为了掩饰这种局限性，我们倾向于使用一种画面式的形象语言。有机物更迭交替无始无终，生长在原始水域以及山脉丘陵中的生物也是你方唱罢我登场，这些都是历史现象，但我们却称其为“新生灵”。有时候这些业已消亡的生物保存完好，连最细微的组织、外壳和肢节都得以完整存留；有时候我们也会发现遗迹化石，那是动物们在潮湿的黏土上奔跑、跳跃、爬行留下的足迹，它们也在粪化石中留下了未消化的食物残渣。白垩纪早期的地层中发现过一个乌贼的墨囊，墨囊保存得非常完好，这个亿万年前能够让乌贼在敌人面前遁形的墨汁还保留了原有的颜色，有人就蘸着这个乌贼墨勾画出了一幅乌贼图。其他地层常常只留下了淡淡的贝壳印记，但是，如果旅人从遥远异国带回的贝壳是一块指准化石，那么它就会向我们娓娓诉说那里有什么岩层，还有什么生物与它一同出现。化石讲述的是一个地域的历史。

古生物学有两个研究方向：一个是纯粹的形态学方向，主要倾向于自然描述学和生理学，通过研究灭绝的生物来填补现存生物系列中的空缺。另一个是地质学方向，探索化石与所处岩层的关系以及沉积岩的相对年代。长期以来前者都占主导地位，人们对化石和现今存在的生物进行了既片面又肤浅的比较，因此常常误入歧途，某些化石遗迹的奇怪命名就透露了其中的荒谬。人们总是希望在灭绝的物种中辨识出当今存在的生物，就像有人在16

世纪因为做出错误比较而混淆了欧亚大陆和美洲大陆的动物。生物学家凯姆贝尔（P. Camper）、索默林（S. T. von Sömmerring）、布卢门巴赫（J. F. Blumenbach）的功绩在于：通过科学运用更加精细的比较解剖学，首先解释了古生物学中的骨科学部分，骨科学涉及大型脊椎动物化石。然而我们要特别感谢居维叶（G. Cuvier）和布隆尼亚尔，是他们首先领悟到化石学和地质学的关系，把动物的特征与地层的年代与沉积顺序联系了起来，这乃是古生物学的一大幸事。

最古老的古生代沉积层中掩藏着各种各样的有机物残迹，在生物逐渐自我完善的发展阶梯上，这些有机物占据了各不相同的地位。植物留下的遗迹当然并不多，只包括一些海草、可能呈现为树状的石松科植物，以及木贼科植物和热带蕨类植物。但是古生代沉积层却神奇地埋藏着多种动物遗体，有甲壳亚门动物（带有复眼的三叶虫、隐头虫）、腕足动物（石燕、正形贝）、直角石、石珊瑚等，志留纪晚期的地层中除了这些低等动物以外还有形态奇妙的鱼类。头戴盔甲的头甲鱼家族只存在于泥盆纪（老红砂岩）地层中，此家族中的胴甲鱼残片曾长期被认为是三叶虫。按照生物地质学家阿加西（L. Agassiz）的话形容就是，鱼类系列中有头甲鱼这样的奇特种类，就像爬行动物中存在鱼龙属和蛇颈龙目这样的异类一样。菊石亚纲中的棱菊石目同样也始于泥盆纪石灰岩和灰砂岩形成的时代，甚至是始于志留纪晚期。

生物形态的发展程度与其所处地层的年代息息相关，地层年代越久远，生物形态越低等。到目前为止，人们在无脊椎动物的沉积状况中不太能够识别出这种关联，但是在脊椎动物中这种关联却表现得非常明确。如上所述，最古老的脊椎动物是鱼类，按照地层从下至上的顺序排列，接下来就是爬行动物和哺乳动物。据生物学家居维叶所言，第一只爬行动物（巨蜴）出现在德国图林根地区的蔡希斯坦统（二叠纪地层）的含铜板岩沉积层中，这只蜥蜴甚至引起了哲学家莱布尼兹（G. W. Leibniz）的关注。根据地质学家麦奇生（R. Murchison）的研究，原始恐龙和槽齿龙也于同期出现在英国的布里斯托尔。蜥蜴亚目动物在中三叠世、中三叠世顶部的考依波统时期持续增多，在侏罗纪达到极盛。生活在此地质时代的动物还有：蛇颈龙，它的长脖子有30节椎骨；一种类似于鳄鱼的怪兽——斑龙，长达45英尺，有着大型陆地哺乳动物的足骨；8 种长着大眼睛的鱼龙；地蜥鳄；最后是 7 种形态非常奇异的翼手龙。形似鳄鱼的蜥蜴亚目动物在白垩纪虽然已经开始减少，但沧龙和有可能是食草动物的巨型禽龙却是白垩纪的标志。居维叶认为，当今鳄鱼家族属下的动物都要溯源到第三纪。博物学家余赫泽（J. J. Scheuchzer）发现的薛氏鲵是一种大体积隐鳃鲵亚目动物，发现时埋藏在德国厄宁根（Öhningen）地区形成最晚的淡水沉积层中，薛氏鲵与墨西哥钝口螈近似，我曾经从墨西哥城周边的湖里带回一只这样的钝口螈。

我们可以通过岩层的沉积状况来确定有机物形成的相对年代，也由此得到了很多关于灭绝物种和现有物种之间关系的重要结论。以前的和新近的观察都证明，沉积层越往下，也就是沉积层越古老，其中所含的动植物与现在的动植物在形态上的区别也就越大。居维叶首先发现并阐释了有机物在演化史上不断交替更新的重要现象，这一现象清晰地反映在有机物的数量上。杰出的法国地质学家德沙耶斯（G. P. Deshayes）和英国地质学家莱伊尔（C. Lyell）研究了生物的数量问题，由此推导出了重要的结论，尤其是关于第三纪地层各个阶段的结论，大量出自这一地质时期的生物都曾被仔细探究过。地质学家阿加西见识过 1700 种鱼化石，他从有关鱼类的记载以及被收藏的标本出发，估测现有的鱼类达 8000 种。阿加西在他的巨著中确切地写道："除了格陵兰岛一种特有的小鱼化石以外，我在所有的古生代地层、矿层以及第三纪地层中都没有发现与当今鱼类特别相同的鱼类化石。"他还做了一点重要补充："第三纪早期地层——如粗粒石灰岩和伦敦黏土层——所含的鱼类化石中，有三分之一已经属于完全灭绝的物种的化石。而在白垩纪以下的地层中则找不到任何今天鱼类家族的踪迹。有一种长着硬鳞的鱼类家族，在形态上几乎与爬行动物近似，此家族中体积最大的种类生活在煤炭形成的地质年代，个别的种类还延续到了白垩纪。如果把这种硬鳞鱼与栖居在美洲河流以及尼罗河的雀鳝和多鳍鱼做对照，那就好像是远古时代的乳齿象面对今天的大象。"

白垩纪地层还埋藏着两种蜥鱼亚目的鱼，此外它蕴含着大量的巨型爬行动物和一系列已经灭绝的珊瑚和贝壳。博物学家埃伦伯格在显微镜下发现，白垩纪地层含有根足虫类，它们当中有很多至今还生活在中纬度海域，如北海和波罗的海。人们习惯把位于白垩纪之上的第三纪早期称为“始新世”，但实际上这并不名副其实，正如埃伦伯格所言：“在地球史上，有机生物放射出的第一缕生命曙光远比人们以为的要早得多。”

鱼类是最古老的脊椎动物，在古生代志留纪就已经出现，它们贯穿之后所有的地层，延续进入第三纪地层；恐龙始于古生代二叠纪蔡希斯坦统（Zechstein）；第一批哺乳动物出现在侏罗纪（鲕粒灰岩时期）；第一只鸟出现在白垩纪早期的地层中。根据我们目前所掌握的知识，鱼类、恐龙、哺乳动物和鸟类分别起始于这些地质时代。

在最古老的地层中，无脊椎动物中的石珊瑚和龙介虫，与发育完全的头足纲动物及甲壳亚门动物同时出现。如果说不同纲目的动物在此毫无章法地混杂在一起，那么同一纲目内的许多种属却反映出明确的特定规律。同种贝壳的化石、棱菊石化石、三叶虫化石和货币虫化石在地下堆积成山。当不同种属的生物混杂一处时，根据地层的沉积状况，人们不仅可以识别出有机物特定的排列顺序，而且也能在同一地层的下属分层中发现某些物种的集合体。布赫把数量庞大的菊石清楚划分为不同家族，并且证明：齿菊石目存在于中三叠世壳灰岩统中，羊角菊石存在于侏罗纪早期的利亚斯岩层中，棱菊石存在于石炭系石灰岩和灰砂岩中。箭石目动物起始于被侏罗纪石灰岩所覆盖的考依波统（中三叠世顶部），灭绝于白垩纪。在同一地质时期，甲壳类动物生活在地球上的各个水域，为其带来了无限生机。这些水域虽然彼此相距遥远，分布在地球的不同地域，但是那里的甲壳类动物化石至少有一部分与欧洲的甲壳类动物化石相同，这一点毋庸置疑。布赫研究了来自南半球智利迈波火山的牡蛎和三角蛤（Trigonia），道比尼（A. d'Orbigny）描述了来自喜马拉雅山脉和印度高原的菊石和卷嘴蛎（Gryphaea），从类型上看，它们与侏罗纪海洋时期沉积在德国和法国的同类完全一致。

岩层之中蕴藏着化石以及冰川搬运而来的岩石，这是岩层的 大特点，它就像是地质学的地平圈。当地质学者在研究地层的过程中心生疑惑时，他会把岩层当成坐标，通过对岩层的探究，他可以准确知道这是什么地层，产生于什么时代，会发现某些地层周期性出现的规律，并且了解到岩层的平行度或曲度。如果要最大限度地简明概括沉积岩的类型，那么由下至上的排列顺序是：

（1）志留纪和泥盆纪的古生代岩层，后者曾被称为红色砂岩；

（2）早三叠系，以石灰岩、含有较晚期红砂岩的硬煤层、镁灰岩为代表；

（3）晚三叠系，以砂岩、贝壳石灰岩、考依波统为代表；

（4）侏罗纪石灰岩（利亚斯岩石，鲕粒灰岩）；

（5）下白垩纪和上白垩纪沉积层，这是最后一个以石灰岩开始的沉积矿层；

（6）第三纪岩层，分为三个阶段，以粗粒石灰岩、褐煤、亚平宁山前的砾石为标志。

砂积矿里依次掩埋着远古哺乳动物遗留下来的庞大骨架：有乳齿象、恐象、重足下目动物（Gravigrada）等，生物学家欧文（R. Owen）描述的类似树懒的磨齿兽就属于重足下目，它的长度达到 11 英尺。除了这些远古动物以外，沉积层中还埋藏着现有动物的化石：如大象、犀牛、公牛、马、鹿。波哥大附近有一处原野，海拔 8200 英尺，当地遍布乳齿象遗骨，我曾经让人把这些骨头小心地挖掘了出来；人们在墨西哥高原也发现过灭亡动物的遗骨，它们是象类留下的骨骼。安第斯山脉隆起的时间虽然不同于喜马拉雅山，但是喜马拉雅山脉前麓［西瓦利克山脉（Siwalik）］也掩藏着大量远古时代的乳齿象、西瓦鹿（Sivatherium）和那些 12 英尺长 6 英尺高的庞大陆龟，此外那里还埋葬着很多现有的动物：大象、犀牛、长颈鹿。值得注意的是，这一地区至今仍然拥有热带气候，而在乳齿象繁盛的时代，地球上大概随处都是热带。

以上我们把地壳的各个形成阶段和埋葬其中的动物遗骸做了参照，现在我们将关注有机生物史的另一部分，也就是植物的发展史。在地球的演化史上，地表的干燥陆地持续扩大，大气发生变化，地球上的植物也因而随之不断发展和更替。

前面讲到过，最古老的古生代地层只含有细胞结构的海洋有叶植物。一直到了泥盆纪，地层中才出现了维管植物中的几种隐花植物（芦木属和石松科）。有一种理论认为，生命形态在初始时期都具有简单的结构，人们由此推测植物比动物更早地出现在远古的大地上，觉得动物的生存取决于植物的存在，但是并没有任何迹象看似可以证明这一点。即使是那些被驱逐到北极严寒地区的人类种族也可以单纯以鱼类和鲸豚为生，他们的存在说明，动物有可能在完全没有植物的情况下生存。

在泥盆纪地层和炭质石灰石之后出现了一种地层——硬煤层，人们从植物学的角度对它进行了分析，并在最近取得了辉煌的研究成果。硬煤层不仅包含蕨类隐花植物和显花植物类中的单子叶植物（草、百合科植物、棕榈树），还包含双子叶植物（松杉目和苏铁目）。硬煤矿层中目前已经发现了近400种植物。在此我们只提及其中一部分：树状的芦木和石松；带有硬鳞的鳞木；封印木——它们的高度能够达到60英尺，具有双重维管束；状如仙人掌的根座属植物；无数的蕨类植物——它们有些拥有树干，有些全都是羽状叶，当时的干燥陆地在地球上还是岛屿，这些蕨类植物的生长分布大致勾勒出了那时陆地的形状；苏铁目植物；数量不多的棕榈树；星叶木；以及类似南洋杉的松柏——它们模糊的年轮依稀可辨。所有这些植物当时都生长在红砂岩层干燥隆起的部位，它们茂密繁盛，与今天的植物大相径庭。此后的一直到白垩纪最后阶段的植被都不同于当今的植被。硬煤层所含的植物形态异样，不过引人注目的是，同一纲目的植物广泛分布在地球表面的各个部分，无论是在澳大利亚、加拿大、格陵兰岛还是梅尔维尔岛，都有它们相同的身影。

远古植物世界展现在我们眼前的主要都是那些与现有植物家族相似的种类，这就让我们不禁遥想，有机生物发展史上的许多中间环节在时光更替的洪流中消亡了。这里仅举两个例子，根据英国植物学家林德利（J. Lindley）的研究，鳞木属是介于松柏属和石松属之间的业已灭绝的过渡种属。而南洋杉和松树的异样之处是在于它们都有合并的维管束。如果我们把注意力单纯集中在当前的植物世界，那么我们就会知道，在硬煤层的植物遗迹中同时发现苏铁目、松柏属和硬鳞木有着多么重大的意义。松柏属不仅与山毛榉和桦树相近，也与石松属类似，山毛榉、桦树、松柏都一起埋藏在褐煤层中。苏铁目树木的外形接近棕榈树，但其花和种子的构造却基本与松柏一致。当许多硬煤矿层上下叠压在一起的时候，煤层中不同种属的植物并不总是杂乱无章地分布着，它们更多的是按照种属排列。石松与某些蕨类植物分布在一个矿层，鳞木与封印木分布在另一个矿层。

了解到煤层的沉积状况，我们就可以想象出远古世界的植被何其繁盛，水流搬运沉积的植物何其庞多，这些植物在水的参与下演变成了煤。德国萨尔布吕肯的煤山有120个煤矿层，上下叠压在一起，而且不包括较浅的厚度不足1英尺的煤层；苏格兰约翰斯顿（Johnstone）的煤层有30英尺厚，法国勒克勒佐（Le Creusot）的煤层有50多英尺厚。以我们当今的温带森林区为例，如果林中的树木演化成煤，那么这片煤层的平均厚度经过100年也最多只能达到16毫米。在密西西比河入海口附近，在探险家弗兰格尔描述过的西伯利亚北冰洋“木山”附近，至今还聚集着非常庞多的树干，它们被河流与洋流冲至一处，在此堆积成山。面对这番景象我们可以想见，远古时代的浮木就是如此这般沉积在内陆的水域和岛屿的港湾，它们任凭时光造化，最终演变成日后的硬煤层。煤层的原料中有很多都不是粗大的树干，而是草类和低等隐花植物。

前面已经提到，棕榈和松柏同时出现在硬煤层中，它们携手相伴的现象贯穿了第三纪中晚期之前的所有地质年代。而在当今的世界，棕榈和松柏却看似无缘相见。我们早已习惯把松柏当成北方的树种，当年我从南太平洋海岸上山到达墨西哥的奇尔潘辛戈（Chilpansingo）和高山谷地，在从莫克索内拉（Moxonera）的客栈到卡松高地（Caxones）的路上，一整天都骑马穿行在茂密的松树林中，这种松树酷似云杉。就在这无尽的松林中，我突然间看到了一棵扇叶棕榈树，于是感到非常诧异，成群的彩色鹦鹉栖息在棕榈枝头。南美洲养育了多种橡树，但并未养育任何一种松树。当我从南美返回欧洲，再次见到家乡的冷杉时，却隐约中仿佛看到了扇叶棕榈，距离拉近了，景象恍惚间陌生了起来。哥伦布第一次登上美洲大陆时，在古巴岛上处于热带区的东北角看到了松柏与棕榈并生一处的情景，思考缜密、观察敏锐的他于是在游记中记下了这一特别之处。费尔南多二世（Ferdinand Ⅱ.）的大臣德安吉拉（P. M. d'Anghiera），也是哥伦布的友人，惊讶地感叹道：“在这片新发现的土地上，棕榈和松树居然并肩生长。”把当前的和远古时期的地表植被分布状况进行比较，对地理学具有重大意义。南半球海域广阔，岛屿众多，在其中的温暖地带，热带植物与温带植物奇妙地混杂一处。在达尔文优美生动的笔下，这些地域的植被本身就折射出远古植物地理学和现代植物地理学的点点滴滴，带给人深远的启发。远古植物地理学本意上就是植物历史学的一部分。

远古时代的苏铁目树木种类繁多，从数量上看，其意义远远超过今天的苏铁目。苏铁目与松柏目相近，两者从硬煤层形成的时代起开始共存，在红砂岩时代苏铁目树木几乎完全缺失，而某些形态奇异的松柏目树木那时候却非常繁茂，不过苏铁目在三叠世的考依波统和侏罗纪最早期达到极盛，当时出现了 20 个种类。在白垩纪时代海洋植物和茨藻属占主导地位。苏铁目在侏罗纪业已衰落，在第三纪早期则远远不及松柏目和棕榈科盛行。

褐煤层出现在第三纪的所有地层中，最早的褐煤层里掩埋着陆地隐花植物、少量棕榈树、大量带有清晰年轮的松柏以及具有不同程度热带特征的阔叶树木。经研究人们发现，棕榈科和苏铁目在第三纪的中期完全衰退，而到了第三纪的最后阶段，地球上的植被终于有了与现代植被大致相似的模样。地表上突然大量出现了我们熟知的云杉、冷杉、山毛榉、枫树和杨树。褐煤层中的双子叶植物树干特别粗壮，而且非常高龄。人们曾经在波恩附近的褐煤层中发现了一段树干，地质学家诺埃格拉特（J. Nöggerath）细数过它的年轮，岁月在树干上留下了 792 道圆。在法国北部伊泽（Yzeux）索姆河（Somme）的酸性泥炭沼泽中，人们找到了直径宽达 14 英尺的橡树，对于北回归线以北的欧洲大陆而言，这么粗的树干非常引人注目。植物学家格佩特（H. Göppert）详尽研究了古植物，我们希望他的研究成果以铜版画的形式早日出版。格佩特写道："波罗的海出产的琥珀都来自一种远古的松树，近似于现在的银冷杉和欧洲云杉，但却是一个独立品种，它们留下来的不同年龄的木质与树皮残留物都证实了这一点。远古时代的琥珀松（pinites succinifer）具有非常丰富的树脂，这是当今任何一种松柏都望尘莫及的。因为它们的树脂不仅存在于树皮的内部和表面，而且还存在于树干的木质部分，大量的树脂沿着木质髓射线（Holzstrahl）沉积下来或是聚集在年轮之间，有时同时具有白色和黄色两种颜色。其木质髓射线和木质细胞在显微镜下清晰可辨。有的琥珀里包裹着植物遗迹，有时候可以见到当地针叶树和山毛榉的雄花和雌花。崖柏、柏木、麻黄、欧洲栗的残片与刺柏、冷杉混杂在一起，这些都说明当时的植被与现在波罗的海沿岸及其平原的植被不同。”

在这幅自然画卷的地质学部分，我们细数了种种不同的地层，从最古老的火成岩地层开始，讲到了沉积岩地层，最后我们还要讲述砂积矿地层，砂积矿层上常常遍布着巨型岩石。至于这些岩石因何散布开来，科学家还将长期争论下去，但我们不大认为这是浮冰搬运的结果，而是更倾向于认为此乃流水所致，山脉隆起时水流受到拦截，而水流在积蓄了足够的力量之后，就会冲破山体倾泻而下，携带岩石分布于砂积矿层上。

我们所知道的最早的古生代地层岩石是页岩和灰砂岩，这些岩石中含有寒武纪和志留纪海洋的海草化石。但这些所谓的最古老的岩层又位于什么之上呢？如果片麻岩和片岩只是被视为变质而成的沉积层的话。这不可能是一个真正的地质学命题，我们要斗胆做出判断吗？印度的一个原始神话讲道，大地被一头大象托举着，而大象又被一只巨型乌龟托举着。那么乌龟又站在哪里？虔诚的婆罗门教徒是不可以提出这个疑问的。而我们在此攻克的就是一个类似的问题，要准备面对各种各样的指责。

我们在这部自然画卷的天文部分描绘过行星初始形成的过程，那些围绕太阳旋转的云雾环骤然聚拢成球体，并从外至内逐渐冷却凝固。所谓的志留纪早期地层事实上只是坚硬地壳的上层部分。火成岩是从我们不可企及的地壳深处涌出，从下至上冲破了志留纪早期地层并使其抬升，所以说火成岩存在于志留纪地层之下。岩浆从地下喷出，冷却后形成岩石裸露于地表，我们称之为花岗岩、普通辉石或石英斑岩，火成岩的矿物成分就是这些岩石的矿物成分。我们可以这样想象，火成岩突破了沉积层，填充在地壳裂隙中，像矿脉一样分布在地表，但实际上它们只是沉积层以下的岩层的分支。现在的活火山也是在地下极深处酝酿着爆发力。我在不同地方都发现了一些被岩浆流包裹着的岩石碎片，根据这些罕见的碎片来判断，我也认为这个含有无数有机物遗体的巨大沉积层下面极有可能就是最初始的花岗岩。如果说含有橄榄石的玄武岩在白垩纪才出现，粗面岩出现得就更晚，那么花岗岩喷发则应是在古生代最早期，变质岩的形成印证了这一点。在无法透过感官觉知来获得某些特定知识的时候，我们还是可以根据归纳法与比较法做出某些推测。以上的这一推测可以部分纠正花岗岩受到的不公对待，还给它作为初始岩石的荣誉。

第7章
陆　　地

· *Kontinente* ·

一幅宏大的自然画卷会以概括性的视角展开叙述，因此我们首先关注的是，突出于海面的陆地究竟有多少面积；在确定了陆地的大小以后，我们会聚焦于陆地的形态，也就是它在水平方向的延伸（结构）和在垂直方向的抬升（山脉测高）。

Kosmos.

Entwurf
einer physischen Weltbeschreibung
von
Alexander von Humboldt.

Erster Band.

Naturae vero rerum vis atque majestas in omnibus momentis fide caret, si quis modo partes ejus ac non totum complectatur animo. Plin. H. N. lib. 7 c.

Stuttgart und Tübingen,
im Verlage der J. G. Cotta'schen Buchhandlung.
1844.

地质学近来取得了长足的进步，人们对地质时代的认知得到了扩展。地质时代的标志物就是岩层，每种岩层都含有各不相同的矿物成分，包裹着特有的呈现出特定排列顺序的有机物，沿水平方向或竖直方向分布。我们力求探索现象之间存在的因果关系，这些地质学的新知识引导我们能够清楚理解地表两大部分——陆地与海洋——的分布状况。在这里，我们将指明地史学和地理学的联结点，而且我们强调要从整体视角来观察陆地的形状及其分布。在地球表面，陆地被海洋包围着，在漫长地质时代的各个阶段，陆地与海洋的面积比例都极为不同。比如，在水平延伸的硬煤层相邻于竖直的石灰岩与红砂岩地层的时代，在利亚斯岩层、石灰岩层相邻于考依波统和壳灰岩统的时代，在白垩岩相邻于绿砂岩与石灰岩的时代，陆地和海洋的面积都不相同。如果按照法国地质学家博蒙的做法把侏罗纪石灰岩和白垩岩沉积层之上的水域称为“侏罗海”和“白垩海”，那么上述地层的轮廓线就显示出两个地质时代的海陆边界线，海洋还在孕育岩石，陆地业已露出水面。人们绘制了远古时代的地图，标注出当时海洋和陆地的轮廓，此举意义深远，这样的地图大概比仙女伊俄（Io）的漫游图或者荷马（Homer）笔下描绘的地理状况更为准确。后两者用图形表现了人的观点以及神话中的场景，而前者展现的则是地层学的事实。

人们对陆地在地质历史上的分布变化做了研究，结果如下：在太古时代，在古生代志留纪和泥盆纪，在最早的成矿时代，直到三叠纪以后，地球上的陆地都仅限于个别生长着陆地植物的岛屿；这些岛屿在之后的地质时代连结为一体，它们沿着纵深的海湾把众多湖泊揽入怀中；后来在第三纪早期，比利牛斯山脉、亚平宁山脉、喀尔巴阡山脉隆起，这时候大型陆地板块就已经基本达到了现在的面积。在志留纪以及苏铁目繁茂、恐龙盛行的时代，地球上从北极到南极的全部陆地大概比现在的南太平洋岛屿与印度洋岛屿的面积总和还要小。至于那些占主导地位的水域如何与其他因素一起提高了气温并致使地球上的气候更为均衡，我们将在以后的部分逐一讲到。地壳受到抬升，露出水面形成陆地，陆地的面积逐渐扩大，在这个过程中有一点需要指

◀《宇宙》手稿第一页。

出：在地球发生巨变的前夕，目前的陆地板块就已经部分有了雏形，某些陆地板块完全断裂开来，处于彼此分离的状态，而这一次的巨变导致众多大型脊椎动物在洪积期突然灭绝。南美洲和大洋洲现有的和已经灭绝的动物都具有明显的相似性。人们在澳大利亚发现了袋鼠化石，在新西兰发现了一种状如鸵鸟的巨型鸟——恐鸟（Dinornis）——的半化石骨骼。恐鸟与现在的无翼鸟有亲缘关系，与罗德里格斯岛（Rodrigues）上很晚才灭绝的渡渡鸟属关联甚少。

在漫长的地质历史上，陆地逐渐从四周的海洋中升起，露出水面，形成今天的陆地形状，这种陆地抬升现象可能在很大程度上源于石英斑岩的喷发，石英斑岩喷发时极为强烈地震动了硬煤层的物质。陆地上的平原实际上只是海底丘陵和山脉的脊部。从海洋的角度来看，每一座平原都是一座高原，其凹凸不平之处都被水平方向沉淀下来的新沉积层和冲积而来的砂积矿所覆盖。

一幅宏大的自然画卷会以概括性的视角展开叙述，因此我们首先关注的是，突出于海面的陆地究竟有多少面积；在确定了陆地的大小以后，我们会聚焦于陆地的形态，也就是它在水平方向的延伸（结构）和在垂直方向的抬升（山脉测高）。地球表面有两重覆盖物，一重是普遍存在的大气层，它是具有弹性的流体；另一重是海洋，分布在部分地表，海水包裹着陆地，因而决定了陆地的形状。这两重覆盖物构成了一个自然整体，赋予了地表迥然不同的气候类型，这是因为海洋和陆地的相对面积比例、陆地的结构和走向、山脉的走向和高度在地表各地都各不相同。空气、海洋和陆地永远都处在持续的相互影响中，由此可知，如果脱离了地理学的视角，那么许多重要的气候现象将是无法理解的。自从人们确信这些自然现象是彼此制约相互影响的，气象学、植物地理学、动物地理学才开始有了进展。当然“气候”一词首先表示的是大气层的一种特殊属性，但这种属性受制于海洋与土地之间持续的相互作用。看那地表之上，海水无时不在奔涌，波及海洋的所有角落，暖流和寒流穿行其中，在水面犁出道道深沟；而大地辐射着太阳的热量，地面高低错落，结构复杂，颜色多彩，有些裸露在外，有些布满草木。

陆地面积与海洋面积当前的比例是 1∶2.8，岛屿面积不及大陆面积的

1/23。陆地在地表上分布不均，北半球陆地面积是南半球陆地面积的3倍。南半球表面以海洋为主，从南纬40°到南极的地表几乎全部被海水覆盖。欧亚大陆东海岸与美洲大陆西海岸之间同样也是一片浩瀚的水域（太平洋），只是偶尔被其中零星的群岛打断。难怪学识渊博的法国水文地理学家弗勒里厄（C. de Fleurieu）把这片广阔的海洋盆地称为“大洋”，以示和其他海洋的区别。南北回归线之间的太平洋占据了145个经度，南半球和西半球（特内里费岛以西）是地表水域最广阔的地区。

这些是关于陆地面积和海洋面积的主要信息，两者之间的比例对地表的气温分布、气压变化、风向和空气湿度都有着极大影响，其中空气湿度从根本上决定了植物的生长能力。如果考虑到将近3/4的地表都被海水覆盖的事实，那么我们就不太会为气象学直到19世纪初都不甚完善而感到惊讶，因为人们直到这个时候才开始大规模测量不同地区不同季节的海水的温度并且对所得数据进行比较。

在希腊古典时代的早期，人们就开始研究欧亚大陆在水平方向上的形状，寻找亚洲大陆从西到东的最大值。古希腊地理学家狄西阿库斯（Dicäarchus）发现了一条东西跨度最大的线段，它位于爱琴海罗德岛的纬度位置，经过直布罗陀海峡的海格力斯之柱，一直延伸到中国海岸，古希腊地理学家阿伽塞美鲁（Agathemerus）见证了这一发现。这条线被称作“狄西阿库斯纬线”，我在其他文章中探究过该线所处的位置，从天文学的角度来看，此结论完全正确，这不得不让人感到惊讶。大概是受到古希腊博物学家埃拉托斯特尼（Eratosthenes）的指引，地理学家斯特拉波深信，他所知的世界在东西方向上的最大跨度就位于这条北纬36°线上，而且这条线与地球的形状有着内在关联性。斯特拉波推测北半球上有一片广阔的陆地，从伊比利亚半岛延伸至中国海岸，而且确定这片陆地同样也在这条纬度线上。

如上所述，无论把地球以赤道为界分为南北两个半球，还是以特内里费岛的经线为界分为东西两个半球，其中在北半球和东半球上从海面隆起的陆地总是远多于与它相对的另一个半球。地表上形成了东西两大陆地板块，我们称之为“旧大陆”（欧亚大陆）和“新大陆”（美洲大陆），它们都被海洋四面包围。这两大陆地的整体形状有着强烈反差，更确切地说，其长轴的方向迥然不同，但从细节上看，它们的某些轮廓却有相似之处，尤其是隔海相望的海岸线形状微妙。亚欧大陆的主导走向，即长轴的位置，是从东至西（更确切地说是东北西南走向），而美洲大陆的走向是从南至北，以经线来确定即是从东南延伸至西北。两个大陆的北部都在北纬 70° 的位置中断，而它们的南部均形成棱锥形的尖端，并在海下延伸为岛屿和沙洲。美洲的火地岛群岛、非洲的阿古拉斯角（Agulhas）以及被巴斯海峡隔开的澳大利亚塔斯马尼亚岛都印证了这一点。根据探险家克鲁森施滕（A. J. von Krusenstern）的测量，亚洲北部海滨的泰穆拉角（Kap Taimura）的纬度为 78° 16′，超过了上面所说的北纬 70° 线。亚洲大陆北部的海岸线从大丘科奇亚河（Große Tschukotschja）入海口向东延伸到亚洲东端山麓的白令海峡，这条海岸线上有一个点叫作 Cook's Ostcape，据航海家比奇（F. W. Beechey）考察，那里的纬度只有 66° 3′。新大陆的北端正好截止在北纬 70°，因为巴罗海峡、布西亚半岛以及维多利亚地以南和以北的陆地全都是独立的岛屿。

所有大陆的南端都呈现为棱锥形，这是地表陆地板块在结构上的相似之处，弗朗西斯·培根在他的《新工具论：或解释自然的一些指导》一书中就已经提及这一点。探险家库克第二次环球航行的同行者——博物学家福斯特——在航海时所做的观察也都与这一事实密切相关。如果在特内里费岛所在的经线处向东转，那么就可以依次看到非洲、澳大利亚、南美洲这三块大陆的南端，它们一个比一个更加接近南极。新西兰南北相跨 12 个纬度，它是澳大利亚和南美洲之间的中间环节，同样也以岛屿（斯图尔特岛）终结。还有一个奇怪的现象值得注意，旧大陆的南北跨度很大，而巧的是，旧大陆靠近南极的最南端和靠近北极的最北端都在同一条经线位置。如果把好望角、厄加勒斯角与欧洲的最北端，再把马来半岛与西伯利亚的泰穆拉角加以对照，就能得到上述结论。至于地球的两极是否被陆地包围，抑或只是被冰海环绕，被冰层覆盖，我们尚不得而知。人们至今到达的最北端是北纬 82° 55′，到达的最南端是南纬 78° 10′。

就像大型陆地板块的末端呈现棱锥形一样，小型的陆地板块也同样频繁显示出这种形状，不仅是印度洋的阿拉伯半岛、印度半岛、马来半岛，还有地中海的伊比利亚半岛、意大利半岛、希腊半岛都是如此。古希腊的博物学家埃拉托斯特尼和史学家波利比乌斯（Polybios）在当时就已经对欧洲这些半岛进行过意义深远的比较。欧洲的面积是亚洲面积的 1/5，就像是欧亚大陆西部一个地形结构复杂的半岛，这一点也体现在欧洲的气候特征上。欧洲的气候与亚洲的气候相比，就好像是法国布列塔尼半岛的气候相对于法国其余地区的气候。早在古希腊时代，斯特拉波就已经觉察到大陆的结构和轮廓是如何深远地影响着一个民族的文明及其整体的文化状况。我们欧洲是世界上面积较小的一个大洲，但其陆地板块的结构和形状都非常多样化，这在斯特拉波眼中是一种特别的优势。非洲和南美洲的陆地轮廓不仅相似，而且两者的海岸线相较于其他大洲而言都最为简单平直。只有亚洲东部海岸显示出丰富多样的形状，就好像是滨海陆地被洋流冲击得粉碎。在那里，海岸线上的半岛和岛屿错落相间，从赤道一直延伸到北纬 60°。

我们的大西洋具备洋盆构造的所有特征。大西洋的水流就好像是先锁定了东北方向，继而又瞄准了西北方向，最后再向着东北方，一路奔腾而去。大西洋的两岸从南纬 10° 以北开始呈平行状，两条海岸线上有凸起也有与之呼应的凹陷，巴西凸出的海岸线与几内亚凹陷的海岸线相对，非洲凸起的海岸线与同纬度的安的列斯群岛海湾相对。这些现象都可以佐证看似大胆的大西洋洋盆之说。这里的海岸有些比较曲折，岛屿众多，有些比较平直，岛屿稀少，两者对比鲜明。不仅大西洋的两岸如此，几乎所有大型陆地板块的轮廓都是这样。对非洲西海岸和南美洲西海岸同属热带地区的两段海岸线进行比较，对地理学而言具有十分重大的意义，这一点我早就强调过。非洲西海岸在比奥科岛（北纬 4° 30′）的位置向内凹陷，而面临南太平洋的南美洲西海岸在南纬 18° 15′大约是阿里卡（Arica）的位置也发生凹陷，秘鲁海岸在阿里卡由南北走向转折为西北东南走向。海岸的走势变化也同等影响到安第斯山脉的走向。安第斯山脉分为两条平行的山脊，一条靠近海岸，一条位于其东，它们都跟随海岸的走势绵延万里。东部这条山脊孕育着南美高原上最早的人类文明诞生地，巍峨高耸的索拉塔（Sorata）群山和伊宜马尼峰（Illimani）环绕着山中美丽的提提卡卡湖，当地最古老的文明就产生于这里。从智利海岸线上的瓦尔迪维亚（Valdivia，南纬 40°）和奇洛埃（Chiloé，南纬 42°）

向南，经过乔诺斯群岛（Chonos Archipelago）直到火地岛，我们会发现一片错综复杂的海岸，这里密集分布着很多狭长的海港，万千海岛散落在曲折的海岸线边缘。在北半球，挪威和苏格兰的西海岸也呈现出这样的地形特征。

以上是对当前的陆地形状做出的概括性观察和描述，陆地形状是指陆地在水平方向延伸的轮廓，当人们看到这个星球的表面，就会得到这样的印象。在此我们汇总了相关的事实，对彼此相距遥远的大陆板块的形状进行了比较，不过还尚不敢把这些特征称为“陆地形状的法则”。漫步在活火山的周边，有时候我们会看到火山山麓上有一种地面局部凸起的景象——比如在维苏威火山，地面高度在火山爆发之前或爆发之中突然发生改变，地面隆起数英尺高，形成屋顶状的山岗或是平坦的高地。如果仔细观察这种现象，漫游者就会认识到：隆起的地面会形成什么形状，会沿着什么走向延伸，都取决于地下蒸汽的力度和蒸汽所要克服的阻力的强度，而这些因素全都具有偶然性，悄然间就发生了。地球内部的平衡有时会受到一些干扰，而这种干扰很可能就决定了地下具有弹性的抬升力量的发力状况，这种抬升力量更多地作用在了北半球，对南半球的影响则相对较小。在此力量的影响下，东半球的陆地连绵成宽阔的一片，其主轴几乎与赤道平行；而在西半球，陆地沿经线方向延伸，呈狭长状，其余的地表部分都被浩瀚的海洋覆盖。

陆地如何形成，陆地板块的形状为何有时相似，有时又反差强烈，这些重大现象之间有着什么样的因果关系？此类问题难以用经验来解释。我们只认识到一点：那就是，这些现象起源于地下力量的运作；现在的陆地形状并不是一次性产生的，而是成形于志留纪到第三纪地质时代之间，陆地在摇摆中时而抬升时而下沉，多次往复之后逐渐扩大，最终由众多独立的小块陆地联合而成。陆地当前的形状是两种因素先后作用的结果：一是地下力量的运作，我们把这种力量的大小和方向描述为“偶然”，因为我们无法确定这些数据，对于人类的理解力而言，它们超越了“必然性”的范畴；二是地表力量的运作，其中火山爆发、地震、山脉和洋流都起到了塑造陆地形状的主要作用。如果美洲新大陆的长轴与亚欧大陆一样是沿着东西方向延伸；如果安第斯山脉不是南北走向，而是从东向西横亘在地表之上；如果位于欧洲以南的热辐射强烈的非洲热带大陆不存在；如果曾经和里海、红海连成一片并极大推动了民族文明的地中海不存在；如果地中海海底抬升至与伦巴第、昔兰尼（Cyrena）相同的高度；那么，地表的温度状况、植被、农耕以及人类社会将会是何等不同！

海洋和陆地的相对高度在不断变化，这种变化同时又决定了陆地的轮廓，地势低洼的地带或者变得干燥，导致陆地面积扩大，或者被海水淹没，导致陆地面积减少。多种因素在不同时间共同作用，造成了海洋与陆地相对高度的变化。其中的决定性因素无疑是以下这些：地球内部的弹性蒸汽向外释放力量；岩层的温度骤然改变；地壳的热损失与地核的热损失不均衡，造成地表的陆地形成褶皱；各地的地心引力有所不同，液体表面的曲率因而也随之变化。当前的地质学家普遍认为：如果对相关的事实进行长期观察，对重要的火山现象进行比较，我们就可以推断这种陆地抬升是真正的抬升，而并非与海洋表面有关的表象上的抬升。这也是布赫的卓见和功绩，他在 1806—1807 年间完成的《挪威和瑞典之行》一书中提出了陆地抬升学说，这一观点由此首次进入学界。观察瑞典和芬兰的海岸，我们就会发现，从斯科讷省（Skåne län）北部边界开始，经过耶夫勒（Gävle）、托尔尼奥（Tornio），直到图尔库（Turku）的这一段，地面呈抬升趋势，一个世纪以内最多可以抬升 4 英尺；而尼尔松（Nilson）之后的南部瑞典海岸则呈现下沉趋势。抬升力量最明显的地点看似是芬兰拉普兰省北部。由此向南至卡尔马（Kalmar）和瑟尔沃斯堡（Sölvesborg），海岸抬升的势头逐渐减弱。从林讷角（Lindesnes）到北角（Nordkapp）的整个挪威海岸都有贝壳堤，贝壳堤显示了远古时代海面的高度。物理学家布拉菲近期驻扎在冬季考察站博塞科普（Bossekop），对贝壳堤做了极为精确的测量。贝壳堤比当前的海面平均高度高出 600 英尺，根据地理学家凯尔浩（B. M. Keilhau）和罗伯特（E.Robert）的考察结果，贝壳堤也出现在挪威北角对面的斯匹次卑尔根群岛海岸。布赫最先注意到特罗姆瑟（Tromsoe）位于高处的贝壳堤，他指出，挪威北海海岸的抬升发生在更早的时代，不同于瑞典波的尼亚湾海岸的和缓抬升，这是两种不同的现象。史料也确凿证实了瑞典波的尼亚湾海岸高度的变化。不过我们也同样不能把这种和缓的地面抬升与地震时发生的海岸高度变化混淆起来，例如在智利和印度的古吉拉特邦，海岸在地震时就有所抬升。近期在其他国家也观察到了类似的海岸抬升现象。但是也有些地方的海岸出现了明显下沉，这是地层褶皱带来的结果，例如格陵兰岛西部、克罗地亚的达尔马提亚（Dalmatien）和瑞典的斯科讷省。

如果说在地球遥远的少年时代，陆地的晃动以及地表的抬升与下沉极有可能比现在剧烈得多，那么当我们发现大陆内部的某些地面低于现在的各处等高的海平面时，就不应感到太过惊讶。法国上将安德烈奥西（A. -F. Andréossy）描述过的散落在苏伊士地峡的盐碱湖就是如此，另外里海、加利利海，尤其是死海，都是这样地势低洼的地方。加利利海的湖面比地中海海面低 625 英尺，死海的水面比地中海海面低 1230 英尺。如果可以把覆盖在许多平原地区岩层上的沉积层突然铲除掉的话，我们就会清楚看到，有多少地方的岩石圈表层都低于现在的海平面。里海的水面会发生周期性的上升和下降，尽管交替得并不那么规律，我在里海北部亲眼看到了湖水升落的痕迹；达尔文在南太平洋也观察到了类似的海底升降的现象。这些好像都在证明：在没有发生地震的情况下，陆地现在仍然能够和缓持续地晃动，在远古时代，地壳的厚度比现在薄，陆地晃动是非常普遍的。

我们引导读者注意这些现象，是想提醒人们认识到：事物目前的秩序并不是永恒的，陆地的轮廓和地形在间隔了很长时间之后极有可能发生改变。这些变化在人类的历史上几乎不可察觉，但在宇宙之河的漫长周期中却会逐渐积累显现。遥远的天体在天际运动回旋，它们的流转变化可以暗示我们这个周期究竟有多长。斯堪的纳维亚半岛东岸在8000年间大概升高了320英尺，该半岛海岸附近的部分海底现在仍被厚度约为 50 英寻[①] 的海水所覆盖，如果陆地抬升的速度保持不变，那么在 12000 年以后，这些海底将会浮出海面，开始变成干燥的陆地。然而与地质时代相比，这又是多么短暂的一瞬，重重相叠的地层以及无数业已灭绝的不同物种都在向我们显示，地质时代的久远是何其不可思议。我们这里仅描述了陆地的抬升，基于对观察到的事实进行的对照，我们同样认为陆地也会发生同等程度的下沉。法国平坦地区的平均

① 海洋测量中的深度单位，1 英寻 =1.8288 米。——编辑注

高度还不足480英尺。在古老的地质时代，地球的内部发生了重大改变，如果以这样的地质时代作为参照，那么我们可以想见，过不了很长时间，欧洲西北部的大片地区就会被海水持续淹没，欧洲的海岸线将发生明显不同于现在的变化。

陆地或海洋的抬升与下降是大陆形状发生变化的根本原因。抬升和下降两相对立，如果单纯看待这种作用，就会产生一种印象：陆地和海洋的其中一方若是上升，另一方看似就会下降。但在一幅宏观的自然画卷中，当我们可以不受束缚、力求全面解释自然现象的时候，我们至少要提到一种可能性，那就是，海水水量减少、海面下降是有可能存在的。在远古时代，地球表面的温度高，密布地表的巨大沟壑吞噬了大量的水，大气的属性完全不同于现在，海面高度随着地表水量的增减而剧烈变化，这些都是毫无疑问的。但在地球当前的状况下，我们至今没有发现任何能够说明海水确实发生了持续性增减的直接证据。人们在同样的地点使用气压计一再测试，气压计的平均高度并没有发生变化，没有迹象显示海平面的高度有所改变。按照达赛（Daussy）和诺比尔（Antonio Nobile）的经验，气压计的数值升高就意味着海平面高度下降。但是由于受到诸如风向、湿度这样的气象因素的影响，不同纬度地区的平均气压值有所不同，所以单纯使用气压计并不能确切说明海面高度是否发生了变化。19世纪初，地中海的几个港口多次出现了海水完全消失的现象，持续时间长达数小时，这些值得关注的经验似乎表明：洋流如果改变了方向和强度，就可能引起局部海水撤退，从而导致小部分沿岸水域暂时变成干燥陆地，但是海水的水量并没有真正减少，整个洋面也没有下降。最近我们才从复杂的自然现象中获取了这些知识，诠释它们时需要非常谨慎，因为人们很容易就会把原本与陆地和空气相关的事物跟海水联系起来。

至此，我们描述了陆地在水平方向的延伸，曲折的海岸线构成了陆地的外部轮廓，而陆地的形状又对气候、贸易和人类文明的发展产生了重大的积极影响。同样，陆地在垂直方向的地势也是变化多端，陆地抬升后形成山脉和高原，造就了陆地的内部结构，它的重要性并不低于外围的海岸轮廓。人类居住在地球表面，这里有山脉、湖泊、草原，甚至是被森林包围的沙漠，那些能够让我们这个家园地形多样化的所有地貌，都给当地的民族生活打上了独特的烙印。积雪皑皑的高山阻挡了人类的迁移，但海拔较低的独立山体和平原却能带来多样的气候和物产，正如受到上天垂爱的西欧和南欧。即使处在同一纬度，每个地域也都有与自己相应的不同文化和随之而来的需求，满足这些需求就构成了各族人民的主要活动。在太古时代，地球内部的力量向外释放，致使部分氧化的地壳突然抬升，从而形成雄伟的山脉，地表发生了巨变。当平静逐渐回归，当昏睡中的有机物再次苏醒，那些巨变带来的结果幡然显现，南北半球的陆地形成了独特而多样的地貌，至少大部分地区都未出现单一地貌，单一地貌会阻碍人类身体与智能的发展。

依照法国地质学家博蒙的卓见，每个山系都有一个相对的形成时代，山系抬升的时间必然是在山体部分沉积和山脚下水平地层形成之间。地质年代相同的地壳褶皱（竖直的地层）看似沿同一方向伸展，它们的走向并不总是与山脉的主轴平行，而是有时与之相交。所以我认为褶皱现象要比山脉的抬升更为古老，我们甚至会在临近山脉的平原上经常看到竖直隆起的地层。欧洲大陆的主要走向是西南东北方向，与欧亚大陆西北东南走向的巨大的地壳裂隙恰好相对。这条裂隙西起莱茵河易北河入海口，穿过亚得里亚海、红海以及伊朗洛雷斯坦（Lorestan）的扎格罗斯山脉，延伸至波斯湾和印度洋。两者的测地线相交，几乎形成直角，这一状况深刻影响了欧洲与亚洲以及非洲西北部的贸易往来，也极大推动了昔日曾经备受眷顾的地中海沿岸的文明发展。

如果说雄伟高大的山脉见证了地壳的沧桑演变，把地球划分为不同的气候带，孕育了不同系统的所向披靡的大江大河，养育着不同的植物王国，让我们面对高山的时候遐想联翩，那么我们就更有必要通过对地表山脉体积的估算，了解到山脉的规模。要知道和陆地的整体面积相比，地球上的山地又显得多么稀少。通过准确测量，我们知道比利牛斯山山脊的平均高度和山体底部的面积，如果把比利牛斯山的山体分散在整个法国，那么法国全部国土的高度只会上升 108 英尺。如果把阿尔卑斯山脉的东西两部分分散在整个欧洲大地，那么平原地区的高度将仅上升 20 英尺。我曾经做过一项艰苦研究，计算出了四个大洲海面以上陆地的几何中心的高度，研究的性质决定了这些数字是其上限，欧洲和北美洲几何中心的高度分别是 630 和 702 英尺，亚洲和南美洲的几何中心分别是1062和1080英尺。这些计算表明，亚欧大陆北部地势低洼，亚洲大陆在北纬28.5°～40°之间剧烈隆起，形成了喜马拉雅山脉、昆仑山脉和天山山脉，它们的高度在平均数字上中和了西伯利亚平原的低洼。这些数字在某种程度上告诉我们，地球内部抬升陆地板块的力量曾经在哪里爆发得最为强烈。

博蒙细数了形成于不同年代且走向不同的各个山系，这些都是现有的山系，不过并没有什么可以保证地下力量不会在未来生成新的山系。为什么要认为地壳已经失去了产生褶皱的能力？阿尔卑斯山脉和安第斯山脉形成最晚，勃朗峰、罗莎峰、索拉塔山、伊宜马尼峰和钦博拉索山在此间急剧隆起，成为高耸雄伟的山峰，这让我们没有理由相信地下力量的强度会有所下降。所有的地质现象都显示出活跃期与静止期的周期交替性。我们目前享有的宁静只是一个表象。当地震发生时，无论在何处，无论地层由何种岩石构成，地壳都会受到震动。瑞典在缓慢升高，新的火山岛在不断生成，这些现象都证明无论是地球的内部还是表面都不存在静止的状态。

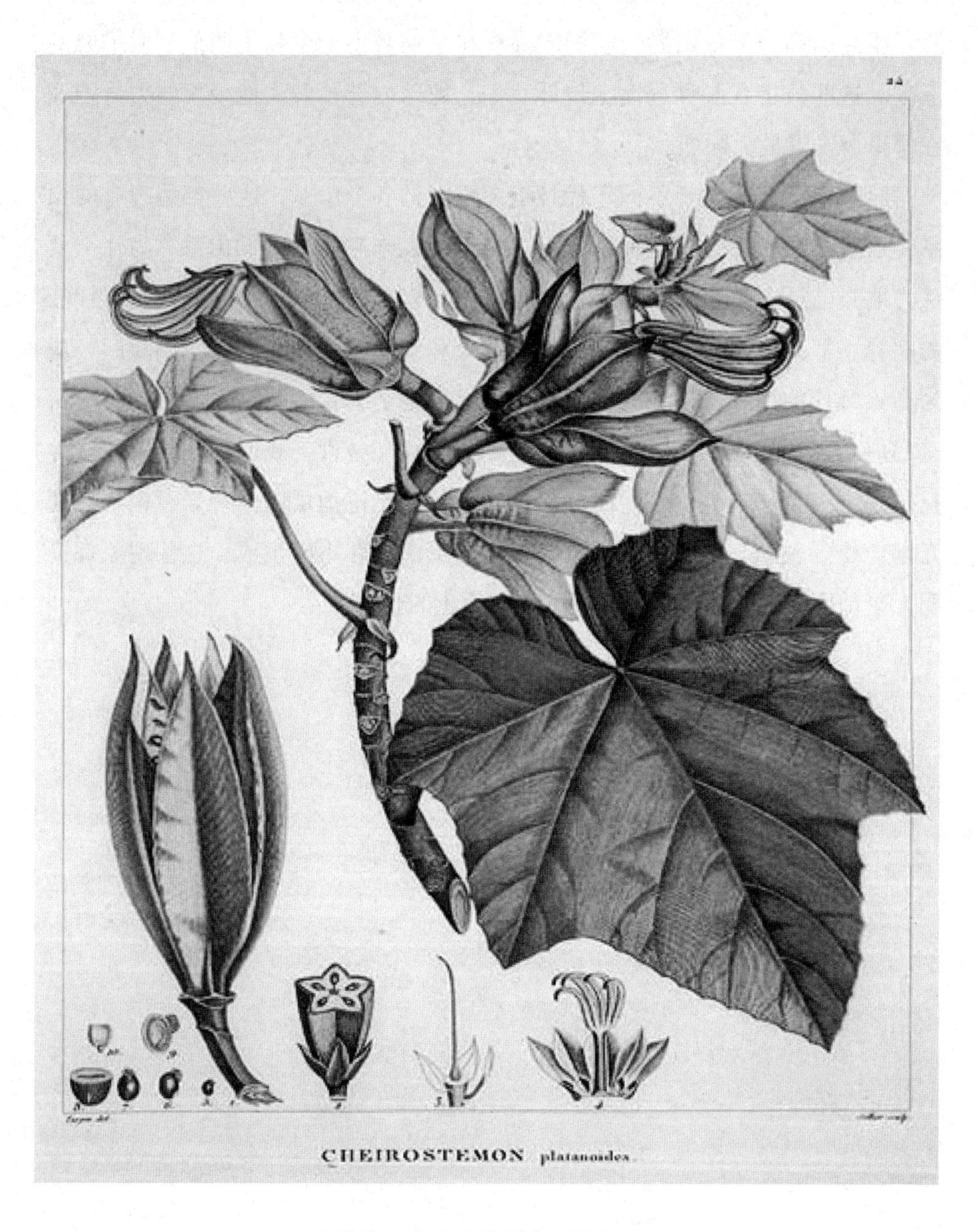

洪堡关于古巴的著作中的植物画。

第8章

海　　洋

· *Ozeane* ·

地球的固体表面被液体层和气体层覆盖。两者因为物质状态和弹性状况的区别而表现出鲜明的差异，但液体和气体均可移动，能够形成水流和气流，且都是热量载体，因而又表现出多种相似性。

地球的固体表面被液体层和气体层覆盖。两者因为物质状态和弹性状况的区别而表现出鲜明的差异，但液体和气体均可移动，能够形成水流和气流，且都是热量载体，因而又表现出多种相似性。至于海洋的深度和大气层的厚度，我们现在尚不得而知。人们在热带海洋的几个地点做过探测，在水下 25300 英尺的深处都还没有发现海底。如果如英国科学家沃拉斯顿（W. H. Wollaston）所说，大气层的厚度有限而且气流会发生波动，那么从太阳的暮曙光现象可以推算，大气层的厚度将至少是 227700 英尺。倘若我们把大气层比喻为空气的海洋，那么这片气海的一部分覆盖着陆地，陆地上的山脉和高原仿佛就是地势凸起的浅水处，那里长满了绿色森林；气海的另一部分覆盖着海洋，海水表面构成了气海律动的底部，海洋上空汇聚着密度较大、充满水汽的空气。

从大气层和海洋的交界处开始，无论是向上还是向下，空气和海水的温度都会逐渐下降。气温比水温下降得慢得多。任何地域的海水都有一个特点，那就是距离空气最近的海水层温度最高，因为寒冷的海水相对较重，会自动流向海洋下部。人们对海水温度做过一系列精确测试，发现在从赤道开始到北纬和南纬 48° 的海域，海洋表面的水温在正常情况下比海面上的空气温度要高一些。因为水温随深度下降，所以那些可能出于鱼鳃性状或皮肤呼吸方式而喜欢深水的鱼类及其他海洋生物，即使在回归线以内也可以随意找到它们喜欢的寒温带的低温环境。这种情形就如同热带高原上也有温凉的空气，它对许多海洋动物的迁徙和分布产生了本质上的影响。鱼类生活在海洋的不同深度，海水越深水压越大，鱼类的皮肤呼吸功能以及鱼鳔中的氧氮含量都受到水压的影响，随水压而改变。

淡水和盐水在不同的温度条件下达到各自的最大密度，因为盐的存在，海水密度达到最大值时，水温较淡水相对更低。探险家科策布（O. von Kotzebue）和法国海军军官杜阿斯（Petit-Thouars）远洋航行的时候，人们从深海沟中获取到了温度为 2.8℃和 2.5℃的低温海水。热带海洋深处的水温也

◀ 位于柏林 Budapester 街道的洪堡雕像。

是如此冰凉，这就让人们首先想到了海洋下部存在着从两极流向赤道的寒流。如果没有海洋下部的寒流，那么热带海洋深海沟的最低水温将与热带气候条件下表面海水下沉后所达到的温度相同。阿拉戈就曾睿智地指出，地中海深层的海水之所以没有大幅降温，就是因为洋流的作用。在直布罗陀海峡以西的海域，大西洋表面有海水从西向东流过，而在海洋深处，有一个出自地中海的由东向西流入大西洋的反向洋流，因为它的阻碍，来自极地的处在海洋深层的寒流未能涌入直布罗陀海峡。

海洋覆盖着地球表面，一般情况下海洋会让气候变得温和而均衡。远离热带海岸的海域，尤其是位于北纬 10° 到南纬 10° 之间的海域，如果正好没有深海洋流穿过，那么这片面积达到数千平方德里的海域就会呈现出一种令人惊讶的恒温状态。难怪有人说，如果对热带海洋的温度状况进行精确持续的研究，我们就会以一种最简单的方式真正破解关于气候及地热稳定性这样极具争议的重大问题。如果太阳上发生了某些明显的演变，而且持续的时间足够长，那么相较于陆地平均温度的变化，太阳的活动会更加确切地反映在海水平均温度的变化中。密度最大的海域和温度最高的海域都不在赤道，而且两者也彼此相距遥远，温度最高的海域构成了两条不完全平行的细带，分别位于赤道南北两侧。物理学家楞次（H. Lenz）在环游世界时发现，密度最大的海水在北纬 22° 和南纬 17° 的太平洋海域。而盐度最低的海区甚至就在此线以南仅几个纬度的地方。在无风的海域，太阳的热量对海水蒸发影响甚小，因为含有盐分的空气层停留在洋面静止不动，也未有循环更新。

所有的大洋都互相连通，这些洋面的平均高度被普遍视为标准海平面。在个别纵深的港湾，如红海，某些诸如风向和洋流的局部原因导致海水的高度持续有别于标准海平面，虽然差异并不大。在苏伊士地峡，红海的水位高于地中海的水位，在一天的不同时段分别高出 24 英尺和 30 英尺。受曼德海峡形状的影响，印度洋的海水在此比较容易进入，不太容易流出，这种情形像是在协助红海海面持续保持更高的水位，古希腊时代人们就注意到了这一点。地理学家科拉伯夫（J. B. Coraboeuf）和工程师德尔克罗（F. J. Delcros）曾一起进行过大地测量，他们的卓越成果表明，在比利牛斯山脉沿岸以及从荷兰北部到马赛的海岸，大西洋和地中海的水平面高度没有显示出不同。

不同的因素可以干扰到水平面的平衡，从而引发海水运动。有些海水运动是因为受到风力影响，是暂时的，不规律的，风在远离海岸的洋面上掀起巨浪，狂风中的惊涛骇浪可以达到35英尺以上。有些海水运动是规律的，具有周期性，如受到太阳和月亮吸引而形成的潮汐现象。还有些海水运动是持续性的，但强度不同，如远洋洋流。那些面积很小或是被重重包围的海面潮涨时难以觉察，除此之外，所有的海面都会出现潮汐现象，牛顿的力学理论可以完全解释潮汐的成因。海水周期性涨落，涨潮和落潮的时间长度都是半天多。如果说远洋洋面上的潮水只有几英尺的高度，那么临近海岸的潮水则是来势汹涌。海岸矗立水中，阻挡着上前来袭的海潮，海岸的地形结构决定了潮水的猛烈程度，法国圣马洛的海潮可达50英尺，加拿大阿卡迪亚的海潮可达65～70英尺。关于潮汐贝塞尔写道："伟大的天文学家和数学家拉普拉斯做过一项分析，假定海洋的深度与地球半径相比无足轻重，那么以此为前提可以得出一个结论，那就是海水等位面的稳定性要求海水的密度要小于地球的平均密度。前面提到过，地球的平均密度确实是海水密度的5倍。高原永远不会被水淹没，高山上发现的海洋生物遗体绝不可能是被日月引发的潮水携带至此。"拉普拉斯的理论分析虽然受到了当时非科学界的市民社会的轻蔑，但是他却以此创造了不小的功绩，正是拉普拉斯关于潮汐的完整理论让我们能够在天文星历表上提前预告新月和满月时分的大潮的高度，以此提醒那些居住在海岸的人们小心即将来临的危险，近月点时分的大潮尤为凶猛。

洋流对民族之间的往来和海岸地区的气候影响重大。有很多几乎同步作用的因素影响着洋流的性质和流向，有些因素很重大，有些因素则看似微小。它们分别是：潮汐出现的时间，潮汐环绕着地球表面依次出现；主导风力持续的时间及强度；海水的密度，处在不同纬度与深度的海水由于温度和盐度的差异而具有不同的密度和重量；气压每小时的变化，气压变化由东向西依次出现，热带地区的气压变化非常规律。有时候洋流会奉上一场恢宏的水的表演，在某些纬度地区，洋流从四面八方像河流一样同时穿过海洋，而某些临近的水域却未被波及，那里的海水静止不动，反倒好像是构成了洋流的堤岸。当海水中长有大片海藻时，我们比较容易估计出洋流的速度，这时候流动的和静止的海水之间的区别最为明显。人们注意到大气层下部有时也有类似的现象发生，风暴来袭时，气流也是在有限的空间穿过。当狂风肆虐森林的时候，茂密的森林在风过以后有时会出现一条细长的空缺带，那是因为树木被风连根拔起，躺倒在地。

在南北回归线之间，海洋一般由东向西流动，人们认为这是依次出现的海潮和信风带来的结果。海水的这种流动因为受到大陆东海岸的阻挡而改变了方向。法国水文地理学家道西（P. Daussy）对海洋做了深入研究，他把航轮乘客特意扔到海中的瓶子打捞起来，通过这种方式来计算海洋流动的速度。我也曾经对比过以往的经验，算出了海洋的流动速度，道西取得的新结果与我的结果只相差 5.5%。哥伦布第三次环游世界时就在航行日志中写道："我认为海水一定是由东向西流动的，正如天体的运动"，意指海水的运动方向如同日月星辰的视运动方向。

细长的洋流就像海上的江河，它们穿过大洋，或者把热水携带至高纬度地区，或者把冷水携带至低纬度地区。大西洋暖流就是这样一支著名的暖流，意大利史学家德安吉拉（Peter d'Anghiera），特别是探险家吉尔伯特（H. Gilbert）早在 16 世纪就已经发现了它。大西洋暖流起始于好望角南部，它流经加勒比海、墨西哥湾和巴哈马，接着从西南方流向东北方，越来越远离美国海岸，然后在纽芬兰岛的沙洲转而向东，常常会把热带植物种子携带到爱尔兰、赫布里底群岛和挪威。正是因为北大西洋暖流流向东北方的这一分支，斯堪的纳维亚半岛北端的海水和气候才变得相对温和。北大西洋暖流在纽芬兰岛分成两支：一支向东流去，另一支在距离亚速尔群岛不远的地方向南流去。马尾藻海（Sargassosee）就位于这里，厚厚的海藻铺陈在洋面上，漂游着。哥伦布就曾对这些绿藻遐想联翩，奥维耶多（Gonzalo de Oviedo）船长称这里是"海藻的草原"。无数小小的海洋动物就栖居在这浓密的、永远碧绿的海藻中，当温和的风吹过，它们在水中摇曳晃动。马尾藻是最盛行的海洋植物之一。

北大西洋暖流穿过大西洋海盆，在非洲、美洲和欧洲之间循环，几乎完全位于北半球。与之相对的，是南太平洋上的一支洋流，它水温寒凉，我在 1802 年秋首次测量了这里的水温，低温海水影响了沿岸的气候。这支洋流把南半球高纬度地区的寒冷海水带至智利海岸，它先是沿着智利和秘鲁海岸由南向北流动，然后从阿里卡海湾开始由东南向西北方向流动。即使途经热带地区，这支洋流的水温某些时候也只有 15.6℃，而同一地点未被洋流侵袭的平静海水却有 27.5℃或 28.7℃。就在南美西海岸最向西凸起的秘鲁派塔（Payta）偏南的位置，洋流突然偏转离开大陆，由东向西流去。如果继续向北航行，航船顿时就从冷水区进入了暖水区。

我们还不知道洋流的运动能够到达海下多深的地方。非洲南端的厄加勒斯角沙洲深 70 ～ 80 英寻，南非洋流在这里受到阻碍，偏转了方向，这似乎证明洋流在海底传播。富兰克林发现，在很多地方都可以通过水温来判断水下是否有海岭，只要它们处于洋流之外，这是因为覆盖在海岭之上的海水温度较低。在我看来，这里的海水之所以温度低，是因为海洋运动导致深处的海水沿着海岭边缘上升，与上层海水混合所致。而我的挚友戴维，不朽的化学家，认为这是洋面的海水夜间变冷下沉造成的，这些变冷的海水比较接近海面，因为海岭阻碍它们下沉到更深的地方。无论如何，对水手而言，这种水温变冷的现象对航行安全都具有实用价值。富兰克林巧妙地把温度计变成了可以测量深度的锤球。海岭处常常有薄雾升起，因为那里的海水较冷，会让空气中的水汽凝结成雾。我曾经在牙买加南部和南太平洋见到过这样的雾气，从很远的地方就可以清晰辨认出海岭的轮廓。这种景象就犹如空中幻象，雾气生动勾勒出海底的形状。海岭还可以制造出一个更加奇异的景致，它会对较高的空气层产生可以察觉的影响，一如珊瑚岛和沙岛。航行在远洋之上，艳阳高照，天清气爽，四下只有茫茫海水，这时候常常会看到朵朵白云散布在万里晴空中，而那些云团之下，对应的正是水中的海岭。我们可以用指南针测出海岭的方向，就像测量一座高山、一座孤峰的方向一样。

从外观上看，海洋的表面远不如陆地表面那样姿态万千，但是如果更深入地探究海洋内部，就会发现海洋蕴含的有机物大概比陆地上全部的有机物加起来还要丰富。难怪达尔文在远航日志中优雅地写道："与低矮的海底森林相比，陆地上的森林中并没有栖息着那么多的动物，海底森林中有根植在海岭的海藻，有受到海浪和洋流冲击而挣脱了根系束缚的墨角藻，它们随意漂游，在水中伸展着自己柔软的向上舒张的叶面。"如果使用显微镜，我们就会看到更多的生物，就会由衷感受到海洋之中生命无处不在，就会意识到生命随处都在勃发，心中充满赞叹和惊讶。海底的深度远远超过地面上最高峰的高度，一层层的海水上下叠压在一起，每一层海水都孕育着各种各样的海洋原生动物。无数闪闪发光的海洋生物蜂拥着在海水中涌动，那是甲壳亚门、甲鞭毛虫等种属的小生灵，它们被自己嗅到的气味吸引到了海面，在波浪中上下跃动，把每一道海涛都幻化成光的波澜。

这样的小生灵浩瀚得不可计量，然而它们也都短寿，很快就亡命于海洋中，但其躯体留下的有机物质却长久存在，海水因而也就变成了养活较大海洋动物的营养液。海洋蕴藏的生物繁盛广袤，无数不同的微生物尽在其中，有些发展得十分完善，如果我们因为这些而想象力大发，那么当我们在航海途中看到那天水间的一线时，就会陷入无穷尽的遐想。那是没有边际的无限，那是不可测量的无限，面对此虚空，不禁庄严肃穆起来。一个精神自主的人，长于建造内在世界的人，见到这自由广阔的海洋，见到这空间的无限，内心顿时会充盈起高尚之感。他凝视着远方的天际线，那是天与水融合的一条线，星辰在那里冉冉升起又徐徐落下，就这样在海上旅人的眼前更替交叠。而这永恒的斗转星移的游戏又唤起了一丝难以名状的惆怅与渴望，人类的喜悦大抵都如此吧。

我对海洋一往情深，想起海留给我的回忆，心中满是感激。尤其记得南北回归线之间的大海，我领略过它在夜间的安宁静谧，也领略过它与自然的狂野搏斗，所以仅仅是出于这些原因，我也愿意在讲到海洋对人类的积极影响之前，首先提及海洋带给我个人的欣喜。毋庸置疑，人类与海洋的关系推动了很多民族的智力发展和性格养成，加强了联系全人类的纽带，帮助人们获得了关于地球形状的知识，并且协助完善了我们的天文学、数学和自然科学。海洋带来的部分积极影响开始时主要惠及地中海和亚洲西南部海岸的民族，从 16 世纪起，海洋的影响力显著增强，并且波及了内陆远离海洋的民族。哥伦布在给天主教君王的信中写道，他曾做过一个梦，梦中有一个陌生的声音向着病榻上的他喊道“去征服海洋吧”。此梦成真以后，人类在精神上也更加自由地进入了未知领域。

第9章
大　气

· Atmosphäre ·

大气层孕育了六种彼此之间密切关联的自然现象，它们因为大气的化学成分而产生；因为空气透明度、偏振以及色彩的变化而产生；因为空气密度、气压、温度、湿度以及电量的变化而产生。

ALEXANDER
VON HUMBOLDT
GEB. D. XIV. SEPTEMBER MDCCLXIX.
GEST. D. VI. MAI MDCCCLIX.

还有一层物质包裹在我们这个星球的最外围，那就是大气层，这是一个空气的海洋，我们生活在这个海洋凸起的海底或是海岭之上（意指高原和山脉）。大气层孕育了六种彼此之间密切关联的自然现象，它们因为大气的化学成分而产生；因为空气透明度、偏振以及色彩的变化而产生；因为空气密度、气压、温度、湿度以及电量的变化而产生。如果说空气中含有氧气，以此为动物提供了赖以生存的首要元素，那么空气本身的存在还为我们达成了一件美事。空气是声音的传播者，因而也即是语言、思想以及民族往来的传播者。倘若地球失去了大气层变得和月球一样，那么可以想象，地球上将只有一片无声的死寂，那将是无始无终亘古如斯的沉默。

自19世纪初以来，大气层中各种气体的比例关系就一直是科学界考察的对象，这里的大气层指的是人类能够到达的空气层。盖-吕萨克和我积极参与了这项研究。直到最近，法国化学家杜马和布珊高才得以使用新颖准确的方法对大气进行了化学分析，他们取得的成果达到了高度完美的程度。依照此项研究，干燥空气含有20.8%的氧气、79.2%氮气、0.02%至0.05%的二氧化碳以及更少量的烃类气体。根据化学家索绪尔和李比希（J. von Liebig）的实验，空气中还有极少量的氨气，可为植物提供含氮的物质。化学家勒维（O. Lewy）所做的观察在很大程度上说明，空气中氧气的含量会因为季节和所在位置的不同而有所不同，海上空气的氧气含量有别于内陆空气的氧气含量，这些差别虽然微小，但仍然可以察觉。人们逐渐认识到，微生物会导致水中氧气的含量发生改变，而这种变化又会引起最初停留在水面上的大气层发生变化。科学家马丁斯（C. F. Martins）曾在瑞士海拔8226英尺的福尔山（Faulhorn）上收集了空气样本，那里的氧气含量并不比巴黎的氧气含量低。

空气中的碳酸铵很可能比地球上有机物的存在时间更为久远。大气中二氧化碳的来源多种多样。它首先来自动物的呼吸，动物从植物性食物中获取碳元素，又通过呼吸把碳元素释放到大气中，而植物则是直接从大气中取得碳元素；地球内部燃尽的火山和温泉也在向外释放二氧化碳；云层放电时会

◀ 洪堡的墓碑。（高虹/摄）

分解大气中混有的少量烃类气体，释放出碳元素，这一现象在热带地区更为频繁。在我们能够到达的大气层中，空气中除了含有上述特有的物质以外，偶然还会混入一些其他物质，尤其是距离地面较近的底层空气，其中包括对动物机体有害的瘴气和气体状传染源。我们尚未通过直接分解的方式来确定它们的化学属性，但是如果我们仔细观察有机物腐烂的过程——地球表面被动植物机体覆盖，腐烂无时无处不在发生——并且再联系到病理学，就可以得出空气中局部存在此类有害物质的结论。氨气、氮气、硫化氢以及那些与植物中含有三四个氢原子的化合物相类似的化合物都可以产生瘴气，在很多情形下，而且绝不仅是在被腐烂的软体动物或低矮的美洲红树和海榄雌所覆盖的沼泽地或海岸，瘴气都会引发伤寒。在一年中的某些时节，当雾霭升起，把一种特殊的味道播散在空中，我们会觉察到底层大气中飘荡着某种偶然出现的混合物。风力和受地面热辐射影响而上升的气流甚至可以把分解成粉尘的固体物质携带至高空。大西洋上靠近西非海岸的一处，大气浑浊昏黄，空中弥漫着大片尘埃，尘埃飘浮游荡，落在佛得角群岛周围，达尔文也曾经注意到这一现象。生物学家埃伦伯格研究发现，那里的尘埃中包含着无数带有硅质外壳的微小水生生物。

这是一幅宏大的自然图景，所以会略去一些细节。在我们眼中大气的主要特征表现在以下方面：①气压的变化，气压每个小时都会发生规律变化，在热带地区尤易察觉，宛若大气的潮汐。但气压的变化并非月球引力引起，它会因为地理纬度、季节以及观察地点海拔高度的不同而显示出明显差异。②热量的分布，地球上液体表面和固体表面的相对位置以及陆地的地势高度状况都对热量分布产生重大影响，这两个因素决定了等温线在水平方向和竖直方向上的地理分布和曲度，平原上或者不同空气层中的等温线状况也都受其制约。③空气湿度的分布，每个地区的空气湿度都各不相同，这取决于该地是位于陆地还是海洋、距离赤道的远近以及那里的海拔高度。降水的形式多种多样，降水与温度变化、风向变化、风力影响的变化关系密切。④空气中的电量，至于晴空中的电最初由何而来，人们还在激烈争论。上升的水汽与云团携带的电量及其形状有关系，这种关系受到一天中的时间、季节、所处地是寒带还是热带、是盆地还是高原等因素的影响。各地雷雨出现的频率不同。

空气中的电在冬夏两季都有各自的周期和形成过程。电与罕见的夜间冰雹以及龙卷风和尘卷风都存在因果关系，法国物理学家佩尔蒂（J.Peltier）对后两者做过精辟研究。

气压计的测量结果每小时都会出现波动，热带地区的气压每天有两次最高值（上午9时或9时15分，晚上9时30分或9时45分），两次最低值（下午4时或4时15分，凌晨4点），我在美洲的时候，每天都会在白昼和夜间仔细测量气压，这一做法持续了很长时间。气压的变化非常规律，尤其是在白天，完全可以根据气压计水银柱的高度确定时间，误差平均不会超过15～17分钟。我发现在美洲的热带地区，无论是在低平的海岸，还是在海拔12000英尺、平均温度降到7℃的高山之巅，任凭风暴、雷电、淫雨和地震恣意肆虐，气压涨落的规律都始终如一，那里的气压像潮水一般升起又落下，恒常如是，不受任何影响。从赤道向北到北纬70°，气压波动的幅度逐渐下降，从1.32降到0.18，物理学家布拉菲在挪威北部博塞科普（Bossekop）所做的精确观测为我们提供了北半球高纬度地区的气压数据。从探险家威廉·帕立（W. Parry）在波文港（Bowen，北纬73° 14′）做的测量来看，我们不可认为在更接近极地的地方气压平均值在上午10点一定低于下午4点，也不可认为气压升降的转折点与热带地区相比发生了对调。

受上升气流影响，赤道和南北回归线之间的平均气压低于温带地区，气压的最大值看似出现在北纬40°～45°的西欧。如果按照物理学家和气象学家凯姆茨（L. F. Kämtz）的做法，把每月气压差（最高压与最低压的差数）平均值相同的地方用等压线连接起来，我们就会看到各种曲线，它们的地理分布和曲度会带来很多重要启示，让我们洞察到陆地形态和海洋分布对大气波动的影响。比如印度斯坦，那里高山纵横，半岛呈现三角形，比如美洲东海岸北部，即墨西哥湾暖流于纽芬兰岛转而向东的位置，这些地方等压线的波动大于安的列斯群岛和西欧。一个地区的主导风力是影响气压降低的最主要因素。另外，据道西的观测，洋面高度上升，气压就会降低，这一点前面提到过。

气压的变化主要有两种，一种是随着一天当中的时间以及季节规律出现，另一种是偶然发生，非常剧烈，会带来重重危险。气压变化的主要原因在于太阳的热辐射，正如一切天气现象的产生。人们很早就开始把风向与气压值、温度变化、湿度变化进行比较，尤其是在天文学家约翰·朗伯提出这项建议以后。如果对比列表中不同风况时的气压值，就可以洞察到各种天气现象之间的深层联系。物理学家和气象学家德沃（H. W. Dove）提出了适用南北两个半球的“气旋法则”，以此解释了很多重要的大气现象的成因，他的睿智与洞察力令人惊叹。赤道地区与极地地区之间存在强烈的温度差异，这种状况导致大气层的上部和地球表面产生了两种相对的气流。由于地球上位于极地附近和赤道附近的各点的自转速度不同，所以来自极地的气流向东偏转，来自赤道的气流向西偏转。这两种气流永远都在交锋，此消彼长，更迭不休，相对较高的气流也会在某地下沉。绝大多数与气压、空气冷暖变化以及降水相关的天气现象，乃至云团的形成与形状，全都受到这两种气流的影响。天上云卷云舒，时聚时散，无处不在装点着大地的风景。云的形状告诉我们大气层的上部正在发生着什么，当空气静止不动的时候，夏日天空中云的轮廓可以折射出辐射热量的大地的样貌。

在某些地区，热辐射作用受到陆地和海洋相对位置的影响，例如在非洲东海岸和印度半岛西海岸之间，这里盛行印度洋季风，风向跟随太阳磁偏角发生周期性变化，古希腊水手希帕鲁斯（Hippalos）最早发现并利用了印度洋季风。阿拉伯海东部和马来西亚西部的海域盛行季风，印度斯坦人和中国人几千年前就已经洞晓这一点，有关陆地风和海洋风的知识则更加古老更为普遍，这些早期的人类经验孕育着一颗稚嫩的萌芽，这颗萌芽如今已经迅猛发展为独立壮大的气象学。人们在亚洲北部建立了一系列磁场测量站，从莫斯科延续到北京，这些测量站也用于研究其他天气现象，它们对于识别和总结风力规律意义重大。观察站彼此相距数百德里，比较其观测结果就会得知风的起源，比如，那吹过俄国内陆的风，是否就是来自荒凉戈壁高原的东风？抑或是空气在观察站范围之内才开始从高空下沉形成气流？人们可以通过观察站真切地认识到风究竟从何而来。有些观察站观测风向的历史已经长于20年，如果单纯以这些观察站的结果作为依据，那么根据气象学家马尔曼（W. Mahlmann）的最新计算，亚欧两洲温带中纬度地区盛行西风和西北风。

人们对某些地点的年平均温度、冬夏平均温度进行了精确研究，自从把这些地点用线连接起来以后，人们对大气循环中的热量分布就有了较为清晰的认识。我在 1817 年首先创立了包括等温线、夏季等温线、冬季等温线在内的制图系统，等温线图在物理学家的共同努力之下不断得以完善，为比较气象学奠定了主要基石。同样，在对地球磁场的探索中，当人们把零散的局部测量结果用等偏角线、等倾角线、等磁力线彼此连接起来以后，地磁研究才获得了科学的形态。

“气候”一词概括了人类感官能够觉察到的大气层的所有变化，包括：温度、湿度、气压变化、空气的静止状态、各种风的影响、电压大小、大气的清洁度、空气中混入的有毒气体、天空惯常的透明度和晴朗程度。天空的透明和晴朗状况不仅对地面的热辐射、植物的生长和果实的成熟意义重大，而且也深刻影响人类的情感和心境。

如果地球表面由同一种均匀的液体或是岩层构成，这些岩层的颜色、密度、光滑度、吸热能力相同，并且用同一种方式经由大气向太空辐射热量，那么所有的等温线、夏季等温线和冬季等温线都将会与赤道平行。在这种假想的地表条件下，位于同一纬度的地表各点对光热的吸收能力以及辐射能力都将是相同的。人们用数学方式研究气候，就是从这样一种均匀又简化的地表模式出发，但是这种模式仍然考虑到了地球内部与地表的热量流动以及空气中的热传导。如果说有一些因素导致同一纬线圈上某些地点吸收热量和辐射热量的能力发生变化，那么等温线的形状就会变得弯曲。等温线的曲度、等温线与纬线相交的角度、等温线折角相对于所处半球的极地是凸起还是凹陷——这些都是等温线的特质。不同的经线上都存在一些特定因素，它们会导致气温相对升高或降低，这些因素对当地的气候都起到不同程度的影响。

欧洲文明从欧洲西海岸跨越大西洋海盆，到达美洲东海岸，在大西洋东西相对的两岸共同发展，这样一种奇妙的现象暗中推动了气象学的进展。英国人首先涉足冰岛和格陵兰岛，在那里短暂安营扎寨之后，又前往北美沿海地带，建立了最初的常驻地。出于宗教迫害、狂热情绪以及对自由的渴望，殖民者的队伍不断壮大，移民者到了北卡罗来纳州和弗吉尼亚州圣劳伦斯河以东的地区以后，饱受冬季严寒之苦。意大利、法国和苏格兰与这些地方处在同一纬度，但冬季却温和得多。欧洲移民两相比较之下，不禁对此深感惊讶。如此研究气候的做法虽然颇具启发性，但是只有当这些观察建立在年平均温度的数据基础之上，它们才能真正结出硕果。如果在北纬 58°至北纬 30°的范围，对加拿大拉布拉多省沿海的内恩（Nain）与瑞典哥德堡，哈利法克斯与法国波尔多，纽约与那不勒斯，佛罗里达州的圣奥古斯丁与开罗进行比较，就会发现美洲东部与欧洲西部同纬度地区的年平均温度之间的差异由北至南递减，以上四组温差数据分别为：11.5℃，7.7℃，3.8℃，大约 0℃。很显然，在跨越 28 个纬度的这片区域，北美与欧洲的年平均温差依次递减。如果继续向南考察，就会发现欧洲和北美的北回归线以内的等温线都与赤道平行。在社交场合总有人问：美国比欧洲冷多少？加拿大和美国的年平均温度跟欧洲同纬度地区相比有多大差异？而上述例子则说明，这样笼统的泛泛提问是没有意义的。北美和欧洲的温差情况在每条纬线上都有所不同。如果不特意对大西洋两岸的冬夏温度进行比较，我们就无法确切描述真实的，影响到农业、手工业乃至人类舒适感的气候状况。

我把影响等温线形状的因素分为两类，在此一一道来：一类是导致温度升高的因素，一类是导致温度降低的因素。如果一个地区具有下列特征，那么当地的温度就会相对较高。其中首要的因素是：靠近温带地区的西海岸；大陆被海洋切割成半岛的形状；大陆海岸线深凹曲折，形成众多港湾和内海；陆地具有特定的走向，即一部分陆地与深入极圈但不结冰的海洋相邻，或者与一片幅员辽阔的大陆相邻，而且这片大陆地处相同的经度，位于赤道或至少部分位于热带。次要的因素是：位于北半球温带大陆西部边缘的南风和西风带；有能够阻挡来自寒冷地区冷空气的山脉；很少出现春季和初夏都还被冰层覆盖的沼泽地；不存在生长于干燥沙地的森林。最后的因素是：夏季天空晴朗；靠近暖流，洋流带来温度高于周边海域的海水。

导致一个地区年平均温度降低的因素包括：海拔高度高，但当地并未出现重大高原；靠近中高纬度大陆的东海岸；大陆形状完整，海岸线平直，缺少港湾；大陆朝着极地方向延伸至永久冰冻区；沿经线方向看，位于赤道和热带地区的是海洋，而不是陆地，也就是说这一经线地区缺乏能够强烈吸收太阳热量并向外辐射太阳热量的热带大陆；存在因为特定形状和走向而阻挡了暖空气长驱直入的山脉；靠近孤立的山峰，冷空气得以沿山麓顺势而下；

拥有广阔的森林，森林阻挡日照，树叶导致水分蒸发，而且叶面大幅增加了向外辐射热量的面积，这就意味着：森林通过荫翳、水分蒸发和向外辐射热量这三重作用降低了气温；当地沼泽众多，北方的沼泽地到了仲夏时节还处于冰冻状态，它们相当于平原的地下冰川；夏季的天空雾霭弥漫，雾霭阻碍了太阳光的热辐射；最后是冬季的天空晴朗明媚，没有云层阻挡，地面的热量更易向外散发。

这两类因素在同一时间共同作用，它们此消彼长，角逐较量，最终的战果决定了地表等温线的曲度。陆地面积和海洋面积之间的比例，陆地形状和海洋形状之间的关系，尤其在这里起到了重要的影响。气温波动造成了等温线上产生凸起和凹陷的折角。影响等温线形状的因素分为不同级别，开始时我们要单独分析所有级别的每一个因素，之后，为了探究这些因素对等温线方向与局部曲度的综合效应，我们必须发现它们的细微之处。当这些因素协同运作之时，其中哪些会发生变化？哪些会相互抵消？而哪些又会彼此联合而使得力量增强？就像是波，当它们彼此相遇相交时，也会发生同样的情况，这一点我们是知道的。这就是等温线的思想精髓所在，正是它指引我把大量看似孤立存在的事实通过经验性的、可用数字表现的法则相互联系起来，并且证实了这些事实彼此依赖的必然性——对此我也感到自豪，心怀慰藉。

信风的反作用产物是西风或西南风，它们盛行于南北半球的温带，对于大陆东岸而言西风是陆风，对于大陆西岸而言西风是海风，所以当大陆沿岸没有可以影响温度的洋流经过时，大陆东岸的气温低于西岸。航海家库克第二次踏上环游世界的航程时，有思想精深浩瀚的博物学家福斯特陪伴左右，是他首次在历史上相当确切地指出：欧亚大陆与美洲大陆的东西两岸都存在明显的温度差异；北美洲中纬度西海岸的气温与西欧的气温相似。福斯特的观点对我日后的探险和科学考察给予了极为鲜活生动的启发，我对他深怀感激。

即使是在北方高纬度地区，如果仔细观测北美大陆两侧的气温，也会发现其东西两岸的年平均温度差异明显。加拿大拉布拉多省内恩地区（北纬57° 26′）的年平均温度是 −3.8°C，但同纬度的俄国统治区新阿尔汉格尔斯克

（Neu-Archangelsk，即锡特卡，北纬 57° 10′）的年平均温度还是 6.9°C；前者夏季的平均温度不足 6.2°C，而后者的则达到 13.8°C。北京位于亚洲东岸（北纬 39° 54′），年平均温度为 11.3°C，比纬度较之偏北的那不勒斯的年平均温度低 5℃多。北京冬季的平均温度至少是 −3℃，而欧洲西部的冬季平均温度，即使是巴黎（北纬 48° 50′），也是 3.3°C。哥本哈根在北京以北 17 个纬度的位置，但北京的冬季平均温度比哥本哈根的冬季平均温度还要低 2.5°C。

我们之前就已经提到过，如果大气的温度发生变化，那么汪洋大海的温度也会随之改变，但是水温变化的速度缓慢，因此海洋对气温具有调节作用。面对大海，冬天的严寒凛冽和夏天的炎热酷暑都会驯服起来，转而露出温和的颜色。由此就产生了第二个重大的气候差异，即海洋性气候和大陆性气候的差异，所有划分成片、海岸线曲折、拥有众多港湾和半岛的大陆都享有海洋性气候，而内陆深处的地域则拥有大陆性气候。布赫首先在他的著作中完整阐述了这种气候差异及其影响，它反映在多种多样的自然现象中，气候决定了植被的生长和农业的繁荣程度，天空的透明度、地表的热辐射以及雪线的高度都与气候条件息息相关。比如，西伯利亚西部的托博尔斯克（Tobolsk）、鄂毕河畔的巴尔瑙尔（Barnaul）、西伯利亚东部的伊尔库茨克（Irkutsk），这三个亚洲内陆城市的夏季分别与柏林、明斯特和诺曼底的瑟堡（Cherbourg）的夏季相当，夏天的温度可以持续数星期达到 30°C 或 31°C，但当夏天过去，随之而来的就是寒冬，在最冷的月份，平均温度下降到 −18°C ～ −20°C。在数学和物理学方面都同样造诣精深的法国博物学家布丰（G. -L. de Buffon）因而把这种大陆性气候描述为“极端”，生活在如此极端气候条件下的人们仿佛是受到了诅咒，就像但丁（Dante）在《神曲》中所唱：“遭受着酷暑和严寒的折磨”。

里海沿岸的阿斯特拉罕（Astrachan，北纬 46° 21′）生长着无比鲜美的水果，尤其是葡萄，我从来没有在地球上的任何其他地方，甚至没有在加那利群岛、西班牙或是法国南部见到过那么晶莹甘饴的水果。阿斯特拉罕的年平均温度为 9°C，夏季平均温度为 21.2°C，相当于法国波尔多，但冬季的温度会下降到 −25°C ～ −30°C，其实不只是阿斯特拉罕，就连更南边的捷列克（Terek）河畔的基兹利亚尔（Kisljar）也是如此寒冷。

爱尔兰、根西岛、泽西岛、布列塔尼半岛、诺曼底海岸以及英国南部海岸盛行海洋性气候，那里又完全是另外一番景象：冬季气候温和，夏季温度低，天空弥漫着雾霭，与欧洲东部的大陆性气候形成了强烈对比。爱尔兰的东北部（北纬 54° 56′）虽然与普鲁士的柯尼斯堡（Königsberg）地处同一纬度，但那里却生长着香桃木，它们繁茂浓密，就像长在葡萄牙一样。匈牙利八月份的平均温度达到 21°C，而都柏林八月份的平均温度却不足 16°C，尽管两地的年平均温度都是 9.5°C。匈牙利布达的冬季平均温度降至 −2.4°C，而都柏林则保持在 4.3°C，甚至比意大利的米兰、帕维亚、帕多瓦和整个伦巴第的冬季平均温度还高 2°C，而意大利这些地区的年平均温度则是超过了 12.7°C。苏格兰奥克尼群岛（Orkney）上的斯特罗姆内斯（Stromness）只比斯德哥尔摩偏南半个纬度，但它冬天的平均温度是 4°C，比巴黎的温度还高，几乎和伦敦一样温和。法罗群岛（Färöer）位于北纬 62°，在挪威海和北大西洋中间，受西风带和海洋的影响，这里的内河冬季从不结冰。英国的德文郡（Devon）有着旖旎宜人的海岸，滨海的索尔科姆港（Salcombe）因为气候温和而被称为“北方的蒙彼利埃”（Montpellier）。在那里人们看到过墨西哥龙舌兰在野外肆意绽放花朵，也看到过木藤架上缀满金黄的甜橙，而且几乎没有被草席保护。索尔科姆港、彭赞斯（Penzance）、戈斯波特（Gosport）以及诺曼底海岸瑟堡的冬季平均温度为 5.5°C，也就是说只比蒙彼利埃和佛罗伦萨的冬季平均温度低 1.3°C。由此可见，处在同一等温线上的地点虽然具有相同的年平均温度，但在一年的不同时节，它们的温度分布状况却彼此迥异，而这种差异对植被、农业、水果栽培和天气舒适度的影响至关重要。

冬、夏季等温线与表示全年平均温度的等温线并不是平行的。以上提到，英国的海滨有着温和的冬天，可以让香桃木繁茂生长，冬天飘落的雪花总是顷刻融化，大地永远不会披上雪被。但那里的夏秋两季却仅是温凉而已，太阳的热量充其量只能让苹果成熟，甚至连苹果都无法红透。能够酿出美酒的葡萄不会长在海岛上，也几乎都不长在海滨。其原因绝不仅仅是沿海地带夏季的气温较低，就像置于阴凉处的温度计所显示的那样。而是，植物在阳光直射时吸收的热量多于在阳光散射时吸收的热量，在天空晴朗时吸收的热量多于在雾霭朦胧时吸收的热量。阳光直射的因素到目前为止很少被注意到，但它在某些现象中起到的作用却非常显著，例如当氯气与氢气混合发生燃烧时。很长时间以来，我都在努力唤起物理学家和植物生理学家的注意，希望他们关注上述差异，关注植物细胞内部因为阳光直射而生成的局部的热量，这是一个尚未得到过测量的量值。

我们在此按照热量需求对农作物进行排序，从那些对热量需求最高的作物开始数起，首先是香荚兰、可可、香蕉、椰子，接下来依次是菠萝、甘蔗、咖啡、枣树、棉花、柠檬、橄榄树、欧洲栗和上乘的葡萄。如果同时观察这些农作物在平原上的以及在山麓上的生长区域的边界，我们就会知道，决定它们生长的并不是年平均温度，而是其他一些天气条件。这里仅以葡萄种植为例，想要酿出葡萄美酒，那么葡萄种植地的年平均温度就要超过 9.5°C，而且冬天的平均温度要超过 0.5°C，夏天的平均温度至少要超过 18°C。加龙河（Garonne）畔波尔多（北纬 44° 50′）的年平均温度和冬夏秋三季的平均温度分别为 13.8°C，6.2°C，21.7°C 和 14.4°C。波罗的海平原（52° 30′）的这四个数据依次是 8.6°C，−0.7°C，17.6°C 和 8.6°C，这里酿造的葡萄酒难以下咽，但当地人还是乐此不疲。可能有人会心生疑虑：葡萄种植有难有易，这说明各地的气候条件差异巨大，既然如此，为什么气温计显示的温度差异却不是更为明显呢？我们测量使用的温度计置放在阴凉处，几乎不受到直射阳光和夜间热辐射的影响。土地虽然吸收了全部日照，地表温度有周期性变化，但温度计的测量结果并不能反映地表在所有时间的真实温度。考虑到这些，相关的困惑就会减少。

法国布列塔尼半岛属于温和的海洋性气候，四季不分明，而法国内地则相对冬天更冷，夏天更热，在某种意义上，欧洲大陆相对于亚欧大陆就像布列塔尼半岛相对于法国内陆，仿佛是整块陆地西部的一个半岛。欧洲较为温和的气候得益于以下因素：首先是非洲大陆的存在和它与欧洲的相对位置，非洲地处热带，幅员辽阔，土地向外辐射大量热量，有助上升气流形成，而亚洲以南的热带地区绝大部分被海洋覆盖，热辐射相对较少；欧洲大陆具有相应的地形结构，位于亚欧大陆的西部海岸；欧洲北部的海洋冬季不结冰。如果非洲被海水吞没，如果神秘的古老大陆亚特兰蒂斯（Atlantis）再度浮出水面，把欧洲与北美洲连接起来，如果温暖的墨西哥湾暖流没有流入北部的海洋，如果在斯堪的纳维亚半岛和地处北极的斯匹次卑尔根群岛之间因为火山喷发而形成一片陆地，那么欧洲的气候都将会比现在寒冷。在欧洲的同一纬度上，从大西洋沿岸、法国、德国、波兰，直到乌拉尔山脉以东的俄国，年平均温度由西向东依次递减。气候变寒的主要原因在于：欧洲土地割裂的状况由西向东逐渐减少，陆地形状变得完整、跨度宽广；逐渐远离温和的海洋；西风的影响越来越弱。在乌拉尔山脉以东的地区，西风吹过冰雪覆盖的广阔陆地，已经变成寒冷的陆风。西伯利亚西部的严寒就是地形因素和气流影响所致，绝不是古典时期的希波克拉底（Hippokrates）和特洛古斯所想象的那样，是因为海拔高度造成的，甚至到了 18 世纪，也还有著名的旅行家这样杜撰。

以上讲述了平原地区的温度变化，现在我们来剖析地表多面体参差不平的地势，我们将考察山体对周边谷地气候的作用，以及山体高度对山峰带来的影响，很多时候山峰会扩展成高原。当山体横亘延绵排列成山系，地表就会被其分割为不同的盆地，经常有一些圆形谷地形成，被周围高低起伏不平的山体所环绕。这些盆地对当地的热量、湿度、空气的透明度、风和雷雨的频繁度都会产生作用，让局部地区的气候变得各有不同，就像在希腊和小亚细亚部分地区。这种情形自古以来就深刻影响到物产的属性、农作物的种植、社会的文明、人类的心境以及相邻民族之间的敌对情绪。当一个地域在垂直方向上的地势高度和在水平方向上的地形分布都具有不可超越的丰富性时，它的“地理独特性”也就达到了极限。与之相反的，是北亚的荒原、美洲的草原（疏林草原、洛斯亚诺斯草原、潘帕斯草原）、欧洲长满欧石楠的原野和非洲的沙漠戈壁。这两种类型的土地形成了鲜明的对比。

无论在任何纬度地区，温度都随着高度下降，对于气象知识、植物地理、折射理论以及旨在确定大气层高度的不同假设而言，这一规律都是最重要的研究依据之一。我登过热带的高山，也登过其他地域的峻岭，无论是在哪里，探究气温随高度变化的规律都是我考察的一项主要内容。

等温线和夏季等温线都具有折点，等温线之间的距离彼此不同；亚洲、中欧和北美的气温状况反映出大陆东西两岸有着不同的温度系统。自从我们更多地了解到地球表面热量分布的这些真实情形之后，我们就不可以再泛泛问道："在同一条经线上，当纬度增大或减少一度时，年平均温度和夏季平均温度会有怎样的变化？"在每一个曲度相同的等温线系统中，都有下列三种规律在发生作用，它们之间存在着密切而且必然的联系。这三者分别是：气温由下至上递减；纬度每变化一度时，气温也随之变化；根据海平面上一个点距离极地的远近程度，这个点的年平均温度可以与垂直高度上的一个点的年平均温度相同。

就美洲东岸的温度系统而言，从拉布拉多海岸到波士顿，纬度每变化一度，年平均温度就会变化 0.88°C；从波士顿到查尔斯顿，如果纬度相差一度，年平均温度就相差 0.95°C；但是从查尔斯顿到古巴的北回归线，这种变化变得缓慢，只有 0.66°C；而在热带地区就更加微弱，在哈瓦那到库马纳的这一区间，此数值仅为 0.2°C。

欧洲中部的等温线系统则完全不同，在北纬 38°～ 71°之间，纬度偏北一度，气温会统一下降 0.5°C。在同一纬度范围，高度每上升 480 ～ 522 英尺，气温就下降 1°C。如此算来，海拔高度上升 240 ～ 264 英尺，气温会下降 0.5°C，其降温效应相当于向北跨越一个纬度。瑞士阿尔卑斯山的大圣伯纳德山口（St. Bernhard）地处北纬 45° 56′，海拔 7668 英尺，那里的年平均温度等同于北纬 75° 50′ 的平原地区的年平均温度。

我曾经攀登过安第斯山脉地处热带的那一段，到达了 18000 英尺的高度，攀缘途中我频繁观测气温的变化，当时得到的结论是，高度每上升 576 英尺，气温下降 1°C。30 年后，我的朋友，化学家布珊高也在那里进行了同样的测量，他得到的平均值是 540 英尺，即每上升 540 英尺，气温下降 1°C。我对科迪勒拉山系中某些处于同样高度的地点进行了比较，其中一些处在海边的山麓，另一些分布在宽广的高原，两相比较之下我发现，在海拔高度相同的情况下，高原的年平均气温比海滨山麓的年平均气温高 1.5 ～ 2.3°C。如果不是因为夜间的散热现象导致温度降低，两者之间的气温差异还会更大。一座高大的山体本身就带有不同的气候带，它们按照海拔高度的不同依次竖直分布在山麓。山中景致各异，从长在深谷的可可树林，再到山巅之上永不融化的皑皑积雪，应有尽有，而且热带地区全年气温的变化很小。如果我们把这里的气温状况与法国和意大利平原地区某些月份的气温进行比较，就能切身体会到安第斯山脉的山城人生活在怎样的气候条件之下。在森林密布的奥里诺科河畔，全年恒温，每天的气温都比西西里岛巴勒莫（Palermo）8月份的气温高出4°C；如果我们一路攀缘而上到达哥伦比亚的波帕扬（Popayan），就会发现那里的气温相当于马赛的夏季；基多的气温相当于巴黎的五月末；再往上的高山苔原带的气温相当于巴黎的四月初，那里长满低矮的灌木丛，但仍然有鲜花随处绽放，像星辰般散落一地。

德安吉拉（P. M. d'Anghiera）是一位睿智的历史学家，也是哥伦布的朋友，他在1510年10月跟随探险家科尔米纳雷斯（R. E. de Colmenares）环游考察之后，第一个发现了距离赤道越近雪线越高的规律。我在德安吉拉隽永的著作《新世界》中读到："盖拉河（Gaira）从圣玛尔塔内华达山脉（Sierra Nevada de Santa Marta）的一座山中倾泻而下，根据科尔米纳雷斯的同行者所言，这座山比至今发现的其他所有山峰都要高。如果该山位于偏离赤道最多10° 的位置，而且山上的积雪永不融化，那么这一判断是毫无疑问的。"永久积雪的下限是指夏季雪线，也就是积雪在夏天部分消融以后所退缩到的最高位置。我们必须对雪线与其他三种现象加以区分：首先是雪线每年都有的波动；其次是局部的降雪；接下来是冰川，冰川似乎是温带和寒带特有的现象。冰川学家维奈茨（I. Venetz）、地质学家夏庞蒂埃（T. von Charpentier）以及勇气可嘉锲而不舍的博物学家阿加西近年来对冰川研究取得了突破性进展。化学家索绪尔在他关于阿尔卑斯山的不朽著作中对此予以了盛赞。

我们只知道永久积雪的下限，但是并不知道它上限的情况。因为地球上的山不会高耸至云端，不会进入干燥稀薄的空气层，如果我们以地球物理学家布格（P. Bouguer）的理论作为依据，那么可以想见，这种高空的空气层中不再含有肉眼可见的冰晶气泡。积雪下限的高度并不只是由纬度和年平均温度决定，而且赤道和热带地区的高山雪线也并不像我们长久以来所讲授的那样，达到了最高的海拔高度。这里涉及的雪线问题是一个非常复杂的综合现象，通常受到温度、湿度和山体形状的影响。如果对这些条件进行更深入的特别分析——近年来所做的大量测量为此提供了数据——我们就会发现，以下多种因素同时作用，共同决定了雪线的高度：一年中不同季节之间的温差；主导的风向，要区别所在地盛行海风还是陆风；上层大气的干燥度和湿度；

降雪和积雪的绝对厚度；雪线位置与山体高度的比例关系；山体在整个山脉中的相对位置；山麓的陡峭程度；与其他覆盖有永久积雪的山峰的距离；以及雪山所在平原的面积、位置和高度。此处我们要考虑到，雪山在这里是孤立存在还是作为山脉的一部分出现？所在平原位于海岸还是地处内陆？如果是内陆，那么这片平原是茂密的林区，是沙土贫瘠、被裸露岩石覆盖的荒原，还是潮湿的沼泽地？

在南美洲赤道地区，雪线的高度相当于阿尔卑斯山勃朗峰的高度；在北纬19°的墨西哥高原，雪线的高度比在赤道地区低960英尺。在南纬14°～18°的南美洲大陆西岸，即智利安第斯山脉近海的西部山麓，据探险家彭特兰（Joseph Pentland）所说，那里的雪线要比赤道附近的钦博拉索山、科托帕希火山、安蒂萨纳火山的雪线高2500英尺。吉利斯医生（Dr. Gillies）甚至表示，他到过位置更靠南的皮乌肯尼斯（Nevado de los Piuquenes）雪山（南纬33°），山麓上覆盖着积雪，雪线高度在4427～4583米之间。那里的夏季空气极其干燥，天空万里无云，阳光照射强烈，因此积雪大量蒸发。有人看到阿空加瓜火山（Aconcagua）上没有积雪，该山位于瓦尔帕莱索（Valparaíso，南纬32.5°）的东北方向，“小猎犬号”航海队伍考察时曾经确定阿空加瓜火山比钦博拉索山还高1400英尺。

喜马拉雅山脉位于北半球大致相同的纬度（30.5°～31°），南麓的雪线高度大约是12180英尺，这是人们在经过一系列与其他山系的综合比较之后估算出的结果。喜马拉雅山北麓受到平均海拔为10800英尺的西藏高原的影响，雪线高度为15600英尺。在欧洲和印度，人们对南北山麓雪线高度的问题争论不休，我从1820年以来就在很多文章中分析了其原因所在，雪线不仅引发了我们对自然的兴趣，它更是对许多民族的生活产生了重大影响。大气层的天气过程千差万别，它既可以让广袤的土地生机盎然，适合农耕畜牧，也可以让它千里冰封，寸草不生。

由于大气中的水蒸气随着气温的升高而增多，所以空气中的对于有机生物至关重要的水汽含量会因为一天当中的时间、季节、纬度和海拔高度方面的差异而各不相同。最近有一种测量湿度的方法广泛流传，它源自化学家道尔顿和丹尼尔（J. F. Daniell）的理论，即使用物理学家奥古斯特（E. F.

August）发明的湿度计，通过露点温度和气温的差异来确定大气中相对的水汽含量或潮湿度，这种测量法显著丰富了我们的地表水文知识。气温、气压、风向与大气层湿气的关系极为密切，湿气可以让大气活跃起来。大气的活跃并不只是各地水蒸气含量不同造成的结果，也是降水方式和频率的结果，露水、雾气、雨雪都属于降水，它们飘然而至，润泽着大地。卓越的物理学家和气象学家德沃创立了风的旋转理论，在他看来，“在我们北半球，西南风盛行时水汽的弹性最大，东北风盛行时水汽的弹性最小。风玫瑰图西侧的水汽含量减少，东侧的水汽含量增加。在西侧，寒冷干燥较重的气流赶走了温暖湿润较轻的气流，而东侧正好相反。西南风是从赤道流向极地的占了上风的气流，东北风是从极地流向赤道的唯一的气流。”

热带有一些地区，一年当中有 5 ～ 7 个月的时间天空都是晴朗无云，没有露水，也没有降雨，但我们行走其间时，仍然会看到许多树木伸展着明媚鲜绿的枝叶。这说明树叶有一个自己的运作机制，有能力从空气中吸收水分；树叶的机制大概并不只是向外散发热量，降低温度。委内瑞拉的库马纳、科罗和巴西北部的塞阿腊地处平原，那里常年无雨，土地干涸，而另外一些热带地区却是大雨滂沱，连绵不断，两种情况形成鲜明的对比。根据萨格拉（R. de la Sagra）长达六年的观察，哈瓦那的年降水量在普通年份达到2760 毫米，是巴黎和日内瓦降水量的 4 ～ 5 倍。在安第斯山脉的山麓地带，气温与降水都随着海拔高度的上升而降低。我南美之行的同行者卡尔达斯对波哥大圣达菲（Santa Fe）的降水状况进行了观测，圣达菲地处海拔 8200 英尺的高度，那里的年降水量不超过 100 毫米，只略高于欧洲西海岸的某些地区。布珊高测量过基多的大气湿度，当气温为 12 ～ 13°C 时，使用索绪尔湿度计测得的结果有时会下降到 26°C。物理学家盖 - 吕萨克乘坐热气球在 6600英尺的高度使用同样的湿度计测出的湿度也是 25.3°C，当时的气温条件为4°C。古斯塔夫 · 罗泽、埃伦伯格和我曾经在北亚考察之行中，在额尔齐斯河河谷与鄂毕河河谷之间发现了一片低地，它大概是目前人们已知的地球上最干燥的低地平原。在气温为 23.7°C 的情况下，我们测量到的普拉托夫斯卡亚（Platowaskaja）荒原的露点温度为 −4.3°C，因为西南风吹过广阔的内陆来到这里，失去了水分，空气中只有 16% 的水汽。索绪尔和我曾经在阿尔卑斯山的高山区和科迪勒拉山系都进行过湿度测量，结果显示山区的空气较为干燥。但近年来有些认真的观察者如气象学家凯姆茨、物理学家布拉菲、植物学家马丁斯对这一结论表示怀疑。凯姆茨对苏黎世和瑞士福尔山（Faulhorn）的空气层进行了比较，福尔山只能称作是欧洲的高山。热带高山苔原地处海拔11000～12000英尺的高度，接近降雪区，那里遍布着某些开着大花、长着类似香桃木叶子的高山灌木，它们几乎持续浸润在湿气之中，此现象并不证明这一高度上的空气普遍含有大量水汽并且有一个绝对的量，这种湿气只是印证了降水的频率。波哥大的美丽高原上也时常升起浓重雾霭，在这种海拔高度，即使是空气纹丝不动的时候，雾气也会每小时都发生多次变化，氤氲流岚，升起又散去，散去又升起。这是安第斯山脉的高原和高山苔原的一大特色。

无论是观察较低处的大气层，还是观察高空的云层，无论是观察电荷每天安静的周期性变化，还是观察暴雨时的电闪雷鸣，我们都会得到一个结论，那就是：大气层中的电与热量分布、气压及大气波动、水汽活动等诸方面的所有现象都有多重关系，而且很可能也与地壳最外层的磁场密切相关。电对动植物的意义十分重大，电不仅通过自身引发的天气过程，通过降水、降落酸雨以及氨化物来影响生物，而且还作为电力直接作用于动植物，从而刺激生物的神经或者加强生物体内的液体循环。当天空晴朗时，空气中的电究竟从何而来？我在这里无意就此重新引发争论，有人说因为混有泥土和盐类物质的液体蒸发，所以产生了电；有人说因为植物生长或是地表其他物质发生化学分解，所以产生了电；有人说因为大气热量分布不均，所以产生了电；最终，物理学家佩尔蒂在经过一系列充满睿智巧思的实验后表示，因为地球总是携带负电荷，所以大气层产生了电。人们对空气中的电荷进行过多次测量，使用过测电学的方法，也使用过物理学家科拉顿（J. -D. Colladon）首先命人引入的电磁仪器。我们这幅自然画卷聚焦于上述方法测得的结果，尤其是电磁仪器测量的结果，我们将在此展示空气中普遍存在的正电荷的强度，在周边没有树木的测量点，电荷强度随着高度的增加而增加。我们还将展示电荷每日潮汐一般的起伏现象，空气中的电荷会随着季节和所处位置距离赤道远近的不同而发生变化，陆地空气和海洋空气中的电荷也各不相同。

总体来说，与陆地上空相比，海洋上空大气的电荷平衡较少受到干扰，所以在广阔的洋面上可以明显看到群岛对大气状况施加影响并引发雷雨。在雾霭升起的时候，在天空开始飘雪的时候，我做过一系列实验测量电荷，空气中的电荷之前还持续为正电，很快就变成负电，然后又多次反复转换。无论是在寒带的平原，还是在科迪勒拉山系地处海拔 10000 ～ 14000 英尺的热带苔原，测量显示的情形都是如此。起雾和降雪过程中正负电的转换，与验电器在雷雨之前和雷雨之中测量到的结果相似。如果水汽冷凝成具有特定轮廓的云团，那么其中每个水珠所带的电荷都会流向云团表面，云团表层的电压就会增加，增加幅度与云团的密度相关。根据佩尔蒂的研究，灰色的云带有负电，白色、粉色和橘色的云带有正电。我曾经在一块海拔 14300 英尺高的岩石上——其高度超过了墨西哥托卢卡火山（Toluca）的火山口——发现了闪电让空气中的电荷变成正电的作用。阴森似铁的乌云悬挂在高山之巅，笼罩着安第斯山脉的最高峰，不仅是在山区，温带平原地区上空的乌云也具有可观的高度。在一次雷雨来袭时，阿拉戈测出了当时乌云的高度，它处在 25000 英尺高的位置。有时乌云伴随着滚滚雷声下沉，降落到距离平原 5000 ～ 3000 英尺的高度。

电是气象学的高难度部分，阿拉戈的研究是我们目前拥有的关于电的最全面的成果。据他分析，闪电分为三种类型：第一种闪电形状蜿蜒曲折，具有清晰的边界；第二种闪电顷刻间照亮好像是要炸裂的整个云团；第三种闪电具有火流星的形状。前两种闪电持续的时间不足千分之一秒，而第三种球状闪电则慢得多，可以持续数秒。化学家尼克尔森（W. Nicholson）和物理学家贝卡里亚就已经描述过一些异样的闪电，近年来的观察也证实了这些现象的存在。例如，有些时候听不到雷声，也没有任何暴雨的迹象，但高悬在天空的独立云团会长时间持续地由内发光，云的边缘也被照亮，像是镶上了金边；也有些时候并没有打雷，天空却降下发亮的冰雹、雨滴或是雪花。雷电在地球上分布不均，秘鲁海岸从未出现过电闪雷鸣，而其他热带地区某些时节几乎每天都在太阳达到中天的四五个小时之后出现雷雨，两相对照，反差极为强烈。阿拉戈收集了很多水手的亲身经历，他们的所见所闻都证明：在北纬 70° ～ 75° 的北方地区，通常情况下极少见到空气电荷的放电现象，这一点毫无疑问。

此处，我们将要结束这幅自然画卷关于气象学部分的描述。如上所示，我们讲到了大气运作的种种过程，大气吸收阳光、散发热量、携带电压，其弹性会发生变化，湿度状况也各有不同。所有这些过程都彼此相依，紧密相关，每一个单独的气象过程都因为受到所有其他气象过程的同时作用而发生变化。这些错综复杂的相互干扰不禁让人联想起那些近处的，尤其是最小的天体（卫星、彗星、流星）在运行中所受到的干扰。气象过程如此多样，以至于我们难以从整体上诠释复杂的天气状况，在极大程度上不能对大气变化做出预测。如果可以预测天气的话，那么园艺农业、航海以及人们的愉悦生活将会从中受益匪浅。有些人没有看到气象学的价值首先在于对天气现象本身的认知和理解，却非要在困难重重的天气预测当中寻找这门学科的价值，因此他们偏执地认为自然科学中的气象学部分几百年来毫无进步发展可言。但实际上人们为了研究气象学多少次不畏艰辛地前往遥远的山地进行考察。这些人不相信自然科学家，他们选择相信月相变化和某些传统日历的说法。

就一个地区而言，该地总体的气温状况很少会与其历年的平均气温分布发生明显偏差，但是对于一片幅员辽阔的大陆而言，我们会发现其间存在着温度大幅波动的现象。温度波动的幅度在某个地点达到最大值，然后向着边界方向逐步减小。如果超越了这个边界，温度变化的情形就变得正好相反。如果我们对各地的气候由南向北、由西向东进行比较，就会发现南北方向上会出现更多同类气候。1829年年底，我结束了西伯利亚之行，那年冬天的严寒极值落在了柏林，而北美洲却在同一时间享受着不同寻常的温和。有人说寒冬过后会有炎夏，暖冬过后会有凉夏，这其实只是一种武断而随意的说法。相邻的国家或是两个都从事农耕的大陆如果拥有截然相反的天气条件，那么它们生产的农作物和葡萄酒在价格上就会享有一种良性平衡。物理学家凯姆茨就曾一针见血地指出，只有气压计可以显示从测量点到大气层最外围的所有空气层的气压变化，而温度计和湿度计都只能测量出接近地面的空气层的局部热量和湿度。假如缺乏高山上的或是通过飞行器采集到的有关高空温度和湿度的数据，我们就会通过假设的数据组合来研究大气上层同时发生的温度和湿度变化，因为气压计也可以当作温度计和湿度计来使用。如果一个地方的天气发生骤变，那么其原因不在于当地，而是在于远处某地的大气平衡受到了破坏，通常不是地表的空气层，而是大气层的最上部被干扰。这种干扰或者带来冷气流，或者带来热气流，或者带来干燥的空气，或者带来潮湿的空气，天空也跟随着这些气团，时而乌云密布，时而晴朗澄明，浓密的棉花状积云也会变成丝缕连连的羽毛状卷云。

大气的变化不仅多种多样错综复杂，而且难以捉摸，所以我一直认为气象学研究首先应该在热带地区寻求发展，要在那里探索气候成因的根源。热带是被上天眷顾的地方，那里永远吹着同样的风，气压的起落、湿度的变化以及大气的放电现象都会周期性规律地出现。

位于伦敦萨默塞特宫（Somerset House）的英国皇家学会会议室，洪堡在伦敦时经常参加这类学术讨论。

第10章

地球上的生物

· Atmosphäre ·

那些存在于无机地壳中的基本物质也同样存于有机物中，而正是这些基本物质造就了动植物器官的架构。这说明，是同样的自然力量在统率着无机世界和有机世界，它们既可以合成物质也可以分解物质，它们在有机组织中既可以幻化成形也可以变作液体。

4060. quercus.

Quercus mexicana.

至此，我们在这幅自然画卷中逐级走过了地球的全部无机世界，我们先后描绘了这座星球的形状、内部热能、地磁、极光现象、地球内部向地壳表层施加的火山作用，最后又概述了覆盖地表的海洋和大气。倘若依照人们以前对地球样貌的描述手法，这幅自然画卷就可以在此圆满作结。但如果我们追求一种深入更高境界的对世界的观照，那么要是不把有机物发展史上不同阶段的有机生物也在此展现出来，这幅自然画卷就仿佛是被剥夺了它最动人的魅力所在。地球内部涌动着无限的自然之力，它一刻不息地运作，创造了无数千差万别的事物，人们把生命的概念与自然之力的存在联系了起来，在很多民族最古老的神话传说中，植物与动物的产生都来源于这种自然之力。而地球表面还没有生物出现的那个阶段则被列入冥古的混沌时代，那是一个自然元素交相混战的时代。不过这些神秘的、悬而未决的生命起源问题并不会出现在我们的自然画卷中。我们这幅自然画卷讲述的是建筑在客观感官经验基础上的实践科学，它展现的是当前业已存在的事物，是我们这座星球的现状。

我们的自然画卷确立在现实之上，冷静而朴素。面对“生物发展历史”那神秘莫测的源头——如果“历史”一词在这里指的是本意——，自然画卷也只能由于茫然不知而保持缄默，这并不是出于羞怯拘谨，而是因为内容的属性和自身的局限性所致。不过自然画卷可以提醒读者，那些存在于无机地壳中的基本物质也同样存于有机物中，而正是这些基本物质造就了动植物器官的架构。这说明，是同样的自然力量在统率着无机世界和有机世界，它们既可以合成物质也可以分解物质，它们在有机组织中既可以幻化成形也可以变作液体。但这些自然力量遵循的规律和条件我们尚未探究清楚，它们被不确定地称为“生命力量的作用”，被按照彼此之间或多或少的相似性而划分成多种系统。我们的内心无时不在观照着自然世界，心中随之升起万般情绪和一种迫切的愿望，想要去探索这座星球上所有的自然现象——无论是最高的山峰，还是植物形态的发展，抑或是动物机体中的自主运动，都欲要追寻到底，上下求索。因此在完成了对地球无机世界的叙述之后，我们将在此展开

◀ 1803年洪堡和邦普兰从墨西哥带回的植物标本。

动植物地理学的画卷。

“自主运动”是动植物之间的本质区别，这是一个很难的题目，我们在此不做探讨。但这里首先要指出的是，如果我们被大自然赋予了显微镜般的视力，如果植物胚珠的被层是完全透明的，那么我们眼中的植物王国就将不再是我们一贯感觉到的那样安静和沉寂。植物器官的细胞内部存在不同的运动形式，它们在植物体内畅然流过。第一种是胞质运动，它可以上下流动、分流，能够改变流动方向，显现于颗粒状黏液的运动中，在水生植物和陆地显花植物的茸毛中清晰可见。第二种是植物学家布朗（R. Brown）发现的密集而不规则的分子运动，植物器官中存在布朗运动，此外，每一种物质微粒当中也都可以看到布朗运动。第三种是旋转运动的细胞质流，它在特有的管道系统中流动。最后一种由奇妙的纤维管完成的运动，纤维管有分支，可以伸展，存在于轮藻的精子器以及地钱、海藻的生殖器官中。因为过早离世而事业未竟的植物学家弗兰茨·迈恩（Franz Meyen）认为这种纤维管实际上就相当于动物的精子。如果把与细胞内浸透、营养输送、生长繁殖以及内部气体流动相关的动态过程都视为植物体内的运动，我们就会了解到那些在植物体内运作的力量，它们悄然无声、难以觉察，却又生生不息。

我在《自然的风景》一书中专门写过一篇文章，描述了栖居在地球各个角落的生灵，在我们这座星球的表面，生命无所不在，它们分布在地表不同的高度，有的长在高山之巅，有的藏于深海之底。在那以后，生物学家埃伦伯格相继发现了生活在海洋与极地冰层的微小生物，人们对生物的了解由此得以大幅扩展。令人感到意外的是，这些知识并非来自联想和推论，而是真真切切通过精确观察所得。容纳生命的空间，也可以说是生命的舞台，在我们眼前不断扩展。埃伦伯格写道：“在地球的南北两极，大一些的生物早已消失殆尽，但肉眼不可见的微小生物却可以在此尽情绽放着自己不息的生命。航海家罗斯南极探险时在冰海中收集到很多微生物，它们的形态结构非常丰富，是人们从未见过的，其中很多都十分精巧。在南纬 78° 10′ 的位置，冰层开始融化，圆形的冰块随意漂浮在海面，即使是在这样的残冰中人们还找到了五十多种具有硅壳的微小水生生物，这些硅藻安全地活着，愉悦地与严寒进行着抗争。人们曾经在南极洲的埃里伯斯海湾投下铅锤，探入

1242～1620英尺的深度，在那里打捞出68种带有硅壳的微生物和唯一一种带有钙壳的软体动物——蛀船蛤。”

人们至今观察到的海洋微生物大多带有硅质外壳，不过对海水的化验分析显示，硅并不是海水的主要成分，它大概只是漂浮在水中。肉眼不可见的微生物并不只是栖居在海洋的个别地点、内海或是靠近海岸的地方。牧羊人夏尔（A. Schayer）在从塔斯马尼亚岛返回的途中，在南纬57°的好望角南部以及大西洋南北回归线之间取回了水样，分析结果让我们相信：处于正常状态的海水——也就是当海水没有特殊颜色、不含有类似淡水颤藻的角毛藻、水质非常清澈的时候，海水中含有无数自主的微小生命形式。南极洲科克本岛（Cockburn）的某些水下微生物跟企鹅的排泄物和沙子混在了一起，它们似乎广泛分布于全球，而另一些微生物则为南北两极所共有。

海洋的深处漆黑昏暗，是永远不会结束的漫漫长夜，但那里却密集栖息着无数的动物；在陆地上，太阳洒下的阳光每天如期而至，滋养了无数的植物。海洋中动物分布最多，陆地上植物分布最广，这是人们普遍的观点，最新的科学观察也证实了这一点。从数量上看，地球上的植物远远超过了动物。鲸豚和厚皮动物的数量固然可观，但是跟密布森林中的直径为2～8英尺的巨树的数量相比，就显得微不足道，南美洲的奥里诺科河、亚马逊河、玛代拉河之间就充满了这样遮天蔽日密不透风的热带雨林。地球上一个地域的景致和特色同时受到所有外在现象的影响，虽然山脉的轮廓、动植物的样貌、天空的蓝色、云的形态以及大气层的透明度一同塑造了一个地区的整体面貌，但不可否认的是，其中主要的影响因素还是当地的植被。动物的数量有限，躯体灵活多动，在我们眼前一闪而过，就消失得无踪无影。但是植物的体积和样貌恒常不变，像画卷一般悬挂在天地间，始终影响着人类的感受和想象。当一株植物静立于眼前，它的体积大小就已经在向我们诉说它历经了多少岁月。只有植物具备一项特殊的能力，那就是衰老和再生的过程同时存在，饱受风霜的千年古木也能开出崭新的娇嫩花朵。在动物王国中，恰恰是那些被我们称作是最小的生命，通过自身的分裂和快速繁殖发展成为不可计数的庞大群体。最小的原生动物——带有硅质外壳的真菌原生物——直径只有一线（一线为2.256毫米）的三千分之一，但是在潮湿地带它们却可以形成一个厚达数米的地下生物层。

大自然中生命无所不在，这给人类带来无限生机，也送来无尽福祉，人类无处不感受到生命的律动。而律动最蓬勃、生命最繁盛的地带就在赤道周边，那是棕榈树、竹子和树状蕨类植物的故乡，那里的地势落差明显，大地从长满了软体动物与珊瑚的海岸向上伸展到了永不融化的雪线。无论是高山之巅还是地下深处，几乎全都布满生命的印记。有机生物也存在于地球内部，不只是出现在矿工辛苦开凿的矿道中。我见过一些地下天然洞穴，洞内有积水，那是通过裂隙进入洞穴的地表降水，当这些洞穴首次被爆破力打开之后，雪白的钟乳石壁立即纷然呈现在眼前，石壁上覆盖着一层柔软的松萝。有一种小昆虫居住在冰川的冰孔中，罗莎峰（Mont Rosa）、格林德尔瓦尔德（Grindelwald）以及阿勒河源头（Aargletscher）的冰川中都发现过它们的踪迹。有一种沼大蚊（Chionea araneoides），生物学家达尔曼（J. Dalman）描述过它，它和原球藻都生活在极地的冰雪中或是高山之上。亚里士多德当年就已经发现积雪会随着时间的推移而变红，他大概是在马其顿的山中看到了这一景象。在瑞士阿尔卑斯山的顶峰，那些裸露于积雪之外的岩石上滋生着多彩的地衣，星星点点零零散散。而在安第斯山脉位于热带的部分，即使是在 14000 ～ 14400 英尺的海拔高度，也仍然有一些地方生长着显花植物，在空中灿然绽放。热泉中含有小昆虫（水甲虫）、披毛菌、颤藻和丝状绿藻，泉水浸泡着显花植物的根须。不同温度的土壤、空气和水都包含有生命，同样，动物体内的不同部位也驻扎着各种细微的生物。青蛙和鲑鱼体内有其他生物寄生，根据生物学家诺德曼（A. von Nordmann）的研究，鱼眼睛的液体中也充满吸虫。欧鳊的鳃中寄居着一种奇异的合体吸虫，它有两个头两条尾，身体交叉在一起，也是由诺德曼发现。

至于空气中是否存在微小的原生动物，现在尚不确定，但是有一种可能性我们不能否认，那就是微小的原生动物也许会被水蒸气携带至高空，然后在空气层中飘浮一段时间，就像每年都会有云杉花粉飘在空中而后落下来一样。自古以来人们就对“物种是在无机物中自然产生”的理论争论不休，所以空气中是否存在微生物的问题就更应该被严肃对待，尤其是在埃伦伯格的相关研究结果公布以后。在从佛得角周边一直到距离非洲海岸 380 海里的这片海域，空中会降下一种灰雨，空气因此变得浑浊，水手也被笼罩在一片朦胧之中，埃伦伯格发现这种灰雨包含18种具有硅质外壳的原生动物的残体。

动植物地理学研究的是生物在地球上的地理分布情况，研究角度分为两种，一是研究现有物种的形态和相对数量，二是研究一定地域上每一个物种拥有的个体数量。生物的生存方式各不相同，有的单独存在，有的聚生在一起，无论是植物还是动物都是如此。有一类植物，我称之为“聚生植物”，它们单一存在，不与其他植物混生，密集覆盖了幅员辽阔的地域。这些聚生植物包括：多种海藻；北亚荒原的地衣与苔藓；热带地区的草丛、管风琴一般向上生长的仙人掌、海榄雌、红树林；波罗的海平原、西伯利亚平原的松柏和桦树。植物在地理分布上的这一特点，再加上植物各自独有的形状、体积、树叶与花朵的姿态，决定了一个地区的自然样貌。而动物王国则完全不同，动物们灵动活跃，千姿百态，有些让我们满心喜欢，有些让我们心生厌恶，但是动物对于一个地区自然样貌特征的影响却几近微小，至少与植物的作用不能同日而语。农耕民族人工扩大了聚生植物的种植，所以北方温带的很多地区有着非常单调的自然景致。此外，人类造成了许多野生植物的灭绝，也在无意间引入种植了多种他们在远行途中携带而来的植物。但是热带地区的物种非常繁盛，面对人类暴力对自然造化的改变，它们显示出更加顽强的抵抗力。

当一个自然研究者在短时间内游走过大片的疆土，登上过雄伟的山脉，感受过山间层层叠压的各种气候带，那么他一定很早就体会到了不同植物的分布规律。这些观察者为一门当时还难以命名的科学收集到了很多原始素材。16世纪的意大利作家本博在青年时代就描述过埃特纳火山的植物带。一个世纪以后，植物学家德图内福尔（J. Tournefort）在土耳其的阿勒山（Ararat）发现了与之相同的植物带。他把阿尔卑斯山的植物群落和不同纬度上的平原植物群落进行了仔细比较，并且首先发现，一个地区的海拔高度和它距离极地的远近都影响到植物的分布。自然研究者门采尔（G. Menzel）在一部未发表的关于日本植物的著作中偶然提到“植物地理”一词。这个词也出现在法国作家、植物学家圣皮埃尔（B. de Saint-Pierre）的笔下，他对自然的描绘充满奇幻色彩，优美隽永。当人们把植物地理和地表热量分布学说紧密联系在一起；当人们按照天然家族对植物进行分类，分辨出哪些植物沿着从赤道到两极的方向数量逐渐增加，哪些植物数量逐渐减少，并且查明了地球各地每一种植物家族相对于当地所有显花植物的数量比例，此后，对植物地理的科学研究才真正开始。有一段时间我几乎只钻研植物学，我领略过自然的博大，见识过不同气候带各种对比强烈的自然景象，这让我如鱼得水，心中满是对这份眷顾的感激。我的研究集中于上面提及的方向，这是我生命中一段非常幸福的时光。

博物学家布丰首先对动物的地理分布提出了概括性的见解，其中大部分都非常正确，近年来植物地理学蓬勃发展，动物地理学从中受益匪浅。无论是朝着极地的方向还是朝着雪峰的方向，某些植物以及一些不长途迁徙的动物都极少逾越等温线，尤其是冬季等温线折角的边界。例如，驼鹿在斯堪的纳维亚半岛的生活区域比在西伯利亚内陆偏北十个纬度，西伯利亚的冬季等温线明显向内凹陷。植物也可以依靠种子的力量迁徙到其他地方，许多植物种子都长着适合长途飞行的特殊器官。一旦落地生根，它们就变得比较依赖当地的土壤和周边的气温。而动物们则可以随意扩大自己的栖息地，生存空间可以从赤道延伸到极地。它们优先选择等温线凸起的地方，这意味着它们更喜欢隆冬过后有着炎夏的生存环境。孟加拉虎与东印度虎没有区别，每年夏天它们都会在亚洲北部威风凛凛地游荡，最北可以到达柏林、汉堡的纬度位置，埃伦伯格和我曾在其他的文章里做过相关描述。

有些类型的植物喜好生长在一起，我们习惯把这些植物区称为植物群落。我领略过地球上形形色色的自然景象，在我看来，植物群落绝不意味着其中有某一个植物家族占主导地位，所以我们并不能声称某个地区是某种植物的王国，例如说某地是牛奶子、一枝黄花或唇形花科之乡。在这一点上，我的见解有别于许多非常优秀的、和我友情深厚的德国植物学家。墨西哥高原、新格拉纳达（西班牙在南美洲北部的殖民地）高原、基多高原、俄国的欧洲部分以及亚洲北部都分布着较大的植物群落。对我而言，这些植物群落的特点并不在于植物的种类相对较多（这些不同的种类构成了一两个自然家族），而是在于许多植物家族共同生存时产生的错综复杂的关系，在于各种植物所具有的相对数量。当然，禾本科和莎草科植物在草原和干草原上占主导地位，松树、山毛榉、桦树在我们北方森林具有绝对优势，但这些植物种类所占的优势只是一个表象，因为植物聚生在一起，形成浩大的阵势，会给我们造成这种错觉。欧洲北方和阿尔泰山以北的西伯利亚地区可以被称作禾本科或松柏科的王国，但坐落在奥里诺科河与卡拉卡斯高山之间的洛斯亚诺斯大草原同样也是禾本科的天堂，它无边无垠，相较之下毫不逊色；墨西哥的云杉林浩浩荡荡，俨然是松柏科的天下。大自然的恩赐有别，有些地方植物种类繁多，它们密集生长，形成浩瀚的植物区；有些地方植物贫瘠单一，满目荒凉。决定一个地区植被整体面貌的，正是同一个空间中不同植物的并生状况以及它们各自的相对数量和特定组合，其中有些植物甚至可以彼此替代。

在这幅自然画卷中，我对生命现象的描述并不完整。我从最简单的细胞开始讲起，之后又描绘了多种更高等的生命形式，而那些简单的细胞就是生命最初的气息。对于细胞的形成，植物学家施莱登（M. Schleiden）在文章中这样写道："黏液颗粒堆积在一起，变成一种具有特定形状的细胞形成核，细胞膜像气泡一样包裹在细胞形成核周围，构成一个完整的细胞。"细胞的形成或者是由一个业已存在的细胞引起，用施莱登的话说就是细胞产生于细胞，或者就像发酵菌那样，诞生在一种我们还无法揭秘的化学反应中。生命形成过程中最神秘的这一部分我们此处只能轻轻带过。那些已经形成的种子，通过有意或无意的迁徙，落地扎根生长，形成各种类型的植物。这是一种怎样的过程？不同种属之间有着什么样的相对关系？它们在地表上又是如何分布？这些是动植物地理学研究的内容。

如果是因为缺乏勇气，我未能在这里用几笔粗线条勾勒出人类，未能勾画人类种族的自然差异，未能描述同时存在的不同种族在地表上的分布情况，未能概述自然力量对人类的影响以及人类对自然的反向影响——虽然该影响相比之下要小得多，那么我悉心设计的这幅自然画卷将会留下缺憾。人类受到土地和大气层天气过程的制约，当然与动植物的境况相比，这种制约程度较弱。人类有着特有的精神活动，聪明才智也在不断提升，人体的韧性能够奇妙地适应所有气候带，所以人类比较容易逃脱自然暴力的伤害。在地表发生的所有活动和事件中，人类占据了重要的一部分。人类是否有着共同的祖先？长久以来人们争论不休，依然不能找出确切的答案，此处对这个问题做深入探索，故而完全契合这部自然画卷所蕴藏的思想内涵。

研究人类的祖先，是本书最后一个目标，此举出自一种更加高尚的精神情怀，出自一种人的单纯的兴趣——如果允许我这样表达的话。语言的世界浩瀚如烟，每一种语言都有自己独特的机制，这些机制准确地预示并反映出一个民族的智慧，语言也是与人类宗亲关系相关最密切的领域。至于宗族上的些微差别能够引起什么样纷繁复杂的后果，鼎盛时期的希腊文化就已经做出了回答。人类文明史上的重大问题全部都与人的宗族、语言共同体以及建立在原有传统基础上故而不可改变的民族精神和性情紧密关联。

如果我们只是关注某些人种之间在肤色和形体上存在的极端差异，并且沉湎于这种最初的感性经验带来的视觉冲击，那么我们就可能倾向于认为这些种族并不是来自同一祖先的不同变种，而是原本就来自不同的祖先。面对恶劣的外部生存环境，尤其是天气的暴虐，某些族群却显示出一种临危不惧的顽强，这就更容易让人以为他们产生于另外的源头，毕竟有史料记载的时代还只是那么短暂，人们难免会这样猜想。但另外也有很多迹象存在，它们则更能说明人类起源于共同的祖先，这也是我的观点。例如：近年来地理知识有了长足的发展，我们得以了解到许多处于过渡阶段的人类种族的肤色和头骨状况；野生动物和被驯化的动物都有自己的变种，这与人类的情形相似；动物杂交所生的后代不能繁衍，但人类的混血儿可以生育，这是不争的事实，我们收集到的经验超越了以往对混血的认知。

人们曾经以为发现了人种之间的差异，但是后来生理学家提德曼（F. Tiedemann）研究了黑人与欧洲人的大脑，解剖学家弗洛里克（W. Vrolik）和韦伯（M. Weber）也对两者的盆骨形状做了剖析，借此推翻了人们之前的大部分观点。普理查德（J. C. Prichard）医生写过一部有关黑人民族的专著，带给人们很多宝贵的信息和启发。如果我们对黑人的生理特征做一个笼统概括，并把他们与印度南部民族、澳大利亚西部群岛居民、巴布亚人以及印度尼西亚岛屿上的土著人进行比较，就会发现，黑皮肤、羊毛卷头发和黑人特有的面部特征并不总是同时出现在一个种族身上。只要西方社会看到的还只是地球上一个小小的部分，那么片面的观点就难以避免。人们似乎总是会把黑色的皮肤与热带的当头烈日联系起来，古希腊的悲剧诗人狄奥迪克底

（Théodecte）就曾经唱道：“临近的太阳神在奔跑中用乌亮的煤炭染黑了他们的皮肤，太阳的灼热烧焦并烫卷了他们的头发。”直到亚历山大大帝东征以后，关于气候对人类种族是否确有影响的争论才开始大肆响起，亚历山大的征战给人们早年对地球自然样貌的认知带来了无数的启发。缪勒（Johannes Müller）是我们这个时代最伟大的生理学家和解剖学家之一，他的著作《人类生理学》包罗万象，他写道：“动植物在地表上蔓延和扩张期间，自身会发生一定变化，变化的程度不会超过自然允许的范围。它们会作为一个物种的变种继续存在和繁衍。现有的动物种属都是在各种内在和外在条件的共同作用下产生，其中某些条件现在已无法被溯源和验证，这些物种中最奇特的变种恰好是那些有能力在地球上传播最广泛的物种。人类种族是同一个物种的不同类型，他们之间可以联姻并生育后代。种族不是同一个“属”之下的不同“种”，如果是的话，他们的混血后代则不能生育。至于现有的人种出自多个原始人还是同一个原始人，我们是无法通过经验予以印证的。”

人类诞生的摇篮何在？对这个未知地带进行地理学研究，的确具有一种神秘主义色彩。在一部尚未付诸印刷的关于语言和民族差异的著作中，威廉·洪堡写道：“人类历史上从未出现过人类不是以族群而聚居的时刻，无论是史实，还是任何一种可靠的传说都可以印证这一点。至于这种状态是否就是人类最初的生存模式，还是在后来逐渐形成，从历史学的角度我们无从判断。有个别神话传说人们耳熟能详，它们产生于世界的不同地区，这些地区相距遥远，看不出彼此之间有任何关联，不过它们全都否认人类最初是以族群划分，认为所有的人都源自同一对夫妇。这些故事流传得非常广泛，有时被当作人类最早的记忆。但是这种情形恰好说明此类神话并不是以史实或民间传闻作为依据，普天之下人类的想象并无甚差异，对于同一种现象，人类的不同群族有着相同的解释。许多神话也都诞生于人们的创造性和思考力，它们与历史毫无关联。人类最初是如何起源的？这是一个置身于我们经验范畴之外的问题，但神话故事却使用一种我们可以理解的经验方式展开讲述。比如它们会用浅显的方式来解释一座荒凉孤岛或一座与世隔绝的山谷是怎样逐渐遍布了人烟，不过故事里描述的那个时代已经有了人类，而且都已经存在了几千年。由此可见，神话在叙事方面也体现出人类创造力的一致性。我们苦思冥想不得结果，只会徒然深陷人类如何产生的不解之谜，因为我们与自己的族群和历史如此紧密相关，如此不可分割。如果没有宗族，没有历史，那么一个个体将无法理解他作为人的存在。人类是否真如神话故事所说的那样来源于共同的祖先？这个问题既不能通过思考也不能通过经验来回答。抑或是人类从开始就以民族为单位在这座星球上生息繁衍？语言学既不能擅自回答这些问题，也不能从其他领域引入答案并将其视为研究依据。"

对人进行分类只是意味着把人群按照生理特征分为不同的变种，人们用"种族"一词来表示这些变种，当然它并不是一个很确切的概念。在植物界以及在鱼类和禽类的自然发展史上，人们习惯把植物、鱼、鸟划分成多个小型家族，这种分类法比把它们划分为几个包含庞多个体的大类型更为可靠。所以在我看来，确定人类种族时要优先建立较小的单位，也就是民族和氏族。我的老师，生物学家布卢门巴赫，把人类分为五个种族——高加索人、蒙古人、美洲人、黑人和马来人，普理查德医生把人类分为七个种族——伊朗人、图兰人、美洲人、科伊人和布须曼人（桑人）、黑人、巴布亚人、印尼群岛土著人。无论我们采纳其中哪一种分类法，都难以从中辨识出既典型又清晰的分界线以及贯穿始终的自然的分类原则。研究者首先把那些具有极端形体特征和肤色的人群区分出来，但是不符合该特征的民族无法被归入，这些民族有时被称作斯基泰人。当然对欧洲民族而言，"伊朗人"这个命名听起来要比"高加索人"要合理一些。但通常情况下，用地名表示一个种族起源的做法很不确切。如果一个地域在不同时期先后被不同民族占领，那么用地域命名民族就会造成混乱，比如在图兰地区就曾经生活过古印欧人和芬兰人，但蒙古人并没有在那里居住过。

语言是人类的精神产物，与人类的精神发展紧密交织在一起，由于语言能够反映出民族的雏形，因而是辨别种族之间异同的重要依据。人类虽然有共同的起源，但是各个种族的体质和精神活动都不相同，这些特质结合起来形成了不可尽数的组合，一座人类群族的神秘迷宫就这样产生了。正因为如此，通过语言探寻人类种族的奥秘就显得至关重要。在不到 50 年的时间里，德国带有哲学性质的语言学研究取得了卓越的成就。人们良久以来都在研究语言的民族性，研究种族起源带来的影响，而语言学取得的长足进展则在很大程度上简化并促进了这些研究。我们一方面期待语言学带来丰富准确的科研成果，另一方面也要注意到研究中可能出现的错误结论，所有借助于想象以及猜测来发展的学科都面临这种境况。

有益的民族学研究是建立在严谨的史实基础之上，它告诉外界，当我们在对不同的民族、对这些民族在某个特定时段使用的语言进行比较时，我们需要相当谨慎。对他族的奴役、多民族长期共存、外来宗教的作用以及种族之间的通婚都是影响语言发展的因素，虽然它们只是发生在少数更强势、教育程度更高的外来侵入者身上。这些因素导致欧亚大陆和美洲大陆出现了一种匀速更新的语言现象，即同一种族发展出了不同的语系，而起源差异巨大的不同民族却拥有同一语族的习语。一度征服了世界的亚洲人对这种现象的影响最为显著。

既然世间有研究人体的科学，那么也就有研究人类精神的科学，语言就是“精神科学”的一部分。人类享有精神自由，虽然人类受到不同自然条件的制约，但他们的精神活动总是在幸福地追逐自己选定的方向，精神自由在极力挣脱自然对人类的束缚。不过尽管如此，我们还是不可能完全逃脱大地之力的限制。人类身上永远留有一些自然赋予的印记，这些印记讲述着我们每个人的故事——我们有什么样的种族特征，生活在什么样的气候带，头顶之上是蔚蓝的天空还是岛屿上惯有的水汽氤氲的天穹。人类的语言构成丰富浩瀚，精妙优美，这既源自思想的深厚，也源自每一朵细微柔嫩的精神之花。自古以来都有一条纽带紧紧连接着人类的生理世界和心智情感世界，此处我们虽然只是粗略点出人类起源与语言的关系，但与此相关的思考却会给人类的探索带来一道明亮的光芒、一抹鲜活的色彩。我们的自然画卷对此挥毫泼墨，皆因不愿错过这片迷人的光华。

我们说人类起源于共同的祖先，这就意味着我们抗拒所有认为人类种族有优劣之分的偏见。有些民族更具可塑性，受教育程度更高，在精神文化的感召下变得较为高尚，这是事实，但世界上并不存在天生高贵的民族。所有的人都被赋予同等的自由，对于个体而言，这种自由以一种天然的形式存在，对于通过政治机构来显现的国家行为而言，自由是全体人员享有的平等权。威廉·洪堡写道：

“如果说有一种思想存在，它贯穿于整个历史而且越来越有影响力；如果说有一种思想存在，它百般被争议，万般被误解，却能够证明人类终将走向完善，那么这种思想就是人性论。人性论意味着：努力消除各种偏见与片面观点带来的人与人的分离和界线，这些成见像壕沟一般充满敌意地阻隔在人群中间；把全部人类当作同一个兄弟般的大家族，当作一个为了实现同一目标——即实现内在力量自由发展——而存在的整体来看待，全面忽略宗教、民族和肤色差异的影响。这是人类团结的终极目标，同时也是人性本身赋予人类的方向，引领人类扩展自身的存在。

当一个人尽情游走于大地之上，当他仰望无际天空，遥看照亮他的闪烁群星，这时候内心会升起一种感受：天地归我所有，天地任由我探索，天地任由我大显身手。

绵绵的山丘和潋滟的湖泊勾画出故乡小巧的模样，如果一个孩子终日行走其间，那么他就会向往不知名的远方。一旦到了远方之后，他又开始思念故乡，就像是一棵有根的树木。渴望未得的事物，怀念逝去的事物，这种天性让人们免于停滞在当前一刻，这是人性中感动和美好的一面。

那些出自善意的、认为人类整体本是密切相连的思想，一方面牢牢根植于人性深处，另一方面又同时被人类最高尚的追求所驱动，因此，人性论将会成为人类历史上伟大的主导思想之一。”

威廉·洪堡的这些文字美丽而高贵，它们发源于情感深处，请允许作为弟弟的我使用上述引言来结束这部描述宇宙万物的自然画卷。我们从最遥远的星云、从联袂旋转的双星出发，一路向下走来，目睹了陆地上和海洋中最微小的生物，也发现了生长在雪峰悬崖裸露岩石上的植物嫩芽。这些自然现象被按照部分已知的自然法则进行了分类。

不过，有机世界中最高等的生物的生存空间，却是由另外一些神秘法则管辖统领，它就是人类的世界，人类族群有着不同的外形，拥有天赋的精神力量，创造了精妙的语言。自然画卷卷终之处，即是人类智慧开始升起的地方。遥望宇宙的人低垂下目光，人类的领地幡然映入眼帘，自然画卷守候在自己的尽头，无意跨入。

译后记

· *Postscript to the Chinese Version* ·

《宇宙》第一卷出版以后立刻成为德国的畅销书，一售而空，只过了短短几个星期出版商就开始加印。随后此书即被翻译为英语、荷兰语、意大利语、法语、丹麦语、波兰语、瑞典语、西班牙语、俄语和匈牙利语。世界为之震动，洪堡被誉为“大洪水以来最伟大的人”。众多的学生、科学家、艺术家、政治家都在热切地阅读这本书，其中著名的读者包括英国王子、英国植物学家胡克和达尔文。达尔文深受此书启发，洪堡的很多思想都印证了达尔文的想法。

ALEXANDER
VON
HUMBOLDT
1769 – 1859

这是一次穿越星际的旅行：我们漂浮在太空，眼前是无尽的星辰，它们环绕在上下、前后、左右，有些光芒闪烁，有些黯淡柔和，急行穿梭在冷寂的太空。一团一团的星云散落在星际空间，密集之处流光溢彩，疏散之处荫翳黑暗。有一个光亮的扁平圆盘，悬浮着，发散着螺旋状的手臂，洒下一片光华，这就是银河系。在银河系靠近外侧的地方栖居着太阳和它的家庭成员，我们的目光由远及近依次掠过行星、彗星、流星，最后落在地球之上。我们看到地球是一个椭球体，感受到地球内部的热能和磁场，目睹了绚烂的极光，体验了火山和地震。接下来我们深入地下岩层，翻开地球历史留下的这部岩石史书，探寻古生物的遗迹。我们看到地表大陆的形状和分布，望见环绕陆地的海洋奔流不息，我们觉察到大气的流动，领略到不同的气候带及其植被，甚至发现了荒凉原野上裸露岩石之上斑驳的地衣。最后出现于眼前的，是生活在地球上被划分为不同群族的人类，至此，我们也来到了此次旅途的终点。

如果带上摄像机拍摄途中所见，那么回放的时候，上述的种种画面就会依次展开，像一幅宇宙长卷被慢慢打开。但是倘若没有摄像机，有的只是笔和纸，正如200年前的日常，那么是否还会产生这样一幅宇宙之画卷？不过并没有人提出这个问题，而且事实上也并没有人想要创作这样一幅宇宙画卷，一直到亚历山大·洪堡的出现。

1796年洪堡27岁时就首次有了创作一部囊括自然万物的著作的想法，后来他在给作家友人冯·恩斯（V. von Ense）的信中如是讲述了自己的创作构想："我忽然有了一种灵感，想把全部的外在世界，也就是我们现在所知道的关于太空和地球的所有知识，大到星云，小到花岗岩上的苔藓，全都写进同一部著作。同时，这部著作还要拥有优美生动的语言，要给读者的内心带来愉悦。科学史上每一个重要的曾经发出光芒的想法都应在这里被记录下来。这本书应该在自然科学方面展现人类精神发展史上当今的时代。这本书不是人们惯常以为的地理学著作，它涵盖太空与地球，涵盖所有的存在。"

◀ 位于柏林 Wedding 区的洪堡公园中的纪念碑。（高虹 / 摄）

虽然《宇宙》这部书最初的创意早已产生，然而《宇宙》却又注定要经历风雨，饱受考验，它一定要历时 50 年，从而最终成为洪堡一生最后的作品，成为他的终生巨著和整个科学史上的一座丰碑。洪堡在本书《前言》中写道："回首一生，波澜动荡，在此生的晚景我欲向德国读者奉上一部著作，近 50 年来这部作品以模糊的轮廓始终在我心中上下翩跹。当某些心绪涌起之时，我不得不认为这是一部无法完成的作品，我也曾放弃过对它的写作，但每每又都重新拾起了笔头，大概也是太不小心了吧。"

《宇宙》总共分为 5 卷。第一卷描述客观存在的宇宙万物，从星云、星系、太阳系全体成员再到地球的陆地、岩层、海洋、大气，以及地球上生存的动植物，出版于 1845 年，洪堡时年 76 岁。第二卷呈现的是人类对宇宙自然认知的历史，是一幅人类对宇宙的感知及思索历程的画卷，出版于 1847 年。第三卷讲述的是天文学知识，洪堡在此详尽展现了天文学研究和发现的新成果，出版于 1850 年。第四卷叙述了地质学和地理学的庞多内容，出版于 1859 年。然而，洪堡本人却再也无法看到这一卷的问世，《宇宙》第四卷样书印出的那一刻，洪堡的灵柩正在数万柏林人的送别悼念中被送往柏林大教堂。洪堡生前已经开始撰写第五卷，此卷的主要专题是动植物地理和人类种族，然而第五卷终究变成了一部未完成的作品。洪堡多年的秘书布什曼（E. Buschmann）在洪堡逝世后整理出版了第五卷，时为 1862 年。

事实上，《宇宙》的第一卷就已经达成了洪堡想要创作一部宇宙画卷的夙愿，我们可以把《宇宙》的第三、第四和第五卷看作是对第一卷内容的扩充，后面三卷在第一卷的基础上对宇宙长图做出了更加精密细致以及更为完整的勾勒与着色。这四卷描绘的是外部的宇宙世界。第二卷描绘的是人类面对洪荒宇宙的精神历程。

《宇宙》第一卷出版以后立刻成为德国的畅销书，一售而空，只过了短短几个星期出版商就开始加印。随后此书即被翻译为英语、荷兰语、意大利语、法语、丹麦语、波兰语、瑞典语、西班牙语、俄语和匈牙利语。世界为之震动，洪堡被誉为"大洪水以来最伟大的人"。众多的学生、科学家、艺术家、政治家都在热切地阅读这本书，其中著名的读者包括英国王子、英国植物学家胡克和达尔文。达尔文深受此书启发，洪堡的很多思想都印证了达尔文的想法。

《宇宙》并不是单纯汇集了各个科学分支的重要内容，而是开辟了一种思想方式，洪堡看到了物质现象本身具有的复杂性、彼此间的相关性以及它们处在不断变化中的持续发展性，对洪堡而言，“宇宙学把单个事物视为宇宙现象的一部分，是从它们与宇宙整体关系的角度来讲述”，他追求的是高瞻远瞩、高屋建瓴的视角和出发点。他在本书第一篇写道：“如果我们带着思考观察自然，就会看到自然是一个生动的整体，它是聚合了各种多样性的统一体，是具有多种形式及构成的结合体，是自然物质和自然力量的化身。所以富有意义的自然研究最重要的成果就是：在多样性中看到整体性；在个体性的事物中概括出近代所有科学发现的全貌；审视区分细节，但不为其数量所困；心怀人类崇高的使命，捕捉隐藏在各种现象下面的自然之精髓。通过这条道路，我们能够跨越感官世界的局限，理解自然，用思想来统领那些我们惯常透过经验来观照的原始物质。”

把宇宙自然当作息息相关的一体，这正是洪堡天才和独到的一面，这也是现代科学和未来科学想要窥探宇宙奥秘的唯一路径。19 世纪以来，科学经历着一个精细的分支过程，自然整体被肢解为无数学科，每种学科都浩瀚无涯，专业人士淹没在各自的狭窄领域，一叶障目，迷失在细微纷杂的知识和信息中，以至于无法领悟自然一体的究竟。只有当人们把支离破碎的学科重新整合还原为一个有机的统一体，再现自然原本的模样，并理解各种现象间的关联，人类才有可能破译宇宙的真相。现代科学已经证悟到这一点，从这个意义上讲，洪堡无愧为现代科学的先驱。

洪堡的科学是跨专业、跨地区、跨文化、跨民族的科学，同时也是感性的科学以及具有美学性质的科学。自然现象与自然力量在洪堡的眼中，不仅是科学研究的对象，也是经由感官可以觉察与体验的美学对象，这些自然事物在洪堡的笔下被染上了色彩、被赋予了生机，成为具有某种特定底色的独立个体。静谧的热带海洋之夜，苍茫的北亚原野，喷薄燃烧的火山，星空的南十字座，都以各自的方式触动着观者的情绪和心弦。天地万物在《宇宙》中汇合为一幅长长的画卷，科学与诗意融为一体，他用深情生动的语言在这幅画卷上或者挥毫泼墨，或者工笔细描。呈现在我们面前的，是一首关于宇宙的史诗，它发出一声最单纯的惊叹，俯瞰从苍天到地壳之下的每一种涌动着的生机与力量。洪堡终生都在抗拒宗教带来的影响，《宇宙》中也没有造物者上帝的出现，但是纵观洪堡波澜的一生，不得不说，自然就是洪堡的宗教，他把自己的全部生命都敬献给了自然。

第一次看到《宇宙》这本书，是2019年初冬的一天，走在柏林嘈杂的弗里德里希大街，随意走入路边的一家书店，当时是亚历山大·洪堡诞辰250周年，书店醒目的地方摆放着洪堡的著作和许多有关他的书籍。目光扫过一桌子有关他的传记和画册，最后停留在《宇宙》上，这本书有着深蓝色的硬壳封面，封面上布满细微的银色亮点，闪闪烁烁，就像夜幕中的星空。我拿起它，实际上不能说拿起，得要说“端起”，A4纸般大小，将近1000页，后来我称过这本书的重量，足足有5千克。我翻了几页，读了前言和一段正文，就被带入一个遥远的远离尘世的世界，好像是从星空回望地球，看着这个星球沧桑演变、生死轮回，心中随即升起一种苍茫的感动，我真切感受到洪堡对自然宇宙的用情之深。

一幅很久以前的尘封的画面浮出脑海，那是我第一次感受到天文问题带来的震撼。6岁的时候，有一天我问奶奶，天上的星星是不是永远都会闪亮，奶奶随口答道：“星星并不是永远闪亮，星星会爆炸，爆炸了就没有了。”我问她地球也会爆炸吗，她说地球当然也会爆炸。我又担忧地问道：“地球爆炸了，那人怎么办？”奶奶说：“地球都爆炸了，人还不都死绝了嘛。”于是在我的想象中，随着地球的一声爆裂，所有的人和生物都在这声炸响中、在冲天的火光中灰飞烟灭，消失殆尽。我哇地一下哭了，惊恐绝望，怎么也不能相信脚下的大地有朝一日会在惨烈的景象中化为乌有。那是一个孩子生平第一次得知人类和地球最后都将终结，内心满是恐惧。我抽泣着跑到院子里，脑子里想的都是长大了要发明一种办法让地球不爆炸，当时并没有人注意到我，也没有人知道一个小女孩正在为了地球的命运独自黯然哭泣了一个下午。后来大一些，知道地球不会很快消亡，不再害怕了，无忌的童言逐渐潜落心底，被成长中的世事掩盖起来。

当洪堡笔端从天空遥望地球的文字映入眼帘，内心对星空的敬畏再次被深深触动到。就在这个时候，头脑里瞬间闪过一个念头：我要翻译这本书。

这是内心听到的一声真切的召唤，不知从何而起。当我买下这本书从书店出来的时候，翻译它的信念就已经非常坚定。

随后，我也找到了 1845 年《宇宙》第一卷首版的电子资料。当我沉下心来开始从头逐字翻译的时候，才知道我给了自己一个多么大的挑战。将近 200 年过去了，《宇宙》却从未被译成中文，不是没有原因的。这是一本科学著作，讲述的是天文学、地球物理、地质学、地理学、古生物学、电学、化学、矿物学，内容非常浩瀚。要翻译这样一本书，单纯依靠语言能力是不可能完成的，真正理解书中讲述的各种自然知识，是完成翻译的第一步。

面对如此庞多的专业内容，作为译者只有一条路可以走，那就是学习。很多时候一上午过去了，我只查到了一个词，实际上我并不是查了一个词，而是学习了一种科学现象。就这样，跟随着洪堡的脚步，从太空的天体，到地球的磁场、地心的引力、火山地震、灭绝了的古生物、矿物，我也上天入地，一路学习下来。我时常掩卷长叹，感慨世间怎么会有洪堡这样的存在，一个有限的个体怎么可以徜徉在如此多的学科之中而又那么游刃有余。《宇宙》中有的专业词汇是 19 世纪的旧称，现在已经不再使用，查找这样的词汇非常不容易，需要借助于同时代的其他科学文献，环环链接，才能破解。每当找到这样一个众里寻他千百度地消失了的词汇，都会如获至宝。

翻译《宇宙》的另外一个难题就是如何展现洪堡的语言风格。洪堡习惯把一个复杂的事态或思想用一个包含有六七个从句和三四个插入语的庞大复句来表达，这是德语语法的特点。从理论上讲，德语的句子可以无限延长下去，洪堡把这一语法特点发挥到了极限。这些从句就像一根根的钢筋，按照彼此间复杂的关系，搭建起一个迷宫一般的复合句。这样的语言风格架构恢宏，气势磅礴，体现出一种几何的建筑美，其中自有一种凝固的韵律和流动。面对这样一座需要征服的迷宫，译者的任务就是要拆解它，找到出口。但是，在拆解之际并不能破坏原有句式的结构气势，而使之变得平淡，译者仍然要利用铺垫、转折、因果、让步、递进等种种关系，搭建起一座同样宏伟的建筑。然而这里就涉及另外一个美学上的问题，中文之美在于灵动、形象和意境，其语法疏于结构，而结构的随意变通也赋予了中文许多只能意会的妙处，犹如写意之画，在“松散”中体现真性。德语的特点正好相反，它结构复杂严谨，语法规则像一座建筑支架，任凭思想如何跳跃，也终究要被结构框架起来，永远不会疏散，这乃是建筑的精髓。译者在两者之间转换，既要搭建起一座建筑，同时也还要展现中文自有的灵动。这是一个需要灵感也需要下功夫雕琢的创作过程，在凝神思考中度过的时光就这样化作一字一句，驻留下来。

《宇宙》第一卷的译稿初步完成于2020年，正是COVID-19病毒在全球肆虐的一年。欧洲疫情严重，大多时间居家隔离，活动空间非常有限。当我潜下心来，沉入洪堡的宇宙，就好像挣脱了时空的桎梏，可以随时神游太空，从星际空间俯瞰地球，看着它的命运兴衰一一在眼前展开。人的身体可以被禁锢一处，然而人的精神和意识却可以穿越时空、无处不在。每当停笔凝思，就会看向窗外的梧桐树，看树叶在光线中摇曳，看光线在树叶间跳跃，看树叶在枝头从鹅黄变得青翠，再从苍绿变得枯黄，最后从枝头蹁跹坠落。这些老树伸展着身躯，张扬着生命，汇聚着宇宙的生机，给了我无数灵感。

2020年圣诞节前夕译完初稿，随即去了位于柏林特格尔区的洪堡故居。那是一座白色大理石的古典建筑，被称作“特格尔宫殿”。宫殿前面是宽阔又悠长的草坪，一直延伸到近处的湖泊，草坪旁边有高大的树木林立成两排，当时树叶已然落尽，但草坪还是幽幽的绿色。周边是茂密的森林与层层灌木，林中乱石嶙峋，那一天正好狂风大作，树木的枝干随风飘摇，就好像天地都在晃动。可以想见，年幼时的洪堡是怎样在这里不知疲倦地探寻花草树木昆虫石块，观望日月星辰，度过了童年中一个又一个放了学的午后与夜晚。草坪的尽头是洪堡家族的墓地，亚历山大·洪堡就埋葬在这里，驻足在他的墓前，第一次触及他的肉身遗迹，仿佛是见到一位老友，那是一种“我来看你了”的感觉。因为在翻译洪堡这部大作的日子里，沉浸于他的文字中，我需要领会他的每一种心思、每一个情绪、每一个想法，很多时候我要在内心转化成他，才能译出他的语言。这是一个持续跟洪堡对话的过程，是寂寞的，也是丰盛的，是辛苦的，也是快乐的。

行文至此，快要接近尾声，我在这里要非常真诚地感谢北京大学出版社和陈静编辑。当初刚刚有了翻译《宇宙》的打算，辗转打听到了陈静编辑那里，她表现出浓厚的兴趣。我把试译稿交给了她，很快就得到了她和出版社的大力支持。我就好像得到了一颗定心丸，开始专注于翻译。如果没有这些机缘巧合，我纵然意愿坚定，恐怕也难以实现翻译的计划，所以心中满是感激。可能这也是宇宙的安排。感恩！

地球时值中年，在遥远的未来，地核将会逐渐变冷，地球磁场将随之消失，无以抵抗来自宇宙和太阳的射线，地球上的生命将在射线的作用下灭绝消亡。45 亿年之后，当地球用尽最后的气数，它将被太阳一口吞噬，这是地球不可避免的结局。这颗黯淡蓝点将从宇宙中消失得无影无踪，一如从未存在过一样。无论这颗星球上曾经出现过什么样的生命，什么样的文明，什么样的愚昧，什么样的欢笑与悲哀，什么样的杀戮与残害，一切都将被宇宙一笔勾销，不留下一粒尘埃。而彼时又将有无数新的星球诞生，此消彼长，绵延无尽。时空是人类的概念，而宇宙并不认得时间，也不知道何为空间，它是人类无法想象的存在。

仰望星空，唯有敬畏。

译者 高虹

2021 年初秋于柏林

科学元典丛书

1 天体运行论 [波兰] 哥白尼
2 关于托勒密和哥白尼两大世界体系的对话 [意] 伽利略
3 心血运动论 [英] 威廉·哈维
4 薛定谔讲演录 [奥地利] 薛定谔
5 自然哲学之数学原理 [英] 牛顿
6 牛顿光学 [英] 牛顿
7 惠更斯光论（附《惠更斯评传》） [荷兰] 惠更斯
8 怀疑的化学家 [英] 波义耳
9 化学哲学新体系 [英] 道尔顿
10 控制论 [美] 维纳
11 海陆的起源 [德] 魏格纳
12 物种起源（增订版） [英] 达尔文
13 热的解析理论 [法] 傅立叶
14 化学基础论 [法] 拉瓦锡
15 笛卡儿几何 [法] 笛卡儿
16 狭义与广义相对论浅说 [美] 爱因斯坦
17 人类在自然界的位置（全译本） [英] 赫胥黎
18 基因论 [美] 摩尔根
19 进化论与伦理学(全译本)(附《天演论》) [英] 赫胥黎
20 从存在到演化 [比利时] 普里戈金
21 地质学原理 [英] 莱伊尔
22 人类的由来及性选择 [英] 达尔文
23 希尔伯特几何基础 [德] 希尔伯特
24 人类和动物的表情 [英] 达尔文
25 条件反射：动物高级神经活动 [俄] 巴甫洛夫
26 电磁通论 [英] 麦克斯韦
27 居里夫人文选 [法] 玛丽·居里
28 计算机与人脑 [美] 冯·诺伊曼
29 人有人的用处——控制论与社会 [美] 维纳
30 李比希文选 [德] 李比希
31 世界的和谐 [德] 开普勒
32 遗传学经典文选 [奥地利] 孟德尔 等
33 德布罗意文选 [法] 德布罗意
34 行为主义 [美] 华生
35 人类与动物心理学讲义 [德] 冯特
36 心理学原理 [美] 詹姆斯
37 大脑两半球机能讲义 [俄] 巴甫洛夫
38 相对论的意义：爱因斯坦在普林斯顿大学的演讲 [美] 爱因斯坦
39 关于两门新科学的对谈 [意] 伽利略
40 玻尔讲演录 [丹麦] 玻尔
41 动物和植物在家养下的变异 [英] 达尔文

42 攀援植物的运动和习性 [英]达尔文
43 食虫植物 [英]达尔文
44 宇宙发展史概论 [德]康德
45 兰科植物的受精 [英]达尔文
46 星云世界 [美]哈勃
47 费米讲演录 [美]费米
48 宇宙体系 [英]牛顿
49 对称 [德]外尔
50 植物的运动本领 [英]达尔文
51 博弈论与经济行为(60周年纪念版) [美]冯·诺伊曼 摩根斯坦
52 生命是什么(附《我的世界观》) [奥地利]薛定谔
53 同种植物的不同花型 [英]达尔文
54 生命的奇迹 [德]海克尔
55 阿基米德经典著作集 [古希腊]阿基米德
56 性心理学 [英]霭理士
57 宇宙之谜 [德]海克尔
58 植物界异花和自花受精的效果 [英]达尔文
59 盖伦经典著作选 [古罗马]盖伦
60 超穷数理论基础(茹尔丹 齐民友 注释) [德]康托
61 宇宙(第一卷) [德]亚历山大·洪堡
62 圆锥曲线论 [古希腊]阿波罗尼奥斯
化学键的本质 [美]鲍林

科学元典丛书(彩图珍藏版)

自然哲学之数学原理(彩图珍藏版) [英]牛顿
物种起源(彩图珍藏版)(附《进化论的十大猜想》) [英]达尔文
狭义与广义相对论浅说(彩图珍藏版) [美]爱因斯坦
关于两门新科学的对话(彩图珍藏版) [意]伽利略

科学元典丛书(学生版)

1 天体运行论(学生版) [波兰]哥白尼
2 关于两门新科学的对话(学生版) [意]伽利略
3 笛卡儿几何(学生版) [法]笛卡儿
4 自然哲学之数学原理(学生版) [英]牛顿
5 化学基础论(学生版) [法]拉瓦锡
6 物种起源(学生版) [英]达尔文
7 基因论(学生版) [美]摩尔根
8 居里夫人文选(学生版) [法]玛丽·居里
9 狭义与广义相对论浅说(学生版) [美]爱因斯坦
10 海陆的起源(学生版) [德]魏格纳
11 生命是什么(学生版) [奥地利]薛定谔
12 化学键的本质(学生版) [美]鲍林
13 计算机与人脑(学生版) [美]冯·诺伊曼
14 从存在到演化(学生版) [比利时]普里戈金
15 九章算术(学生版) (汉)张苍 耿寿昌
16 几何原本(学生版) [古希腊]欧几里得

第二届中国出版政府奖（提名奖）
第三届中华优秀出版物奖（提名奖）
第五届国家图书馆文津图书奖第一名
中国大学出版社图书奖第九届优秀畅销书奖一等奖
2009年度全行业优秀畅销品种
2009年影响教师的100本图书
2009年度最值得一读的30本好书
2009年度引进版科技类优秀图书奖
第二届（2010年）百种优秀青春读物
第六届吴大猷科学普及著作奖佳作奖（中国台湾）
第二届“中国科普作家协会优秀科普作品奖”优秀奖
2012年全国优秀科普作品
2013年度教师喜爱的100本书

科学的旅程

（珍藏版）

雷 · 斯潘根贝格　戴安娜 · 莫泽 著
郭奕玲　陈蓉霞　沈慧君 译

物理学之美

（插图珍藏版）

杨建邺 著

500幅珍贵历史图片；震撼宇宙的思想之美

著名物理学家杨振宁作序推荐；
获北京市科协科普创作基金资助。

九堂简短有趣的通识课，带你倾听科学与诗的对话，
重访物理学史上那些美丽的瞬间，接近最真实的科学史。

第六届吴大猷科学普及著作奖
2012年全国优秀科普作品奖
第六届北京市优秀科普作品奖

美妙的数学

（插图珍藏版）

吴振奎 著

引导学生欣赏数学之美

揭示数学思维的底层逻辑

凸显数学文化与日常生活的关系

200余幅插图，数十个趣味小贴士和大师语录，全面展现
数、形、曲线、抽象、无穷等知识之美；
古老的数学，有说不完的故事，也有解不开的谜题。